材料学シリーズ

堂山 昌男　小川 恵一　北田 正弘
監　修

リチウムイオン電池の科学

ホスト・ゲスト系電極の物理化学から
ナノテク材料まで

工藤 徹一
日比野光宏　著
本間　格

内田老鶴圃

本書の全部あるいは一部を断わりなく転載または
複写(コピー)することは，著作権および出版権の
侵害となる場合がありますのでご注意下さい．

材料学シリーズ刊行にあたって

　科学技術の著しい進歩とその日常生活への浸透が20世紀の特徴であり，その基盤を支えたのは材料である．この材料の支えなしには，環境との調和を重視する21世紀の社会はありえないと思われる．現代の科学技術はますます先端化し，全体像の把握が難しくなっている．材料分野も同様であるが，さいわいにも成熟しつつある物性物理学，計算科学の普及，材料に関する膨大な経験則，装置・デバイスにおける材料の統合化は材料分野の融合化を可能にしつつある．

　この材料学シリーズでは材料の基礎から応用までを見直し，21世紀を支える材料研究者・技術者の育成を目的とした．そのため，第一線の研究者に執筆を依頼し，監修者も執筆者との討論に参加し，分かりやすい書とすることを基本方針にしている．本シリーズが材料関係の学部学生，修士課程の大学院生，企業研究者の格好のテキストとして，広く受け入れられることを願う．

監修　堂山昌男　小川恵一　北田正弘

「リチウムイオン電池の科学」によせて

　私達が生活するうえでもっとも重要なものはエネルギーである．それは身体を育て維持する食料から社会活動に必要な石油や電気に至るまでの全てを支えている．エネルギー技術の研究開発は今に始まったわけではなく，化石エネルギーの枯渇危機に対する原子力利用から本格化した長い技術課題である．要素技術からシステムまで広範な研究開発が必要だが，最も難しい技術のひとつは，高級な電気エネルギーの大容量貯蔵である．

　著者らは，すでに燃料電池の書をこのシリーズで出版しているが，本書は，将来の高容量・高出力電力貯蔵の主流になるリチウムイオン電池について，基本となるホスト・ゲスト化合物の熱力学から電極活物質材料，電池の機能まで分かりやすく解説した教科書である．学生を初め，電池材料・デバイスの研究技術者はもちろんのこと，エネルギー，電力，自動車，建築などの技術者にも広く勧めたい．

北田正弘

まえがき

　1980年頃,「コバルト酸リチウム（LiCoO$_2$＝LTO）は電気化学的手段によりリチウムを可逆的に出し入れできるホスト・ゲスト系である」という論文が材料分野の学術誌に掲載された．Oxford大学のGoodenough教授のもとに遊学中の水島公一氏の仕事であった．

　著者の一人工藤は，当時，日立製作所においてリチウムを活物質とする電池の研究を担当していたが，この論文に接しLTOあるいは関連物質をとりあげるべきかどうか大いに悩んだことはいまでも記憶に新しい．結局，それまで研究していた硫化物系層状物質に執着してこの酸化物系には手を出さなかった．それから10年後の1991年，正極にLTO，また負極にもリチウムが可逆的に出入りできる炭素系のホストを用いる「リチウムイオン電池（＝LIB, Lithium Ion Battery）」がソニーによって実用化された．このときには工藤はすでに日立を去り東大に移っていたが，ここではじめて酸化物ホスト・ゲスト系の研究に着手することにした．今から思えば不明を恥じるほかない．

　その後，リチウムイオン電池は携帯電話やパソコンなどの電子機器電源として社会の隅々にまで普及し，われわれの生活になくてはならない存在となっているのは周知のとおりである．近年ではハイブリッド車（HEV）の電源として一部で採用されるなど，大容量・高出力の用途にまで利用範囲を広げている．開発の急がれているプラグインハイブリッド車（PHEV）や，電池だけで走る電気自動車（EV）の実用化もリチウムイオン電池の発展にかかっているといえよう．

　このような背景から，性能はもちろん安全性やコスト面でもLTOや炭素系に勝るホスト・ゲスト系活物質材料の研究が世界的に活発で，そのすべてを精読するのは不可能であるほど夥しい数の論文が学術誌を賑わしている．研究の開始から30年，実用化から20年も経つというのに，研究開発が衰えるどころかますます盛んになるという例もきわめて珍しい．

それにもかかわらず，リチウムイオン電池に関する"教科書"は，国内，国外を問わず，意外に少ない．ソニーにおいて LIB の開発に尽力した西美緒氏による「リチウムイオン二次電池の話」という良書が裳華房から刊行されているが，これは教科書というよりも啓蒙書として書かれたものであろう．また，多数の筆者が LIB の材料や開発動向について分担執筆した本もいくつか見受けられるが，それらは専門書の範疇に属する．唯一，"教科書"と呼ぶに相応しい本は，最近刊行された「リチウム二次電池」(小久見善八編著，オーム社，2008 年) であろう．LIB を中心とするリチウム二次電池全般の基礎からその要素材料や応用に至るまでが系統的に手際よく記述されている．

いま不用意に"それにもかかわらず"と書いたが，逆に活発な研究によって新しいホスト・ゲスト系電極材料が続々見出されているなど，LIB が発展途上であるという状況も教科書を書きにくくしているのかもしれない．しかし，材料が目新しいといっても基礎にあるのはクラシカルなホスト・ゲスト系の物理化学である．本書の副題にある「ホスト・ゲスト系の物理化学」という異なる切り口で書かれたもう一冊の教科書があれば，毎年増加しているこの分野の初学者の入門書として，また，企業などの研究者が座右書として便利なのではないかと考え，長年研究を共にしてきた 3 人で執筆を決意した．

本書は，前半の基礎編 (1〜6 章) と，後半の材料編 (7〜10 章) からなる．

基礎編，1 章で LIB の原理や開発経緯を概観した後，2 章ではホスト・ゲスト系反応を理解するため，それに関わる物質の構造や化学結合の特徴について記した．3 章および 4 章はホスト・ゲスト系電極材料の熱力学および速度論である．電極の熱力学的あるいは速度論的な挙動をよりよく理解するため，簡単なモデル (格子ガス模型など) を用いたシミュレーションも交え，なるべく定量的でわかりやすい解説に努めた．5 章では LIB の特性，性能を支配する因子を電極材料の物理化学的特性のうえで論じるとともに，もう一つの構成要素である電解質 (イオン伝導体) の特性との関連についても記述した．6 章ではとくに初学者の利便のため，ホスト・ゲスト系電極の特性を測定する手法について記した．

材料編，7 章および 8 章はそれぞれホスト・ゲスト系の負極および正極活物質材料に関する解説である．すでに実用に供されている LCO や炭素系はもと

より，これまでの研究により挙動がほぼ明らかにされている材料を取り上げた．9章では固体電解質も含め，LIB用電解質材料（リチウムイオン伝導材料）について記した．10章ではLIBの高性能化，とくに高出力化のために研究が盛んになっているナノサイズのホスト・ゲスト材料について解説した．

1～5章の執筆は工藤が，6章は日比野が担当した．7～9章は日比野と工藤が分担して執筆した．10章は大部分を本間が担当した．

執筆の機会を与えていただいた，本シリーズの監修者である堂山昌男，小川恵一，北田正弘の各先生に感謝する．とくに北田先生には大変丁寧な校閲の労をとっていただいた．篤く御礼を申し上げる．

末筆になるが，出版にあたり終始お世話いただいた内田学社長はじめ内田老鶴圃の方々に深く感謝する．

2010年5月

著者一同

目　次

　　　　　　　材料学シリーズ刊行にあたって
　　　　　　　「リチウムイオン電池の科学」によせて
まえがき………………………………………………………………… iii

基礎編

1　リチウムイオン電池の概要………………………………………… 3
　1.1　リチウムイオン電池とは　*3*
　1.2　歴史　*5*
　1.3　特性と用途　*9*
　1.4　研究開発の課題と現状　*14*

2　ホスト・ゲスト系物質の構造と反応…………………………… 19
　2.1　ホスト・ゲスト系とは　*20*
　2.2　一次元ホスト　*22*
　2.3　二次元ホスト　*23*
　2.4　三次元ホスト　*26*

3　ホスト・ゲスト系電極の熱力学………………………………… 31
　3.1　電池の起電力と電極電位　*31*
　3.2　ホスト・ゲスト系電極反応の平衡と組成-電位曲線（OCV 曲線）　*33*
　3.3　統計熱力学モデルとネルンストの式　*36*
　3.4　ゲスト間に相互作用があるときのOCV　*40*
　3.5　複数種のサイトをもつホスト　*46*
　3.6　サイトエネルギーが広く分布するホスト（非晶質ホスト）　*48*

3.7 第二相が存在するホスト・ゲスト系　50
  3.8 秩序・無秩序転移　52

4　ホスト・ゲスト系電極反応の速度論　57
  4.1 電荷移動の速度と過電圧　57
  4.2 電荷移動支配における電極の挙動　61
  4.3 物質移動支配下の電極反応速度　66
    4.3.1 フィックの法則　67
    4.3.2 物質移動支配下の電極の挙動　67
    4.3.3 フィックの法則の一般化　69
  4.4 ホスト・ゲスト系における物質輸送　71
  4.5 過電圧を与えたときの過渡電流　74
  4.6 一定電流を通じたときの電位変化　81

5　電池の諸特性とその支配因子　85
  5.1 エネルギー密度と出力密度　85
  5.2 ホスト・ゲスト系電極の定電流充放電における動的容量
      （レート特性）　88
    5.2.1 平板状電極　88
    5.2.2 薄片状粉末活物質　92
    5.2.3 球状粉末活物質　93
    5.2.4 動的容量に及ぼす内部抵抗と過電圧の影響　95
  5.3 電解質の特性と電池の動特性（限界電流）　96
    5.3.1 電解液中のイオンの輸送現象　97
    5.3.2 限界電流密度　98
    5.3.3 簡単な電池モデルセルによるシミュレーション　102
    5.3.4 固体内の拡散支配と電解液中の拡散支配　105
  5.4 充放電サイクル特性　108
    5.4.1 サイクル特性　108
    5.4.2 サイクル劣化の原因　109

5.4.3　サイクル特性を支配する因子　*110*

6　電極特性の測定法 ……………………………………………………………… **113**
　6.1　試料電極と測定セル　*113*
　6.2　ホスト・ゲスト系の組成と電位の関係(OCV 曲線)　*115*
　6.3　充放電の可逆性の評価　*117*
　6.4　インピーダンスの測定　*118*
　6.5　ゲスト(リチウムイオン)の拡散係数の測定　*121*

材料編

7　負極材料 ………………………………………………………………………… **131**
　7.1　炭素系負極材料　*131*
　　7.1.1　黒鉛(グラファイト)　*131*
　　7.1.2　他の炭素材料　*136*
　7.2　酸化物系負極材料　*138*
　　7.2.1　$Li_4Ti_5O_{12}$　*138*
　　7.2.2　その他の酸化物負極材料　*140*
　7.3　合金系負極材料　*142*
　　7.3.1　Li/Al 系　*142*
　　7.3.2　Li/Sn 系および Li/Si 系　*145*
　7.4　コンバージョン反応系負極材料　*147*

8　正極材料 ………………………………………………………………………… **151**
　8.1　$LiCoO_2$ を中心とする層状岩塩型酸化物　*151*
　　8.1.1　$LiCoO_2$　*151*
　　8.1.2　$LiNiO_2$　*158*
　　8.1.3　$LiNi_{1/2}Mn_{1/2}O_2$ および $LiCo_{1/3}Ni_{1/3}Mn_{1/3}O_2$　*159*
　8.2　スピネル型 $LiMn_2O_4$ および関連化合物　*160*
　　8.2.1　$LiMn_2O_4$　*161*

8.2.2 $LiNi_{1/2}Mn_{3/2}O_4$ など5V級正極材料　*165*

8.3 $LiFePO_4$ を中心とする酸素酸塩正極材料　*166*

 8.3.1 $LiFePO_4$　*167*

 8.3.2 $LiMnPO_4$　*170*

 8.3.3 Li_2FeSiO_4　*172*

8.4 充電状態として合成される正極ホスト　*174*

 8.4.1 結晶質 V_2O_5　*174*

 8.4.2 非晶質酸化バナジウム（V_2O_5 ゲル）　*177*

9 電解質材料　*183*

9.1 有機電解液　*183*

9.2 ポリマーゲル電解質　*186*

9.3 イオン液体　*186*

9.4 高分子固体電解質　*190*

9.5 無機固体電解質　*191*

 9.5.1 酸化物固体電解質　*192*

 9.5.2 硫化物固体電解質　*195*

10 ナノテクノロジーを利用したリチウムイオン電池の高性能化　*199*

10.1 電極活物質におけるナノサイズ効果　*200*

 10.1.1 インターカレーション系電極のナノサイズ効果　*200*

 10.1.2 二相共存型電極のナノサイズ効果　*202*

 10.1.3 TiO_2結晶のナノサイズ効果　*206*

10.2 電極/固体電解質界面におけるナノサイズ効果　*207*

10.3 電解質のナノサイズ効果　*210*

 10.3.1 ナノ固体電解質　*210*

 10.3.2 ナノ液体電解質　*214*

10.4 ナノテクノロジーの合成技術　*216*

 10.4.1 ナノ結晶電極活物質　*217*

 10.4.2 メソポーラス電極　*221*

10.4.3　マクロポーラス電極　*224*
　10.5　将来の展望　*228*

索　　引……………………………………………………………**231**

LIB

基礎編

リチウムイオン電池の概要

1.1 リチウムイオン電池とは

　化学反応のエネルギーを電気エネルギーに変換する化学電池は，蓄えた化学エネルギーを放出すればそれで使命の終わる一次電池（例えばマンガン乾電池），放出したエネルギーを充電により回復して再び使える二次電池[*1]，および化学エネルギーとしての燃料を連続的に供給して発電する燃料電池に大別される．リチウムイオン電池（Lithium Ion Battery：以降 LIB と呼ぶ）は二次電池（蓄電池ともいう）の一種である．LIB の基本的（原理的）構成は，負極（－極）の活物質（＝電極反応に関与する物質）が炭素（C，グラファイト），正極（＋極）の活物質がコバルト酸リチウム（$LiCoO_2$）であり，その間のイオン伝導媒体にはリチウムイオン伝導性の有機電解液（リチウム塩 LiX を極性の有機溶媒に溶かした溶液）が用いられる．この両電極活物質の状態（C および $LiCoO_2$）は LIB が化学エネルギーを放出して放電状態にある組成に対応している．現在，製品化されている LIB は放電状態として作製されるのが特徴である．

　充電すると，負極において電解液中のリチウムイオンが外部回路からの電子とともにグラファイトの層間に挿入される．グラファイトは強固な共有結合に

[*1] 鉛蓄電池の発明された 1859 年ころには発電機がまだ普及していなかったので，ボルタ電池やブンゼン電池で充電した．充電される蓄電池を二次電池，充電の電気エネルギーを供給する電池を一次電池と呼んだ．これが「一次電池」，「二次電池」の由来である．

4　第1章　リチウムイオン電池の概要

よりできた炭素原子のシートが弱いファンデアワールス（van der Waals）力（= 分子間力）で積層した層状物質（ホスト）で，リチウムのような電子供与性の強いゲストを層間に取り込むことができる（= ホスト・ゲスト反応）．生じた物質を層間化合物という．一方，正極においては $LiCoO_2$ 中のリチウムが外部回路への電子の放出を伴ってリチウムイオンとして電解液中に脱離する．$LiCoO_2$ も，主として共有結合性でできあがった CoO_2 のシートがリチウムを挟んで積層した層状化合物である（2章参照）．それぞれの電極における反応は，

(負極)　　　$C_6 + xLi^+ + xe^- \rightarrow Li_xC_6$ 　　　　(1-1)

(正極)　　　$LiCoO_2 \rightarrow Li_{1-x}CoO_2 + xLi^+ + xe^-$ 　　　　(1-2)

と表される．ここでは，グラファイトの層間が満たされた組成が LiC_6 であるから，グラファイトを C_6 で示した．したがって，正味の充電反応は

$$C_6 + LiCoO_2 \rightarrow Li_xC_6 + Li_{1-x}CoO_2 \qquad (1\text{-}3)$$

となる．これは，図1.1に示すように $LiCoO_2$ 中の Li が電解液を通ってグラファイト層間に移動することに他ならない．リチウムがグラファイト層間に挿入されると，負極の電位は金属リチウムのそれとほぼ等しくなる．また，

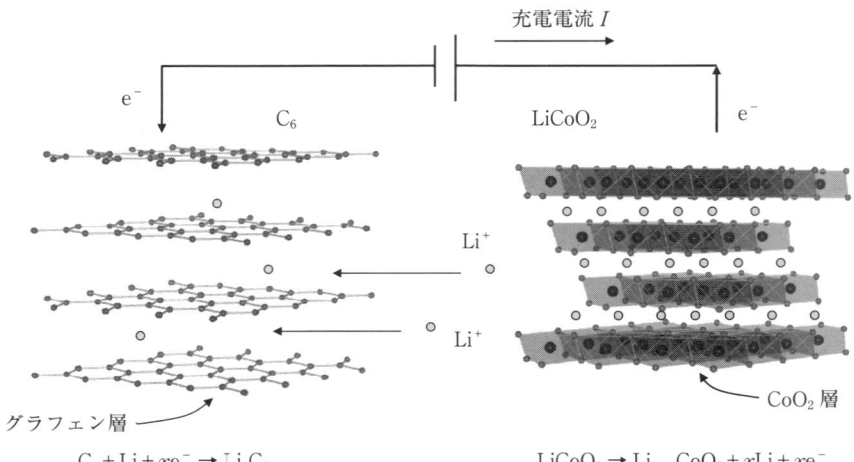

図 1.1　リチウムイオン電池原理図（充電過程）

LiCoO₂ から Li が引き抜かれると高酸化状態の Co^{4+} が生じ，正極の電位は金属リチウムに対して 4 V 程度高くなる．したがって，両極間には約 4 V の起電力が生じる．この状態（充電状態）で両極に負荷をつなげば，上式と全く逆方向の反応が起こり外界に仕事をする．これがリチウムイオン電池の原理である．

以上のように，LIB の充放電における正味の反応は，リチウム原子が両極の層状物質の層間を往復するだけできわめてシンプルである．この特徴からロッキングチェア電池，あるいはスウィング電池ともいわれる．**リチウムイオン電池**という呼び名は，「LIB においてすべての Li は，常時，金属リチウムより安定な（つまり安全な）リチウムイオンの状態で存在する」ということを強調するため，最初に実用化したソニーが命名したものである．正極（Li$_{1-x}$CoO₂）は酸化物であるから，Li はほぼ完全にイオン化しているのは当然であるが，負極においてもリチウムは炭素に電子を与え，Li$^{δ+}$C$_6^{δ-}$ のようにイオン化していることが確かめられている．現在では，グラファイトや LiCoO₂ に代わるホスト・ゲスト系の活物質を用いる電池も開発されているが，リチウムが正極ホストと負極ホストの間を往復するタイプの二次電池は，一般に「リチウムイオン電池（LIB）」と呼ばれている．

1.2 歴　　史

リチウムは最も卑で（電極電位が低い），最もモル質量の小さい金属であるから，これを負極とする電池（一般にリチウム電池という）には，高いエネルギー密度（電池の重量または体積あたりに蓄えられるエネルギー）が期待できるので，古くから開発が望まれ多くの研究がなされてきた．充電のできない一次電池としては正極活物質に炭素のフッ化物や液体の SOCl₂ などを用いるものが実用化され，とくに後者の塩化チオニル電池は長期間の安定性が求められる用途で現在でも多用されている．

リチウム二次電池の開発は，1970 年ころから盛んになり，正極活物質材料として TiS₂ や TaS₂ など，多くの層状硫化物（MS₂）が研究された．これらは，MS₂ シートが分子間力で積層した層状物質で，LiCoO₂ の層間リチウムが

抜けたものに相当する．それゆえ，層間にリチウムが可逆的に出入りできるホストとして機能する．1976 年には，Li/Li$_x$TiS$_2$ 系電池の充放電作動が，M. S. Whittihgham により実証された．その後もこの種の二次電池の開発が進められ，1986 年，カナダの会社が負極に金属リチウム，正極に MoS$_2$ を用いる電池（Li/MoS$_2$）を商品化した．起電力が約 2.8 V と高いため，エネルギー密度も，当時，小型の二次電池市場を独占していたニッケルカドミウム電池（Cd/NiOOH，起電力 1.3 V）を上回るものであったので，一部の携帯電子機器の電源として採用された．しかし，電池の発火や破裂事故が続出，間もなく生産中止に至った．事故の原因は，充電時に負極表面で金属リチウムの針状結晶（デンドライト）が成長，正極面にまで達して電池の内部短絡（ショート）を起こしたためとされている．この電池の負極反応は溶液からのリチウムの電析（めっき）であるから，条件を厳しく選ばない限り平滑に析出することはできない．また，デンドライトのような粗い析出面からは析出物の脱落が起こりやすく，ショートにまでは至らなくとも，充放電サイクルを繰り返すうちに容量が急速に低下するという問題もあった．

　そのような事情から金属リチウムに代わる負極材料の探索が盛んになされた．充電時にリチウムを吸蔵する合金（一種のリチウムのホスト）は古くから知られていたが，合金の重量が嵩んでリチウムのもつせっかくの軽量，高エネルギー密度という特徴が損なわれる問題があった．そこで目をつけられたのが，比較的軽い原子である炭素（質量数 12）の同素体グラファイト（黒鉛）である．グラファイトがその層間にアルカリ金属などを取り込み層間化合物（Graphite Intercalation Compound, GIC）をつくることは，1920 年ころから知られていた．"intercalation（インターカレーション）"とは，"層状のホストの層間にゲストを挿入すること"を意味する（逆にゲストを層間から引き抜くことは de-intercalation という）．

　グラファイト層間化合物（GIC）は炭素シート内で高い電子伝導性を示す二次元導電体であることから，物性物理学の格好な対象になりきわめて多くの研究がなされた．それとともに GIC の電気化学も進展し，式(1-1)に相当する電気化学的インターカレーションによりグラファイトから GIC が生じ，また，その逆反応（電気化学的デインターカレーション）も進行することが明らかに

されていた．このことから，ゲストがリチウムである GIC（Li-GIC）を負極，TiS_2 や MoS_2 を正極とすれば，金属 Li を用いないリチウム二次電池の構成が可能であることは容易に発想される．しかし，これを実用化するには Li-GIC を安価，かつ大量に生産できる工業的合成法の確立が必要である．実験室の試料は，グラファイトと Li を封管中，高温で直接反応させることや，式(1-1)の電気化学インターカレーションを利用するなどの方法で合成されるが，このプロセスを工業化するには多くの困難が予想され，Li-GIC を負極に用いる電池の開発は進んでいなかった．

ところで，Li/MoS_2 電池が挫折するより以前の 1980 年には，「層状岩塩型構造を有する $LiCoO_2$ は，電気化学的手段により層間リチウムを引き抜いたり，再挿入したりすることが可能なホスト・ゲスト系で，引き抜いた状態の電位は金属リチウムに対して 4 V に達する」という内容の論文が，材料分野専門の地味な学術誌に何気なく掲載されていた．これは，当時，オックスフォード大学の J. B. Goodenough 教授のもとに遊学中の水島公一氏の研究成果である．電池の研究者がこれを読めば，Li-GIC ではなくグラファイトそのものを負極としてリチウム二次電池（充電により電池内で Li-GIC を合成する電池，今でいう LIB）を構成できることは容易に思いつくであろう．そればかりでなく，MoS_2 のような硫化物を正極とするものより，起電力が 1 V 以上も高い電池が可能となるから，多くの電池メーカーがほどなくこの系の電池の研究開発に着手したことは想像するに難くない．

水島氏の発見から約 10 年後の 1991 年，ソニーが世界に先駆けて LIB の製品化に成功した．画期的な新素材が登場しても，それが世に出るまでには 10 年ほどの年月を要するのは普通のことである．この場合も，新正極材料の研究ばかりでなく，負極の開発にも多大な苦労があったようである．これまで，単に，負極はグラファイトといってきたが，これには層状構造の発達した結晶性のものから，グラファイトの微結晶が不規則に集合した非晶質に近いものまでがあり，電極としての挙動が非常に異なる（7.1 節参照）．しかし何といっても，ソニーのいち早い製品化の陰には，同社が銀電池の正極材料として $LiCoO_2$ と同様な構造の $AgNiO_2$ の研究経験がものをいったという（西美緒著「リチウムイオン二次電池の話」）．

8　第1章　リチウムイオン電池の概要

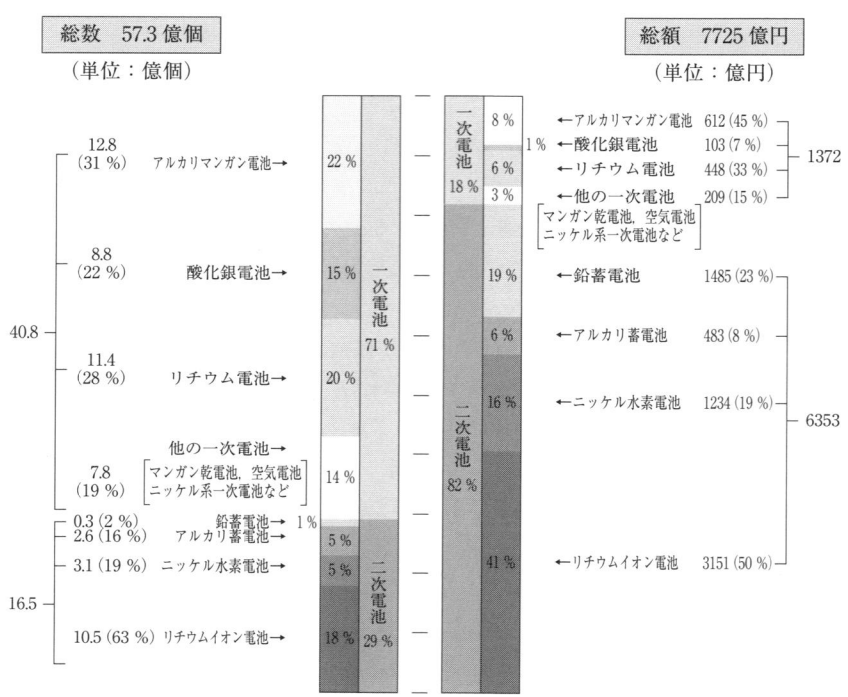

図 1.2　各種電池の国内生産額（2007年）（電池工業会資料から転載）

　その後は他のメーカーも相次いで製品を市場に送り出し，1995年頃から携帯電話，パソコンなどの電源として急速に普及，それまで電子・電気機器用途において主流であったアルカリ蓄電池（ニッケルカドミウム電池）やニッケル水素電池の市場シェアを凌駕するまでに成長した．図1.2（電池工業会資料）に示すように，2007年の日本におけるLIBの生産額は約3000億円で，一次電池も含めた全電池市場の40％強を占める．確たる統計はないが，LIBの世界生産額は1兆円程度と推定されている．マンガン乾電池，鉛蓄電池，ニッケルカドミウム電池はいずれも前前世紀（19世紀）の遺物である．前世紀末のLIBの登場はまさに電池界の革命であった．

1.3 特性と用途

リチウムイオン電池が他の二次電池と異なる最大の特徴は，起電力が約4V と飛びぬけて高いことである．ニッケルカドミウム，ニッケル水素は1.3 V，鉛蓄電池でも2 V である．起電力とは両電極間の熱力学的な電位差で，LIB のようなホスト・ゲスト系では組成（式(1-3)の x ）の関数である（3章参照）．組成は放電または充電の電気量（容量）と直線関係にあるので，容量との関係で表されることもあり，OCV（Open Circuit Voltage，開回路電圧）曲線といわれる．これは，無限に小さい電流で電池を充放電したときの充放電曲線に相当する．

図1.3に，ある円筒型のLIB製品（CGR18650HC）の放電曲線を示す．この図にOCVは示されていないが，電流の小さい280 mA の曲線はほぼOCV と見ることができる．OCVは比較的平坦で電池の容量のつきるまでの全領域

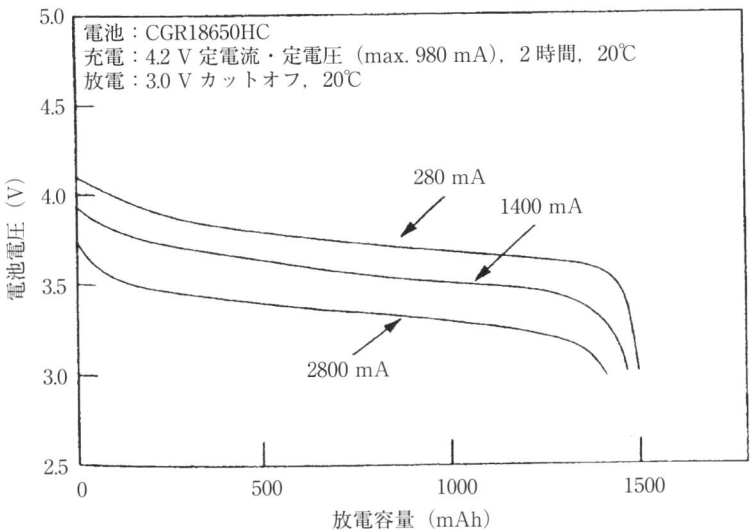

図1.3 リチウムイオン電池（C_6/$LiCoO_2$）の放電曲線の一例
［電池便覧（第3版），p.285（丸善，2001）より］

で約 4 V の高い電圧を維持することがわかる．

　電池の特性で最も重要視されるのがエネルギー密度である．必要なエネルギーを蓄える電池をいかに軽く，あるいは，いかに小さくできるかの指標である．エネルギーは電圧と電気量の積であるから，電圧が高ければ，当然エネルギー密度は大きくなる．図 1.3 の電池の平均的な作動電圧を 3.7 V とすれば，容量が 1500 mAh（1 mAh＝3.6 C）であるから，エネルギーは 5550 mWh，この電池の重量 40 g で割れば，重量エネルギー密度は 139 mWhg^{-1}＝139 Whkg^{-1} となる（重量エネルギー密度は，通常，Whkg^{-1} で表される）．また，その体積 17 cm^3 で割れば，体積エネルギー密度は 326 WhL^{-1} となる．製品によって多少の差はあるが，鉛蓄電池やニッケルカドミウム電池の重量エネルギー密度は 40 から 50 Whkg^{-1} であるから LIB の密度の高さがわかる．しかし，実際の電池でのエネルギー密度は電池のすべての部品の重量や外装容器の体積をベースとするので電池の設計思想や用途からの要求により変わる．例えば，通常より丈夫な電池を作製しようとすれば重くなる傾向がある．また，電池の作動条件によっても変わる．

　そこで，いろいろな電池系の基本的な優劣を比較するための指標として，電極活物質の重量，あるいは体積をベースとするエネルギー密度が用いられる．これは，しばしば"理論エネルギー密度"といわれる．充放電に伴って，式 (1-3) の反応が $0 \leq x \leq 1$ の範囲で可逆的に進行する理想的な LIB では，この反応で 1 mol の Li が電気化学的に授受されるから容量は 1F（＝96500 Cmol^{-1} ＝26.8 Ahmol^{-1}），グラファイト（C$_6$）および LiCoO$_2$ のモル質量は 72 および 98 gmol^{-1} であるから，活物質重量あたりの容量（＝容量密度）は 0.158 Ahg^{-1} である．平均起電力を 3.9 V とすれば，重量エネルギー密度は 616 Whkg^{-1} となる．同様にして，活物質体積あたりのエネルギー密度は 1900 WhL^{-1} となる（LiC$_6$ および LiCoO$_2$ のモル体積を 36 および 19 cm^{3}mol^{-1} とした）．これらを上記の実際の電池と比較すると，実電池のエネルギー密度は重量あたり約 1/4，体積あたりで 1/6 である．表 1.1 に各種電池系の理論エネルギー密度を示した．

　電池のもう一つの重要な基本的特性は，どれだけのパワーが取り出せるかを示す出力特性である．レート特性（rate capability）ともいわれる．図 1.3 に

表 1.1 各種電池の理論エネルギー密度

	電池	反応に関与する物質 (負極/正極/その他)	電荷授受数 (n)	平均起電力 (V)	重量エネルギー密度 (Whkg^{-1})
一次電池	アルカリマンガン乾電池	Zn/MnO$_2$/H$_2$O	2	1.3	271
	酸化銀電池	Zn/Ag$_2$O	2	1.55	280
	空気電池*	Zn/0.5O$_2$(空気)/H$_2$O	2	1.4	900
	塩化チオニル・リチウム電池	Li/0.5SOCl$_2$	1	3.6	403
二次電池	鉛蓄電池	Pb/PbO$_2$/2H$_2$SO$_4$	2	2.0	167
	ニッケルカドミウム電池	Cd/2NiOOH/2H$_2$O	2	1.3	210
	ニッケル水素電池	LaNi$_5$H$_6$/6NiOOH	6	1.3	211
	リチウムイオン電池	C$_6$/Li$_x$CoO$_2$	1	3.9	369 ($0.4<x<1$)
		C$_6$/LiFePO$_4$	1	3.4	396

* 空気は外界から供給されるので電池重量に含まれない.

見られるように，電池の作動電圧は放電電流の増加とともに低下し，ついには使用上の理由などから定められた，ある電圧水準を維持できなくなる．これは各種の分極が電流とともに増加するからである．ここで，OCV と電流を流したときの動的電圧の差を分極という．電極反応速度が遅いために生じる活性化分極，活物質のゲストの拡散など物質移動が遅いために生じる濃度分極，および電解液の電気抵抗などに起因してオームの法則に従う抵抗分極から構成される．詳細は 5.1 節に譲るが，定められた電圧水準を一定時間維持できる最大の電流とその電圧の積を電池の最大出力（W）と見ることができる．作動電圧は起電力から分極を差し引いたものであるから，起電力の高いことは出力特性にとってきわめて有利である．最大出力を電池重量または体積で除したものを出力密度といい，通常，Wkg^{-1} または WL^{-1} で表される．電気自動車（EV）用の電池では，EV の加速性能や登坂性能を左右するので，とくに重視される．ただし，出力密度は電池の設計思想により大きく変動する．例えば，エネルギー密度の大きな電池を設計すれば出力密度は小さくなる傾向が顕著である．LIB は起電力が高いため，比較的大きなエネルギー密度（〜70 Whkg^{-1}）をもちつつ，500 Wkg^{-1} という高出力密度の電池が製品レベルで開発されている．高出力かつ高エネルギーの電池を設計できるのも LIB の特徴である．

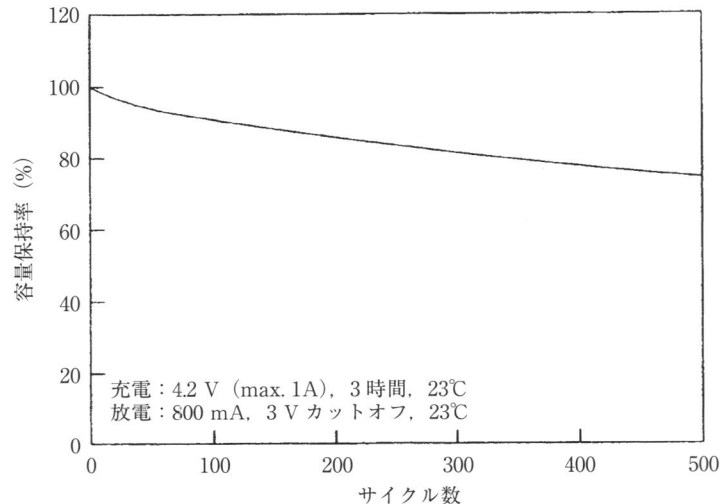

図 1.4 黒鉛負極リチウムイオン二次電池のサイクル特性
[電池便覧（第 3 版），p.285（丸善，2001）より]

　二次電池は充放電ごとに電極反応が繰り返される．充放電の 1 サイクルで完全に元の状態に戻ればよいのだが，電極反応は，通常，電極活物質の体積変化を伴うので不可逆的な変形が生じる．変形が蓄積すると，電極反応に関与できない活物質の領域が現れてくる．このため，電池の諸特性が充放電の繰り返し（サイクル）に伴って，多少なりとも劣化することは避けられない．
　例えば，ある LIB（グラファイト/LiCoO$_2$ 系）の容量は図 1.4 に示すようにサイクルとともに低下する．容量維持率（＝ 初期容量で規格化した容量）とサイクル数の関係は"サイクル特性"と呼ばれ，エネルギー密度，出力密度と並んで重要な特性である．この図のように比較的劣化が少ないのも LIB の特徴である．グラファイトの代わりに非晶質に近い炭素（難黒鉛化性炭素）を用いればさらに劣化が抑えられ，1000 サイクルを越える充放電に耐えるものもある．ただし，サイクル特性は他の特性（エネルギー密度など）の犠牲のうえに向上することもできるし，また，充放電の条件によっても大きく変わるので，他の電池と直接比較するのは難しい．

1.3 特性と用途

　安全性は，電池を使う側から見ると最も重要な特性であろう．LIBでは，すべてのリチウムが常にイオンの状態で存在するので，金属リチウム電池に比べればはるかに安全である．わざわざ"リチウムイオン"電池と命名されたのも，その安全性を強調する意図からであった．しかし，すべての電池は"エネルギーの缶詰"であるから，使い方を誤ると危険である．とくに，LIBのように可燃性の電解液を用いる電池は発火の恐れもある．そこで製品開発の段階では，想定し得るあらゆる誤使用や乱暴な取り扱い（例えば，電池に釘を刺すなど）に対応する試験項目を設定して安全性のテストが行われる．実用されているLIBはこのようなテストで安全性が確かめられたものである．昨今，パソコンなどに搭載されたLIBの発火事故が新聞紙上を賑わしたが，これは製造プロセスにおける想定外のミス（誤ったつくり方）に原因があったとされる．製造工程の改善はもちろん，たとえ事故が起きても発火に至ることのない難燃性電解液を用いるLIBの開発も進められている．

　電池に要求されるその他の特性として，温度特性，自己放電特性などがある．温度が低くなると，一般に，電極反応の速度が遅くなるとともに電解質の抵抗が大きくなるので，分極が増加して容量や出力特性が低下する．一方，高温では以下に述べる自己放電が速くなるなど好ましくない現象が起こる．したがって，電池系の種類により適正な使用温度範囲が定まる．LIBは-20〜$+60$℃という比較的広い範囲をカバーしている．自己放電は活物質と電解液の直接反応などにより，電池を使わずに放置した状態でも容量が消耗する現象である．LIBの自己放電は水溶液系二次電池よりかなり小さく，室温で放置したときの容量の消耗率は10％/月程度である．この他，ニッケル/カドミウムやニッケル水素電池で問題となるメモリ効果が見られないのもLIBの特徴である．メモリ効果とは，容量が十分残っている状態から充電するという操作を繰り返すと電池がその容量を"記憶"し，本来の容量を取り出すことができなくなる現象である．原因については不明なことも多い．

　以上のような優れた特徴から，LIBは家電，通信機（携帯電話），事務機など広い分野で他の電池を圧倒するシェアをもつに至っているが，最近では電動工具などパワー用途にも利用分野を拡大している．今後最も期待されるのは，自動車など輸送機器用の電源としてである．すでにHEV（Hybrid Electric

Vehicle，ハイブリッド車）では一部で実用に供されつつある．

1.4 研究開発の課題と現状

　これまでに商品化されたLIBの最大の問題点は，コバルト（Co）という稀少で高価な金属元素を使うことである．Coが全製造コストの30％ほどを占めるといわれる．携帯電話用などの小型のLIBでは電池一つあたりの使用量が少ないので，他電池との費用対効果（コスト/パフォーマンス）の差の内に吸収できている．しかし，HEV用など大型・大容量のものでは，Coのコストはより深刻な問題となる．さらに大容量の必要なPHEV（プラグインハイブリッド車）や電気自動車用ではコスト面ばかりでなく，普及が進めばその資源の枯渇にもつながる恐れがある．これに対処するため，$LiCoO_2$に代わるさまざまな非コバルト系の正極材料の研究が進められている．それぞれの材料の詳細は8章に記すが，開発中の正極材料の主要な特性を表1.2に示す．このうち$LiFePO_4$（同じ結晶構造の鉱物名からオリビン（olivine）と俗称される）は，資源的に豊富な鉄の化合物であることから，とくに熱心に研究されており，一部でサンプル的な製品も提供されはじめた．ただし，非晶質酸化バナジウム（$V_2O_5 \cdot 0.7H_2O$）のようにLiを含まない材料は$LiCoO_2$を直接代替することはできない．あらかじめLiを挿入するか，Liがドープされた状態の負極（LiC_6

表1.2 主なホスト・ゲスト系正極活物質の特性

活物質	Li_xHにおける xの範囲	平均電位 (V, vs. Li)	密度 (gcm^{-3})	理論容量密度 ($Ahkg^{-1}$)	(AhL^{-1})
$LiCoO_2$	0.3〜1	4.2	5.1	190	980
$LiNiO_2$	0.1〜1	4.0	4.8	246	1180
$LiMn_2O_4$	0.2〜1	4.0	4.2	118	490
$LiMn_2O_4$	0.2〜2	4.0/2.9	4.2	257	1080
$LiFePO_4$	0〜1	3.5	3.6	170	610
$LiMnPO_4$	0〜1	4.0	3.4	170	580
TiS_2	0〜1	2.2	5.2	225	1170
MoS_2	0〜1	1.8	5.2	160	830
$V_2O_5\,0.7H_2O$	0〜2	2.7	1.9	270	510

など）と組み合わせる必要がある．

　負極にも課題がある．リチウムを負極とする電池の開発のそもそもは，Liの軽量性にあったのであるが，LiC_6を用いるLIBではそれが活かされていない．金属Liの容量密度は3830 Ahkg^{-1}であるのに対し，LiC_6は1/10以下の340 Ahkg^{-1}に過ぎない．また，体積あたりの容量は金属Liであっても2030 AhL^{-1}（LiC_6は746 AhL^{-1}）であり，他の金属負極に比べるとむしろ小さい方である．これはリチウムの密度が小さいからである．LIBの高エネルギー密度はもっぱらその高い起電力に依存しているといえる．LIBのエネルギー密度のさらなる向上を目指して，LiC_6に代わる負極材料が研究されている．主なものを表1.3にあげる（詳細は7章参照）．電池の安全性や信頼性の観点から，一時は使用が断念された金属リチウム負極もエネルギー密度の高さから捨てがたく，それを使いこなす方法の研究もなされている．

　LIBは出力密度が大きいといっても，現状では内燃機関にははるかに及ばない．内燃機関の一部またはすべてを電池で置き換えるPHEVやEVは，石油の節約，都市環境の保全など，資源・環境面の要望から盛んに開発が進められているが，電池を駆動力とする自動車の大規模な普及のためには，エネルギー密度もさることながら，出力密度の飛躍的な向上が必要である．図1.5に，各種の電池や内燃機関のエネルギー密度と出力密度を示す．電池の出力特性は，各種分極を小さくすれば向上する．LIBのようにホスト・ゲスト系活物質を利

表1.3 主なホスト・ゲスト系負極活物質の特性

活物質	Li_xHにおける xの範囲	平均電位 (V, vs. Li)	密度[*1] (gcm^{-3})	理論容量密度 (Ahkg^{-1})	(AhL^{-1})
C_6	0〜1	0.1	2.2	339	746
$Li_4Ti_5O_{12}$	0〜3	1.5	3.5	175	613
Nb_2O_5	0〜2	1.7	—	200	—
Si	0〜4.4[*2]	0.4	1.2	2000	2400
$Sn(B, P)_{0.5}O_3$	0〜2	0.5	—	285	—
$Li_{2.6}Co_{0.4}N$	1〜2.6	1.0	—	770	—
Li	—	0.0	0.53	3860	2050

[*1] 充電状態（×最大）における密度．　[*2] $Li_{22}Si_5$を完全充電状態とするときの値

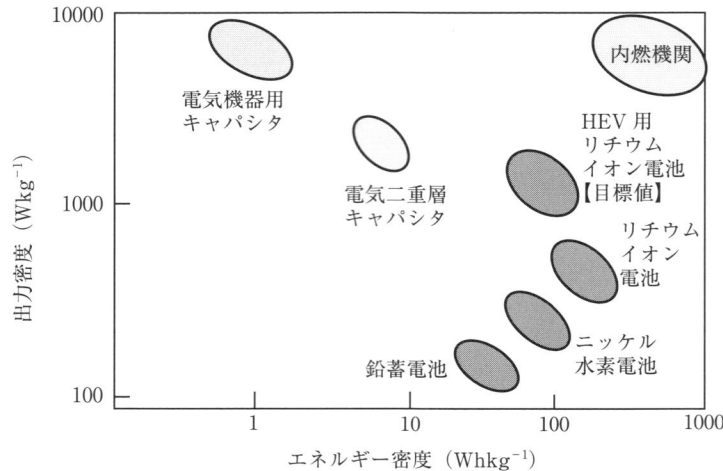

図 1.5 各種エネルギー貯蔵（変換）装置のエネルギー密度と出力密度

用する電池では，ホスト中のゲスト（Li）の拡散が十分に速くないために生じる分極が大きな部分を占める（4章参照）．活物質のサイズを小さくすれば，拡散距離が短縮されると同時に表面フラックスも減少するのでこの分極を軽減できる．近年進歩の著しいナノテクノロジーを活用してナノメートルサイズの電極系の作製が試みられている．

　電池が大型化し，しかも，それが自動車に搭載されることになれば，これまでより一層厳しく安全性が問われる．電解液の難燃化はもとより，究極の難燃性イオン伝導体である固体電解質（セラミクス電解質）の利用も検討されている．ある種の複合リチウム硫化物は有機電解液に劣らぬリチウムイオン伝導度を示すが，電極反応が効率的に進む電解質/電極界面を形成するのが難しく，これを克服するのが課題となっている（9.4節参照）．固体電解質を利用すると，負極が金属Liであっても，充電時のデンドライト成長が抑えられると考えられており，安全性の面からばかりではなく，高エネルギー密度金属リチウム二次電池を実現する方策としても注目されている．

　EV用など大型LIBの開発が進む一方，超小型あるいは薄型電池への要望もある．とくに薄膜電池は機能素子と電源を一体複合化した新しいデバイスを構

築するうえで必要であり，固体電解質を用いる全固体 LIB の開発も進められている．

参考文献

1) K. Mizushima, P. C. Jones, P. J. Wiseman and J. B. Goodenough, "Li$_x$CoO$_2$ ($0<x\leq1$): A NEW MATERIAL FOR BATTERIES OF HIGH ENERGY DENSITY", Mat. Res. Bull., **15**, 783-789 (1980)
2) M. S. Whittingham, Science, **192**, 1126 (1976)
3) 渡辺信淳,「グラファイト層間化合物」(近代編集社, 1986)
4) 西美緒,「リチウムイオン二次電池の話」(裳華房, 1997)
5) 電池便覧 (第3版) (丸善, 2001)
6) 森田昌行他編著,「次世代型リチウムイオン二次電池」(エヌ・ティー・エス, 2003)
7) 小久見善八編著,「リチウム二次電池」(オーム社, 2008)

2 ホスト・ゲスト系物質の構造と反応

　化学電池は反応のエネルギーを電気エネルギーに変換するものであるから，反応に関与する電極活物質はひとつの状態から必ず別の状態に変化する．充放電を繰り返して使う二次電池ではその変化が可逆的で，充電，放電のサイクルごとに物質の形態（モルフォロジー）も含めて元の状態に戻らなければならない．

　1859年プランテによって考案された鉛蓄電池は，反応

$$PbO_2(正極活物質)+Pb(負極活物質)+2H_2SO_4$$
$$=2PbSO_4(放電生成物)+2H_2O$$

が可逆的に進行するので，150年経った今でも広く使われている．充電状態と放電状態において構造的にも組成的にも全く別の状態をとりながら可逆的な反応を起こすきわめて稀な物質系である．プランテは各種金属の硫酸水溶液中における分極現象について研究するなかで，鉛の酸化還元過程が可逆的であることを偶然見出し，これを利用する二次電池を着想したという[8]．鉛電池はプランテの閃きの所産であり，ある指針に基づく系統的な物質探索の所産ではなかった．

　1976年，当時Exxonの研究所にいたM. S. Whittinghamが，二次元のホスト・ゲスト系（TiS_2/Li）の可逆的な電極反応（インターカレーション）を利用することにより，高性能の二次電池を構成できることを提唱した．

　その論文のアブストラクトには

　　The electrochemical reaction of layered titanium disulfide with lithium giving the intercalation compound lithium titanium disulfide is the basis of a new battery system. This reaction occurs very rapidly and in a highly reversible manner at ambient temperature as a result

of structural retention. Titanium disulfide is one of a new generation
　of solid cathode materials (Science, 192, 1126 (1976) より引用).

とある．これを一つの指針として，ホスト・ゲスト（host-guest）系電極材料の近代科学に立脚する系統的な研究が進められ，今日のリチウムイオン電池の主役である LiCoO₂ をはじめ，本書の「材料編」に示すような多くの電極活物質材料が開発された．

2.1　ホスト・ゲスト系とは

"ホスト・ゲスト（系）"という語は，もともとは有機化学の分野で使われはじめたものである．王冠状の構造を有するシクロデキストリンは骨格構造を保ちながら，その疎水性の空洞の中にフェノール類のような疎水性分子を閉じ込め包接化合物をつくる．これはシクロデキストリンをホスト，フェノールをゲストとする，ホスト・ゲスト系であり，このようなホスト・ゲスト反応によって生じる化合物は，一般に，ホスト・ゲスト錯体と呼ばれている．

　実は，有機に限らず無機化学の分野においても，グラファイトのような層状物質やゼオライトのような三次元骨格からなる物質がホストとなり，それらの層間やかご状の隙間にさまざまなゲストを取り込むホスト・ゲスト現象を示すことは古くから知られていたところである．とくに，層状（= 二次元）ホストがゲストを取り込む現象はインターカレーション（intercalation）と呼ばれる（逆に，層状化合物からゲストを引き抜く反応はデインターカレーション（de-intercalation）という）．電池の分野では，ホストの基本構造が保たれたままゲストが出入りする電極を，ホストの次元に関係なく，インターカレーション系電極と呼ぶ向きもあるが，本書では"ホスト・ゲスト系"を用いることにした．

　ホスト・ゲスト反応の駆動力は，ホストとゲストの間に働く相互作用のエネルギーである．これには，分子間力をはじめ，分子双極子の配位，電荷移動，水素結合も含めた化学結合に伴って働くものなどさまざまな力がある．ホスト・ゲスト系に作用する相互作用を考える場合，"イオン交換性ホスト"と"分子性ホスト"に分類するとわかりやすい[1]．

交換性陽イオン＋nH$_2$O

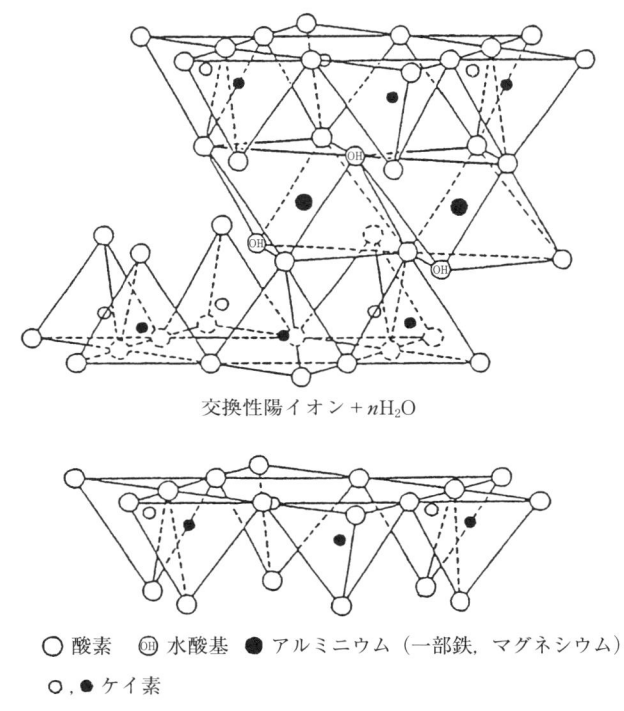

○ 酸素　◉ 水酸基　● アルミニウム（一部鉄，マグネシウム）
○，● ケイ素

図 2.1　モンモリロナイトの構造
［山中昭二，触媒，**32**，9(1990)より］

　イオン交換性ホストは，負（または正）に帯電した骨格中に，その電荷を中和するため正（または負）のイオンが介在するホストで，図 2.1 で示す層状粘土鉱物のモンモリロナイトや三次元骨格のゼオライトがこれにあたる．モンモリロナイトは層間に極性を有する有機分子を取り込むが，これは層間に介在するイオンとの双極子相互作用による．一方，ゼオライトは極性のない気体分子（N$_2$ など）であっても多量に吸着するが，これは，その空隙と気体分子（ゲスト）とのサイズが合えば弱い分子間力でも十分であるからである．なお，イオン交換性ホストでは，その名の通り，内在するイオンと外界のイオンとの交換反応が可能である．これも一種のホスト・ゲスト反応であり，イオン伝導体

（固体電解質）の合成などに利用される．

　分子性のホストは，電気的に中性な分子が分子間力など比較的弱い力で集合した固体で，冒頭の TiS$_2$ やグラファイトがその典型例である．凝集力が弱いとはいえ，その隙間にゲストが入るにはホスト間の凝集力に打ち勝つ比較的強い相互作用が必要である．TiS$_2$ やグラファイトでは電荷移動の相互作用がインターカレーションの駆動力である．電荷移動とはゲストの酸化（または還元）とホストの還元（または酸化）がペアとなって起こる現象であるから，ゲストには強い電子供与性あるいは電子受容性が要求される．リチウムのようなアルカリ金属は強い電子供与性を示すので分子性ホストに対するゲストとして適している．これはリチウムイオン電池にとって幸運なことであった．

　以下，リチウムイオン電池に関連する分子性ホストについて，その構造次元別に概観する．

2.2　一次元ホスト

　一次元ホストとは，トンネル構造を有し，その中にゲストを収容するものをいう．ホランダイト(Ba$_x$Mn$_8$O$_{16}$)型酸化物など多数あるが，最もわかりやすい例は六方晶酸化タングステン(h-WO$_3$)であろう．WO$_3$ は，通常，2.4節で述べる ReO$_3$ 型構造であるが，水熱法などを用いて比較的低温で合成すると，図2.2に示す構造の h-WO$_3$ が得られる[2]．［WO$_6$］八面体が頂点を共有して構成されるその六員環網面が上下の頂点を共有して積層した構造で，c 軸に沿うトンネルを有する．この共有結合性の強い分子性ホストは，電荷移動によりアルカリ金属などのゲストを収容しホスト・ゲスト化合物（(K$^+$)$_x$(WO$_3$)$^{x-}$ など）をつくる．収容されたゲストを引き抜くことも可能である．トンネルのサイズが比較的大きいので，K$^+$ などイオン半径の大きい金属の収容に適する．Li も収容できるが，イオン半径の小さい Li$^+$ はトンネル内の位置ではなく，プリズム型の酸素6配位の位置 (trigonal site) を占めるものと考えられている[3]．この位置は外界と直接つながっていないので，Li の出入りはトンネルを通して行われる．

　このような一次元ホストは，骨格中のトンネルが動くことのできない不純物

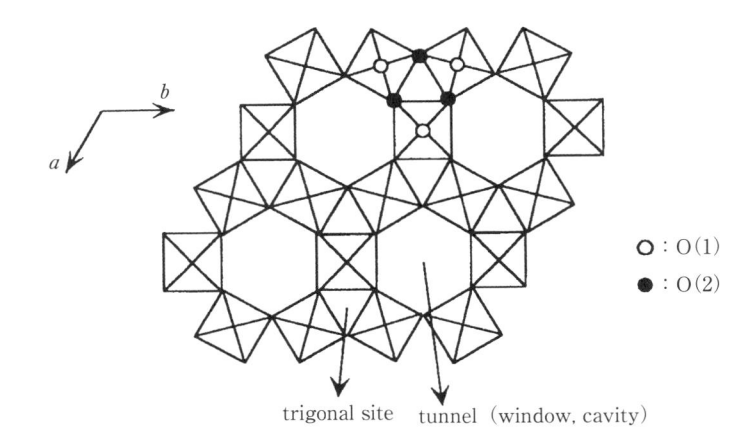

trigonal site　tunnel (window, cavity)

図 2.2 六方晶酸化タングステン(h-WO$_3$)の構造
[W. Han, M. Hibino and T. Kudo, Solid State Ionics, **128**, 25 (2000) より]

○ : O(1)
● : O(2)

イオンなどで塞がれると，閉塞区間にはゲストが入れないし，すでに入っているゲストがあるとしてもそれは引き抜くことができない．これは電極材料などへの応用を考えるとき，重大な短所である．

ポリアセチレンやポリアニリンなどのπ共役系の鎖状高分子は電子受容性のゲスト（例えば ClO$_4$）と電荷移動型のホスト・ゲスト錯体をつくる．これはドーピングと呼ばれる．鎖状高分子は本章の他のホストとは趣を異にするが，一種の一次元ホストと考えることもできよう．

電気化学的なドーピングを簡略に書けば，

$$(C_6H_4NH)_n + ClO_4^- = [(C_6H_4NH)_n^+ ClO_4^-] + e^-$$

なるアノード反応である．逆反応（カソード反応，脱ドーピング）も進行するので二次電池の電極として使える．実際，LiAl 合金を負極，ポリアニリンを正極とする電池が研究され，実用に供された実績をもつ．

2.3　二次元ホスト

二次元ホストは層状構造のホストで，リチウムイオン電池の負極に用いられ

るグラファイト（黒鉛）が典型例である．sp^2 混成軌道で強く共有結合した炭素の平面（＝巨大分子）が弱いファンデアワールス力で積層した分子性ホストで，電子供与性ゲストを層間に受け入れ，電荷移動型の層間化合物（例えば Li$^+$(C$_n$)$^-$）をつくる．ゲストが Li の場合，最大収容量は炭素 6 原子あたり 1 個である．これ以上になると，Li$^+$ 間の距離が短くなりクーロン斥力がきわめて大きくなるからである．層間のゲストは電気化学的酸化反応（アノード反応）や酸化性の試薬との化学反応により引き抜くことができる．他の分子性ホストにおいても，多くの場合，収容されたゲストは可逆的に引き抜くことができる．

　この炭素平面は両性であり，電子受容性の強いゲスト（例えば SbF$_5$）とも層間化合物をつくる．グラファイトにおいては価電子帯（π バンド）と伝導帯（π* バンド）が 0.03 eV 重なり合っているので面内方向で金属的な導電性を示す．電子供与性ゲストがインターカレートすると伝導帯に電子が注入され，さらに導電性は高くなる．これは電極材料にとってきわめて有利な性質である．グラファイトの電極材料としての特性は 7 章で詳しく述べる．

　硫化物である TiS$_2$，MoS$_2$，TaS$_2$ などの MS$_2$ 型化合物は古くから知られた層状分子性ホストである．TiS$_2$ は［TiS$_6$］の八面体が稜を共有して連結されてできる中性の TiS$_2$ 平板が分子間力で積層しているが，図 2.3(a) に示すように，S について見ると ABAB‥の六方最密充填(hcp)になっている．つまり陰イオンの hcp の八面体の隙間を一層おきに Ti が占めていることになる．このような構造は六方晶系に属し，CdI$_2$ 型構造と呼ばれる．層間の S の八面体の位置に電子供与性のゲスト（例えば Li）を収容し，電荷移動型の層状化合物（Li$^+$(Ti^{3+}S$_2$)$^-$）をつくる．Ti^{4+} は比較的容易に Ti^{3+} に還元されるので，TiS$_2$ 層の電子受容性はグラファイト層に比べてはるかに大きい．そのため，ゲスト（Li）の挿入に伴ってホスト・ゲスト系の内部エネルギーがより大きく減少するので，リチウムの酸化還元電位はグラファイトより 2.5 V 程度高くなる．したがって正極材料として相応しい物質系である．TiS$_2$ 自体は価電子帯が満たされ，その上の t_{2g} バンドが空の半導体であるが，ゲストが入るとそのバンドに電子が注入されて導体となる．

　前章でも触れたように，MoS$_2$ は，一時的にではあるが商品化されたことの

(a) LiTiS₂   **(b)** LiCoO₂

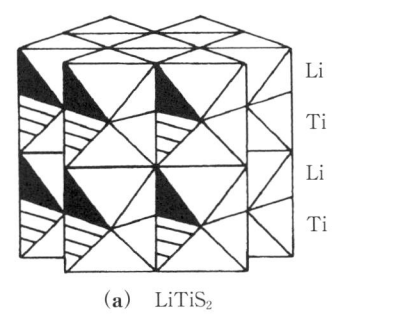

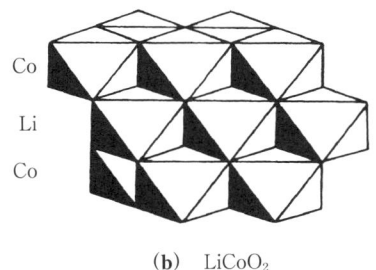

図 2.3 LiTiS$_2$ と LiCoO$_2$ の構造（八面体の中心は金属原子が，頂点は陰イオン（S^{2-} または O^{2-}）が占める）
［K. Mizushima, P. C. Jones, P. J. Wiseman and J. B. Goodenoush, Mat. Res. Bull., **15**, 783 (1980) より］

あるリチウム二次電池に使われた物質である．MoS$_2$ においては，S^{2-} を頂点とするプリズム（三方柱）の中心に Mo が位置し，その MoS$_6$ プリズムが端面に垂直な3稜を共有してできる MoS$_2$ 平板が積層した分子性ホストで，層間への Li 挿入限界は TiS$_2$ と同じく，MoS$_2$ あたり1個である．TaS$_2$ も同様の層状ホストであるが，特殊な電子構造のために電子受容性が強く，有機分子もインターカレーとされることが知られている．

グラファイトとともに，今日のリチウムイオン電池の主役を演じている LiCoO$_2$ は，LiTiS$_2$ の場合と同様，［CoO$_6$］八面体の稜共有で構築される CoO$_2$ 平板が積層した分子性ホストの層間に Li が挿入された層間化合物と見ることができる．Li は層間の酸素の八面体の位置に入っていることも同じである．しかし，図2.3(b)で示すように，陰イオン（酸素）の積層様式は hcp ではなく，ABCABC……の立方最密充塡(ccp)になっているところが異なる．岩塩(NaCl)は Cl の ccp 構造における八面体の隙間のすべてを Na が埋めているが，LiCoO$_2$ は岩塩の Cl を O に，Na を一層ごとに Co と Li に置き換えたものと見ることができる．それゆえ，層状岩塩型酸化物と呼ばれる．Li をすべて取り去ったホスト自体，つまり，CoO$_2$ は CdCl$_2$ 型構造をとるはずであるが，実際は，ゲスト（Li）が極端に失われると酸素の配置が hcp に変わり，TiS$_2$ と同じく CdI$_2$ 型をとると報告されている[4]．

このホスト・ゲスト系の反応は，以下の電荷移動

$$Li + Co^{4+}(host) = Li^+(interlayer) + Co^{3+}(host)$$

によるものであるが，Co^{4+} は高い酸化状態にあるのでホストの電子受容性が強く，約 4 V（vs. Li）の高い電位をもつリチウムイオン電池の正極となる．詳しくは 8 章で記述する．

2.4 三次元ホスト

三次元ホストとは，ゲストの占め得るサイト（位置）が，トンネルの中や平面の中に二次元的に閉じ込められているのではなく，ホスト骨格の中で三次元的に分布して，それらがネットワークをつくっているものをいう．電極活物質には固体中の速いゲストの移動が要求されるので，一般論として，ネットワーク構造をもつ三次元ホストは一次元や二次元のものに比べて有利といえる．

最も単純でわかりやすい三次元ホストは ReO_3 型ホストである．レニウム（Re）金属はあまりおなじみではないかも知れないが，この酸化物は ReO_6 の八面体が各頂点を共有して連結された立方晶の構造で，図 2.4 に示すように 12 個の酸素に囲まれる比較的大きい空洞を有する．

この空洞をゲストの収容サイトとする分子性ホストと見ることができる．そ

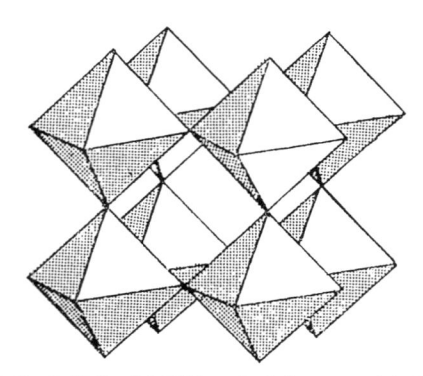

図 2.4 ReO_3 の構造（八面体の中心を Re，頂点を O が占める．中央の酸素 12 配位の位置にゲストが収容される）

れぞれの空洞は六方向に等価の空洞と連結され，三次元の空洞ネットワークが形成されている．ReO_3 自体は Re がきわめて希少・高価な元素であることから，ホストとしての研究例は少ないが，ReO_3 型が多少歪んだ WO_3 については多くの研究がなされている．WO_3 はその空洞に Li や Na のアルカリ金属を収容し，Li_xWO_3 ($x<1$) などの化合物をつくる．これらは"タングステンブロンズ"と呼ばれるが，WO_3 を分子性ホストとする電荷移動型のホスト・ゲスト化合物と見ることができる．Li 量 x が 1 に近づくと WO_6 八面体の歪みが解消され，ホスト骨格は正規の ReO_3 型となる．WO_3 は無色であるが，Li を挿入すると電荷移動により W^{6+} の一部が W^{5+} に還元され青色に着色する．

この変化は電気化学反応

$$xLi^+ + WO_3 (無色) + xe^- = Li_xWO_3 (青色)$$

で可逆的に進行させることができる．電気的に駆動される物質の可逆的な色変化は"エレクトロクロミズム"と呼ばれ，表示素子や調光ガラスに利用される．

スピネル構造の $LiMn_2O_4$ も，Mn_2O_4 ($=MnO_2$) ホスト中に Li の挿入されたホスト・ゲスト化合物と見ることもできる．スピネル構造の詳細は 8.2 節で述べるが，Mn_2O_4 骨格中の酸素の四面体 4 配位の隙間の 1/8 が Li の占めるサイトであり，ダイヤモンド格子の三次元ネットワークをつくっている（図 8.7 参照）．この隙間は比較的小さいので，Li 以外のアルカリ金属は入れない．層状ホストでは，ゲストの収容される空間（層間）を比較的自由に広げることができるため，ゲストのサイズに対する制約が少ないのと対照的である．ゲスト（Li）を完全に取り去ったホスト自体（Mn_2O_4）もスピネル構造を維持し，$\lambda\text{-}MnO_2$ と呼ばれる二酸化マンガンの多形の一種である．

スピネル構造をとるホストのもう一例は立方晶 TiS_2 ($c\text{-}TiS_2$) である．TiS_2 は，通常，前節の層状構造をとるが，特殊な合成法を用いると $\lambda\text{-}MnO_2$ と等価な構造の立方晶 TiS_2 が得られる[5]．このホストにおいてはゲストのサイトが半分空いている陰イオンの八面体 6 配位の位置であるので，マンガンスピネルの倍にあたる $Li_2Ti_2S_4$ まで Li を収容できる．

金属や金属間化合物には，H, B, C などの軽く小さい原子をその隙間に取り込んで侵入型固溶体つくるものがある．侵入型固溶体は，金属をホスト，軽

原子をゲストとする，ホスト・ゲスト系と見ることができる．例えば，$CaZn_5$型の金属間化合物 $LaNi_5$ はこの式量あたり6個の水素を収容できるとともに，水素の隙間サイト間の拡散が速いので，注入・脱離の反応が容易に進行する．このため，このホスト・ゲスト系はニッケル水素二次電池の負極として用いられる．リチウムをゲストとする金属ホストも存在する．その一例がリチウム二次電池の負極として実用に供されたこともある LiAl 合金である．Li-Al 系 (Li_xAl_{1-x}) には，1:1 の組成を挟む $x=0.47〜0.55$ の範囲で NaTl 型構造の β-LiAl 相が存在する[6]．この構造は図 2.5 で示すように，相互に貫通する二つのダイヤモンド型副格子の一方を Na(Li) が，他方を Tl(Al) が占めるものである．

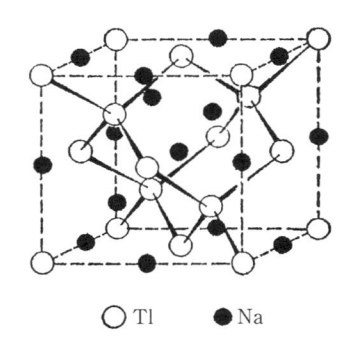

図 2.5 NaTl 型構造
（Tl 副格子に Al が，Na の副格子に Li が入る）
［桐山良一，桐山秀子，「構造無機化学 I」第 3 版，p.196
（共立出版，1979）より］

Li から1個の電子が移動して4個の価電子をもつ Al^- が共有結合性のダイヤモンド格子をつくり，その隙間に Li^+ を収容した電荷移動型のホスト・ゲスト化合物と考えるとわかりやすい[7]．実際には，それぞれの副格子に欠陥があり，その増減により Li の脱挿入が起こるものと思われる．組成 x の限界を超えると，低濃度側では Li の飽和した Al (α 相) と β 相の，高濃度側では Li_3Al_2 相と β 相の二層共存になる．

参考文献

1) 山中昭司，触媒，**32**，9(1990)
2) B. Gerand, G. Nowogrocki, J. Guenot and M. Figlarz, J. Solid State Chem., **29**, 429 (1979)
3) W. Han, M. Hibino and T. Kudo, Solid State Ionics, **128**, 25(2000)
4) G. M. Amatucci, J. M. Tarascon and L. C. Klein, J. Electrochem. Soc., **143**, 1114 (1996)
5) D. M. Murphy, Solid State Ionics, **18/19**, 847(1986)
6) C. J. Wen, B. A. Baukamp, R. A. Huggins and W. Weppner, J. Electrochem. Soc., **126**, 2256(1979)
7) 桐山良一，桐山秀子，「構造無機化学Ⅰ」第3版，p.196(共立出版，1979)
8) 服部正策，「電池技術」，p.78(電気化学会電池技術委員会，1981)

3

ホスト・ゲスト系電極の熱力学

3.1 電池の起電力と電極電位

　化学電池は自発的に進行する反応を一対の電極上の反応（電極反応）に分割して行わせることによって外界にエネルギーを取り出す装置である．正味の反応（総反応）のギブス(Gibbs)自由エネルギー変化を ΔG とすれば，電池の起電力 E は

$$E = -\frac{\Delta G}{nF}$$

で与えられる．n はこの反応に関わる電子数，F はファラデー(Faraday)定数 (96500 $Cmol^{-1}$) である．これは電極反応が熱力学的な平衡状態にあることを前提として"最大仕事の原理"から導かれる理論上の起電力である．それを強調するときは理論起電力あるいは熱力学的起電力という．クォーツ時計によく用いられている銀電池は負極活物質が Zn，正極が Ag_2O である．簡単のため，その正味の反応を

$$Zn + Ag_2O = ZnO + 2Ag \quad \Delta G = -309 \text{ kJmol}^{-1}$$

としよう．2個の Ag が +1価から0価に還元されるとともに Zn が0価から +2価に酸化される反応であるから $n=2$，したがって $E = 1.60$ V となる．実際の起電力もほぼこの値である．

　正味の反応が，どのように一対の電極上の電極反応（電子の授受を伴う反応）に分割されるかは，イオン伝導体（電解液）の種類などに依存する．銀電池はアルカリ水溶液を用いるので，次のように分割されている．

　　　　　（負極）　　$Zn + 2OH^- = ZnO + H_2O + 2e^-$

(正極)　　$Ag_2O + H_2O + 2e^- = 2Ag + 2OH^-$

　正味の反応が平衡にあるには，これらの電極反応は共に平衡状態になければならない．温度，圧力が与えられているとき，平衡の条件は原系と生成系のエネルギー，正確には化学ポテンシャル μ[*1] が等しいことである．正極の反応については，

$$\mu_{Ag_2O} + \mu_{H_2O} + 2\eta_{e^-} = 2\mu_{Ag} + 2\eta_{OH^-}$$

となる．イオンや電子のような荷電粒子のエネルギーはそれらが存在する場所の電位 ϕ に依存するので，単なる化学ポテンシャルの代わりに，それを加味した電気化学ポテンシャル η，すなわち，

$$\eta = \mu + zF\phi$$

を用いなければならない．z は符号も含めた荷電粒子の電荷数で，電子なら -1 である．正極（Ag_2O）の電位（正確には内部電位）を ϕ_C，電解液のそれを ϕ_L とすれば，$\eta_{OH^-} = \mu_{OH^-} - F\phi_L$，$\eta_{e^-}(Ag) = \mu_{e^-} - F\phi_C$ であるから，これらを上記の平衡条件に代入して

$$\phi_C - \phi_L = \frac{1}{2F}(\mu_{Ag_2O} + \mu_{H_2O} + 2\mu_{e^-} - 2\mu_{Ag} - 2\mu_{OH^-})$$

が導かれる．同様に，

$$\phi_A - \phi_L = \frac{1}{2F}(\mu_{ZnO} + \mu_{H_2O} + 2\mu_{e^-} - \mu_{Zn} - 2\mu_{OH^-})$$

である．電極と電解液の電位差 $E_{hc} = \phi_C - \phi_L$（あるいは $\phi_A - \phi_L$）を電極電位という．電極電位は，通常，記号 E で表されるが起電力の E と紛らわしいので，ここでは E_{hc}（hc は half cell = 半電池を意味する）とした．電極電位の絶

[*1] 物質量が変化する体系では，ギブス自由エネルギーは温度 T，圧力 p とともに物質量 $n_1, n_2, \cdots$ の関数である．すなわち $G = G(T, p, n_1, n_2, \cdots)$．成分 i の化学ポテンシャルは，$\mu_i = (\partial G/\partial n_i)_{T,p,n_{j \neq i}}$ で定義される．T, p が所与のときは，$G = n_1\mu_1 + n_2 m_2 + \cdots$ が成り立つので，純物質では $\mu = G/n$，すなわち化学ポテンシャルは 1 mol あるいは 1 分子あたりのギブス自由エネルギーである．$dG = \mu_1 dn_1 + \mu_2 dn_2 + \cdots$．$dG = 0$ とおいて，$A + B + \cdots = C + D + \cdots$ のような反応の平衡条件が導かれる．活量（気体においては分圧）を a，気体定数を $R(= 8.31 \, JK^{-1}mol^{-1})$ とすれば，$\mu = \mu^0 + RT \ln a$ の形をとる．μ^0 は $a = 1$（標準状態）の化学ポテンシャル（= 標準化学ポテンシャル）で温度のみに依存する．組成一定の固体や電子の活量は 1 である．

対値は測定できないが，別の基準となる電極（＝参照電極）と組み合わせて電池をつくり，その起電力として測定される．参照電極としては電極電位が安定しているものが選ばれるので，電池の各電極の挙動を独立に測定したり，電極の電位を規制したりできる．

なお，電池の起電力は正極と負極の電極電位の差であり，

$$E = \phi_C - \phi_A = -\frac{(\eta_{eC} - \eta_{eA})}{nF} = -\frac{\Delta G}{nF}$$

が成り立つ．つまり，両極における電子のエネルギー（＝電気化学ポテンシャル η_{eC}, η_{eA}）の差を電荷移動量（$-nF$）で割ったものが起電力である．

3.2 ホスト・ゲスト系電極反応の平衡と組成-電位曲線（OCV 曲線）

ホスト・ゲスト系の電極反応は，しばしば式(1-1)のように書かれる．ホストを H，ゲストを Li とすれば，

$$H + xLi^+ + xe^- = Li_xH \tag{3-1}$$

である．しかし，これは反応の平衡を論じるときには不適切である．というのはホスト・ゲスト系化合物 Li_xH の自由エネルギーは組成 x とともに変化するからである．したがって，ある組成のホスト（Li_xH）への微少量 dx のリチウムの挿入反応

$$dxLi^+ + dxe^- = dxLi(in\ Li_xH) \tag{3-2}$$

を考えなくてはならない．平衡条件は $dx\eta_{Li^+} + dx\eta_{e^-} = dx\mu_{Li}$，つまり

$$\eta_{Li^+}(\text{electrolyte}) + \eta_{e^-}(x) = \mu_{Li}(x) \tag{3-3}$$

で与えられる．ここで，$\mu_{Li}(x)$ は Li_xH 中の Li の化学ポテンシャル，$\eta_{e^-}(x)$ はその組成における電極中の電子の電気化学ポテンシャルである．基準電極系としては，通常，同一電解液の金属 Li 電極

$$Li^+ + e^- = Li \tag{3-4}$$

が選ばれる．式(3-4)の平衡条件は

$$\eta_{Li^+}(\text{electrolyte}) + \eta_{e^-}(\text{Li, metal}) = \mu_{Li}(\text{Li, metal}) \tag{3-5}$$

である．式(3-3)および(3-5)の $\eta_{Li^+}(\text{electrolyte})$ は等しいので，金属 Li を基

準とするホスト・ゲスト系電極の電位（＝基準電極との間の熱力学起電力）は

$$E(x)(\text{vs. Li}) = -\frac{1}{F}\{\eta_{e^-}(x) - \eta_{e^-}(\text{Li, metal})\} = -\frac{1}{F}\{\mu_{\text{Li}}(x) - \mu(\text{Li, metal})\} \quad (3\text{-}6)$$

である．エネルギーの零点を金属 Li の化学ポテンシャル $\mu_{\text{Li}}(\text{Li, metal}) = \mu_{\text{Li}}^0 = 0$ にとれば，単に

$$E(x)(\text{vs. Li}) = -\frac{\mu_{\text{Li}}(x)}{F} \quad (3\text{-}6')$$

と書ける（コラム 3-1 参照）．組成 x に対して $E(x)$ をプロットした組成-電位曲線は OCV 曲線とも呼ばれる．また，x の代わりに F/M_w（M_w：ホスト・ゲスト系のモル質量）を乗じて質量あたりの電気量（Ah/g）の単位をもつ xF/M_w を横軸とするプロットも，しばしば使われる．OCV 曲線はホスト・ゲスト系電極材料の最も基本的な特徴を表すものである．リチウムイオン電池（LIB）の代表的正極材料である Li_xCoO_2 と，代表的負極材料である Li_xC_6 のおおまかな OCV 曲線を，図 3.1 に示す（詳しくは図 7.4 および 8.3 を参照）．ただし，後者については $E(x)$ ではなく $E(1-x)$ をプロットしてある．基本的にはこれらの差が LIB の起電力（OCV）となる．

ホスト・ゲスト系を表す適当なモデル（模型）を用いるなどして計算（シミュレーション）される OCV と実測曲線を比較することにより，電極材料中

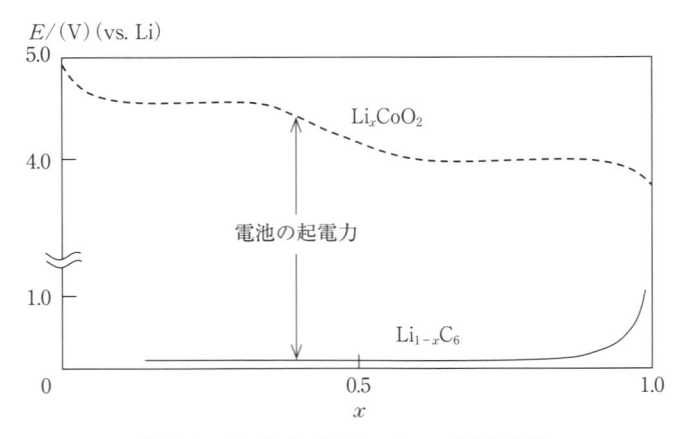

図 3.1 Li_xCoO_2 と $\text{Li}_{1-x}\text{C}_6$ の OCV 曲線

で起きる現象や電極反応のメカニズムを知ることができる．また，このようなシミュレーションから得られる知見は新しい電極材料を探索するときの指針ともなる．以下にいくつかの簡単な模型を用いて OCV 曲線を計算してみよう．

コラム 3-1　ホスト・ゲスト化合物(Li_xH)の生成自由エネルギーと起電力

本文ではホストの存在を気にせずに Li の化学ポテンシャルのみに着目して記述したので少々わかりにくかった読者もおられよう．以下に補足する．

基準電極である金属 Li（負極）と Li_xH（正極）の電池の正味の反応は，式(3-2)と(3-4)から，

$$dx Li + Li_xH = Li_{x+dx}H$$

と書ける．Li_xH の生成ギブス自由エネルギー ΔG_f は x の関数であるが，それを $f(x)$ とすれば，起電力は式(3-1)から

$$E = -\frac{1}{F dx}\{f(x+dx) - f(x)\} = \left(-\frac{1}{F}\right)\left(\frac{df}{dx}\right)$$

である（金属 Li は $\Delta G_f = \Delta G_f^0 = 0$）．つまり，$Li_xH$ 電極の OCV（vs. Li）は，Li_xH の生成ギブスエネルギー ΔG_f の勾配を $(-F)$ で割ったものである．式(3-6′)と比較すると，この勾配 (df/dx) は Li_xH 中の Li の化学ポテンシャル μ_{Li} に等しいことがわかる．勾配が一定であれば OCV 曲線は平坦になるがホスト・ゲスト電極の OCV は決して平坦にはならない（図1）．それはエントロピーやゲスト間（あるいはゲスト・ホスト間）の相互作用のエネルギーが組成とともに変化するためである．

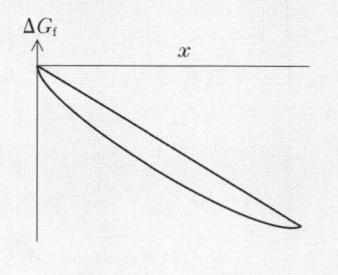

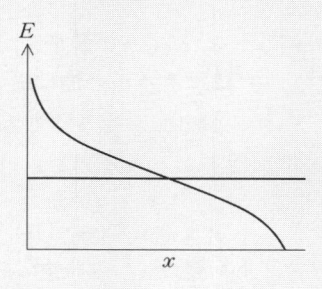

図1

3.3 統計熱力学モデルとネルンストの式

ホスト・ゲスト系の OCV と組成 x の関係は統計熱力学的な模型（一種の格子気体模型）を使って議論できる．まず最も簡単な場合としてゲスト間の相互作用のない系を取り上げ，ネルンスト(Nernst)の式を導く．

組成範囲 $0 \leq x \leq 1$ でホスト・ゲスト化合物 Li_xH が存在する場合，ホスト 1 mol 中には N_A（アボガドロ数，$6.02 \times 10^{23}\,mol^{-1}$）個のゲスト（Li）1 個を収容できるサイト（結晶であれば格子点）が存在する．ここでは，このすべてが等価でエネルギー的に等しいサイトとする．つまり，図 3.2 で示すように碁盤の目のように配列したサイトを考える．金属 Li 中のリチウム原子 1 個をホストサイトに運ぶに要する仕事を ε_s（ここでは eV$=1.60 \times 10^{-19}$ J の単位で表し，1 mol あたりでは $\varepsilon_s N_A$）とすれば，n 個の Li をホストに挿入するときの内部エネルギー変化は

$$\Delta U = \varepsilon_s n \tag{3-7}$$

である．ε_s はホスト中と金属 Li 中のリチウム原子 1 個あたりの標準化学ポテンシャルの差（$\mu^0(Li, H) - \mu^0(Li, metal)$）に相当するものでサイトエネルギーと呼ばれる[*2]．通常，$\varepsilon_s < 0$ である（ホスト H 中のリチウムのエネルギーが低い）．一方，統計熱理学の議論では，エントロピー S の変化はボルツマン(Boltzmann)の関係式

$$S = k_B \ln W \tag{3-8}$$

から導かれる（コラム 3-2 参照）．k_B はボルツマン定数（$= R/N_A = 1.38 \times 10^{-23}$ JK^{-1}），W はエネルギー的に等しい状態の数である．ここでは，サイト（格子点）へゲストを配置するやり方の数が状態の数 W に対応するので，式(3-8)の S は配置エントロピーともいわれる．ホスト中の格子点（図 3.2）の数を N，挿入されたリチウムの数（= 占められた格子点の数）を n とすれば，

[*2] サイトエネルギー ε_s の大部分はホスト・ゲスト間の電荷移動エネルギーの寄与である．電荷移動が起こればホスト中の金属の酸化数が変化するのでホストにも変化が起こり，ε_s も組成に多少なりとも依存するはずであるが，ここではそれを無視して一定と考える．

3.3 統計熱力学モデルとネルンストの式

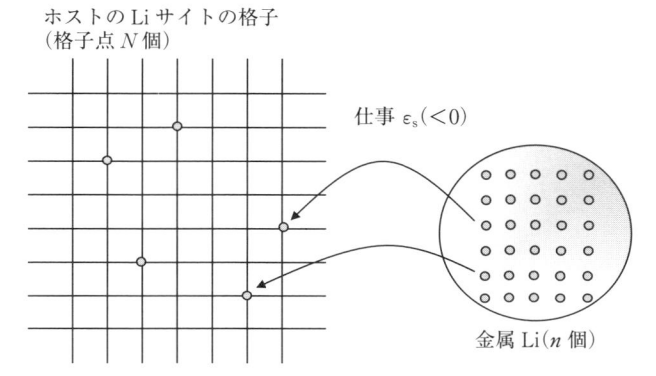

図3.2 ホスト・ゲスト反応系のモデル図

配置の総数は組み合わせ $_NC_n$ で決まる．すなわち，

$$W = {_NC_n} = \frac{N!}{n!(N-n)!} \tag{3-9}$$

である．$n=0$ のとき $W=1$ であるから，挿入に伴うエントロピー変化は

$$\Delta S = k_B \ln \frac{N!}{n!(N-n)!} \tag{3-10}$$

で与えられる．ギブス自由エネルギー変化は $\Delta G = \Delta H - T\Delta S$ であるが，固体では体積仕事（$p\Delta V$）が無視できるので $\Delta H = \Delta U$ としてよく，

$$\Delta G = \varepsilon_s n - k_B T \ln \frac{N!}{n!(N-n)!} \tag{3-11}$$

となる．したがって，ホスト・ゲスト系 Li$_x$H のギブス自由エネルギーは

$$G = G_0 + \varepsilon_s n - k_B T \ln \frac{N!}{n!(N-n)!} \tag{3-12}$$

と書ける．G_0 はホスト自体の自由エネルギーに相当する定数である．大きな数 m についてスターリング（Stirling）の公式（$\ln(m!) = m\ln(m) - m$）が成り立つ（ゆえに，$d\ln(m!)/dm = \ln(m)$）．G を n で微分すれば，Li の化学ポテンシャルが次のように求まる．

$$\mu_{Li} = \left(\frac{\partial G}{\partial n}\right)_T = \varepsilon_s + k_B T \ln \frac{n}{N-n} = \varepsilon_s + k_B T \ln \frac{x}{1-x} \tag{3-13}$$

（ただし $x = n/N$，すなわち Li$_x$H における x）

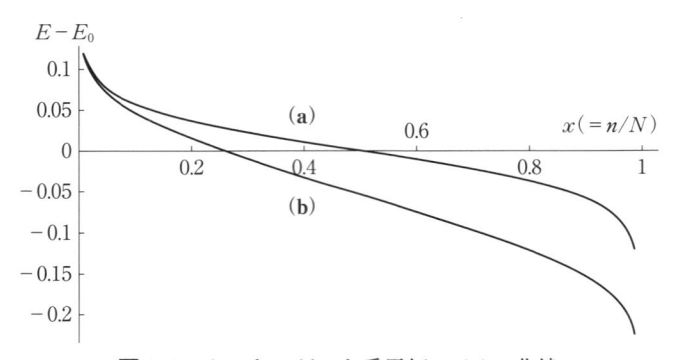

図 3.3 ホスト・ゲスト系電極の OCV 曲線
(a) ネルンストの関係
(b) 最近接ゲスト（Li）間に反発エネルギー（$J=2k_BT$）が作用するとき（平均場近似）

Li 1 個あたりの電荷移動量は e（= 電気素量 $=F/N_A=1.60\times10^{-19}$ C）であるから，式(3-6′)を参照して，OCV は

$$E=-\frac{\varepsilon_s}{e}-\frac{k_BT}{e}\ln\frac{x}{1-x}=-\frac{\varepsilon_sN_A}{F}-\frac{RT}{F}\ln\frac{x}{1-x} \quad (3\text{-}14)$$

で与えられる．標準ポテンシャル E_0 を $-\varepsilon_sN_A/F$，還元体と酸化体の活量比（a_R/a_O）を $x/(1-x)$ と見れば，式(3-14)はネルンストの式と等価である．ゲストに相互作用の働かない"理想的な"ホスト・ゲスト系の OCV はネルンストの式に従うことになる．

OCV 曲線を図 3.3(a)に示す．なお，吸着現象におけるラングミュア(Langmuir)の吸着等温式も上記と同じ議論で導くことができる．

コラム 3-2 混合のエントロピー

n_A 個の A 原子（または分子）と n_B 個の B 原子が $N(=n_A+n_B)$ 個の格子点の左右に偏在している状態から拡散により混合するときのエントロピー変化をボルツマンの関係式(3-8)から求めてみる．A と B の間に引力や斥力が作用しなければ自由に混じり合えるので，混合状態の配置数 W は $N!/n_A!n_B!$ である．したがって混合に伴うエントロピー変化は

$$\Delta S = k_B \ln \frac{N!}{n_A! n_B!}$$

となる(混合前の W は A と B の境界のとり方があるので 1 ではないが混合後の $\ln W$ に比べて無視できる).

スターリングの公式で展開して

$$\Delta S = -k_B\left\{n_A \ln\left(\frac{n_A}{N}\right) + n_B \ln\left(\frac{n_B}{N}\right)\right\} = -Nk_B\{x_A \ln x_A + (1-x_A)\ln(1-x_A)\}$$

あるいは,N_A/N_A(N_A:アボガドロ数)を掛けて

$$-\left(\frac{N}{N_A}\right)R\{x_A \ln x_A + (1-x_A)\ln(1-x_A)\}$$

を得る.ただし,x_A は A 原子の比率(つまり,モル分率 $= n_A/(n_A+n_B)$)である.

この ΔS を混合のエントロピーという.ΔS はモル分率とともに下図のように変化し,$x_A = x_B = 1/2$ のとき最大値 $Nk_B \ln 2$ をとる.A と B からなる系の自由エネルギーは混合により $T\Delta S$ だけ減少する(安定化する).

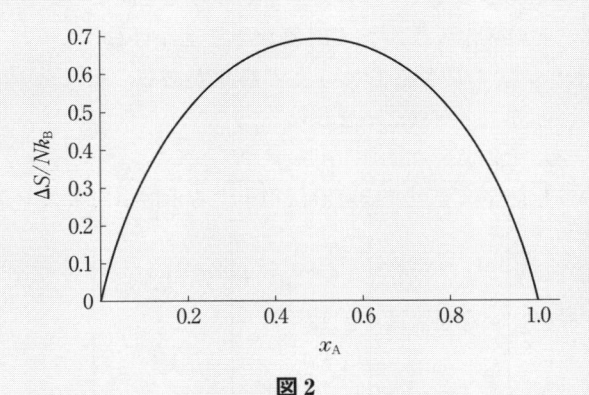

図2

2種類の理想気体分子が格子上に配列すると考えれば(= 格子気体モデル),それらの混合エントロピーは上記の ΔS になる.これは,半透膜を用いる熱力学的な思考実験から計算される理想気体の混合エントロピーと完全に一致する.

3.4 ゲスト間に相互作用があるときの OCV

前節ではゲスト (Li) 間の相互作用を無視したが,実際のホスト・ゲスト系ではそれを看過することはできない.とくに近接する Li-Li 間には比較的強い反発的なクーロン相互作用が働く.ホスト中のリチウムは電荷移動により Li^+ として存在し,その電荷がホストにより完全には遮蔽されないからである.

第 1 近接イオン間の反発相互作用 ($J>0$) のみを考慮すれば,N 個の格子点に n 個の Li を挿入したときの系の内部エネルギー変化は式(3-7)に代わって,

$$\Delta U = \varepsilon_s n + J n_{AA} \tag{3-15}$$

となる.n_{AA} はそのときの Li-Li ボンドの数である.

ではエントロピーはどうであろう.相互作用がなければすべての配置はエネルギー的に等価であるので $W=N!/n!(1-n)!$ としたが,この場合は配置に含まれる Li-Li ボンドの数が n_{AA} である配置数を考えなければならない.つまり,W を n とともに n_{AA} の関数として与える必要がある.それを $W(n, n_{AA}; N)$ とすれば挿入に伴うエントロピー変化は

$$\Delta S = k_B \ln W(n, n_{AA}; N) \tag{3-16}$$

で与えられる.したがって,式(3-12)に相当するホスト・ゲスト系の自由エネルギーは,

$$G = G_0 + \varepsilon_s n + J n_{AA} - k_B T \ln W(n, n_{AA}; N) \tag{3-17}$$

となる.G を最小とする n_{AA} は

$$\left(\frac{\partial G}{\partial n_{AA}}\right)_{T,n} = 0 \tag{3-18}$$

から n の関数として求まる(n_{AA} を小さくすれば反発エネルギー Jn_{AA} は小さくなるが,エントロピー $k_B \ln W(n, n_{AA}; N)$ も小さくなるので最適な n_{AA} が存在する).そうすれば化学ポテンシャル $\mu(=(\partial G/\partial n))$ が n の関数として定まり OCV 曲線が計算できる.

しかし,$W(n, n_{AA}; N)$ の厳密な数式は一次元格子など限られた格子についてしか知られていない.そこでさまざまな近似を用いて計算される.

（1） 平均場近似

サイト格子の配位数を C（一次元格子は 2，面心立方格子（fcc）は 12 など）とすれば，サイトの数が N のときボンドの数は $CN/2$ である．n 個の Li を N 個のサイトに勝手にばらまくとき隣接サイトに Li がある確率は $(n/N)^2$，したがって n_{AA} の確率的期待値は，

$$n_{AA} = \left(\frac{CN}{2}\right)\left(\frac{n}{N}\right)^2 \tag{3-19}$$

であり，このとき $W(n, n_{AA}; N) = N!/n!(N-n)!$ となる．しかし Li 同士が反発を感じれば n_{AA} はこれより小さい値をとり，$W(n, n_{AA}; N)$ も別の値をとるであろう．これを承知のうえで，

$$G = G_0 + \varepsilon_s n + J\left(\frac{C}{2N}\right)n^2 - k_B T \ln\left(\frac{N!}{n!(N-n)!}\right) \tag{3-20}$$

とするのを平均場近似（mean field approximation）という．OCV は

$$E = -\frac{1}{e}\frac{dG}{dn} = E_0 - \left(\frac{J}{e}\right)Cx - \left(\frac{k_B T}{e}\right)\ln\left(\frac{x}{1-x}\right)$$

$$\left(E_0 = -\frac{\varepsilon_s}{e}, \quad x = \frac{n}{N}\right) \tag{3-21}$$

で与えられる．$J/k_B T$ が小さいときに成り立つ近似である．図 3.3(b) に示すように，OCV 曲線はネルンストの式より反発エネルギーの分，傾きが急になる．

（2） 一次元のホスト・ゲスト系

サイトが等間隔で一つの線の上に並ぶ一次元格子（$C=2$）については厳密な $W(n, n_{AA}; N)$ が以下のように知られている．一次元という特殊な例であっても，厳密な W に基づくシミュレーションは OCV 曲線が相互作用のエネルギーとともにどう変わるかを考察するうえで意味がある．厳密な配置数は

$$W(n, n_{AA}; N) = \frac{n!(N-n)!}{n_{AA}! n_{BB}! (p!)^2} \tag{3-22}$$

である．ただし，n_{BB} は空サイト同士のボンドの数，p は Li 空サイトのボンド数 (n_{AB}) の半分 ($p = n_{AB}/2$) である．サイトの配位数を C とすれば（この場合 $C=2$），一般に

$$n_{AA} = \frac{C}{2}n - p, \quad n_{BB} = \frac{C}{2}(N-n) - p \tag{3-23}$$

の関係があるので，n_{AA}, n_{BB}, p のうちどれか一つを独立変数に選べる．ここでは p を独立変数に選ぶ．式(3-17)の自由エネルギーは

$$G = G_0 + \varepsilon_s n + J(n-p) - k_B T \ln\left(\frac{n!(N-n)!}{n_{AA}! n_{BB}! (p!)^2}\right) \tag{3-24}$$

となり，これが最小であるための条件は式(3-18)に対応して

$$\frac{\partial G}{\partial p} = -J - k_B T(\ln n_{AA} + \ln n_{BB} - 2\ln p) = 0 \tag{3-25}$$

である．すなわち

$$\frac{n_{AA} n_{BB}}{p^2} = \left(\frac{(n-p)(N-n-p)}{p^2}\right) \exp\left(-\frac{J}{k_B T}\right) \tag{3-25'}$$

を満たすように p が n の関数として決まる．このような p を p^* と記す．$\partial G/\partial p = 0$ が満たされていれば

$$\mu = \frac{dG}{dn} = \frac{\partial G}{\partial n} = \varepsilon_s + J - k_B T\{\ln n - \ln(N-n) - \ln n_{AA} + \ln n_{BB}\} \tag{3-26}$$

であるから，一次元サイトをもつホスト・ゲスト系の厳密な OCV は次式で与えられる．

$$E = -\frac{1}{e}\left[\varepsilon_s + J - k_B T \ln \frac{n}{N-n} \cdot \frac{(N-n-p^*)}{n-p^*}\right]$$

$$= E_0 - \frac{J}{e} + \left(\frac{k_B T}{e}\right) \ln \frac{x}{1-x} \cdot \frac{(1-x-p'')}{x-p''} \tag{3-27}$$

ここで，$E_0 = -\varepsilon_s/e$, $x = n/N$, $p'' = p^*/N$ である．$u = J/k_B T$ をパラメータとして計算した OCV を $E-E_0$ として図3.4に示す．$J=0$ のときは式(3-25')により $p^* = n(N-n)/N$（したがって $n_{AA} = n^2/N$）であるから，式(3-14)のネルンストの式に一致する．$u=2$ 程度までは平均場近似は厳密な OCV とほぼ一致するが，$u=5$ と反発エネルギーが大きくなると厳密な OCV には $x=0.5$ に変曲点が生じており，平均場近似はすでに破綻していることがわかる．変曲点が生じるのは，ゲストが反発を感じれば格子点が半分占められるまではゲストはなるべく隣接を避けるように格子点に着席しようとするが，$x=0.5$ 以降は隣接を余儀なくされるからである（見ず知らず同士には反発力が働くので，電車の

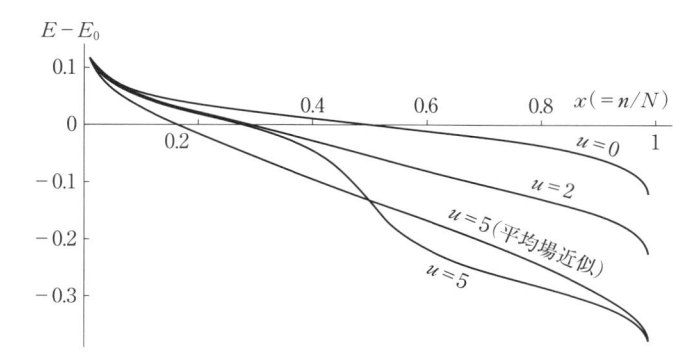

3.4 ゲスト間に相互作用があるときの OCV　43

図 3.4 一次元ホスト・ゲスト系の OCV 曲線 ($u=J/k_BT$)

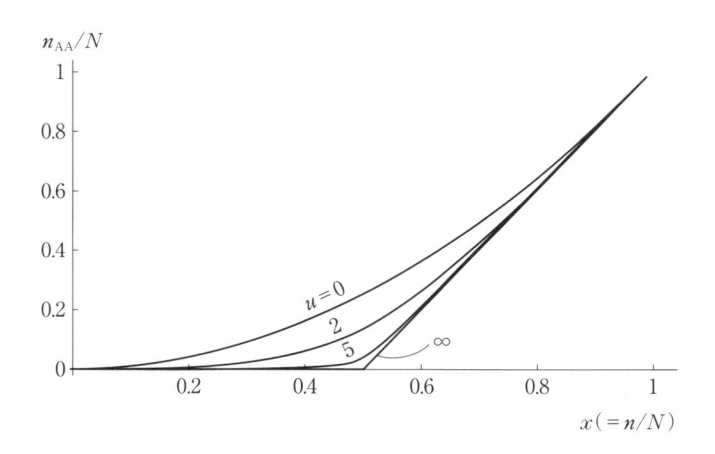

図 3.5 ゲスト (Li) が隣接するボンドの数 (n_{AA}/N) とゲスト占有率 (n/N) の関係

座席の占められ方も同じである)．図 3.5 に種々の反発エネルギー u における隣接ボンドの割合 $n_{AA}/N(=x-p'')$ と x の関係を示す．当然ながら，$u \to \infty$ では $n_{AA}/N=0(0 \leq x \leq 1/2)$，$2x-1(1/2 \leq x \leq 1)$ に漸近する．

　もしゲスト間に反発ではなく，引力的相互作用 ($J<0$) が働くときはどうなるのだろう．化学ポテンシャルの勾配 $d\mu/dx$ を計算してみると，J の正負に

かかわらず常に正であることが確かめられる．つまり $d^2G/dx^2>0$ であるから，G は x の全領域で下に凸の曲線となる．すなわち，一次元のホスト・ゲスト系は後節で述べる二組成への分離（スピノーダル分解）を起こすことはなく，OCV は負の勾配をもつ曲線となる．

（3） ベーテ近似

2章でみたように，Li_xCoO_2 における Li サイトは二次元の平面六方格子（配位数 $C=6$）を，$Li_xMn_2O_4$ においては三次元のダイヤモンド格子（$C=4$）をとる．このような多次元格子については厳密な $W(n, n_{AA}; N)$ が知られていない．これを

$$W_B = \left\{ \frac{n!(N-n)!}{2n_{AA}! \cdot 2n_{BB}! \left(\frac{2p}{C}!\right)^2} \right\}^{\frac{C}{2}} \left\{ \frac{N!}{n!(N-n)!} \right\}^{1-\frac{C}{2}} \quad (3\text{-}28)$$

で代用する近似をベーテ(Bethe)近似という（参考文献2））．この場合，$C=2$ では一次元格子の厳密な $W(n, n_{AA}; N)$ と一致する．$S=k_B \ln W_B$ を用いて前述の一次元のときと同様に計算すると，G 最小の平衡状態（$\partial G/\partial n=0$）では，

$$\frac{n_{AA} n_{BB}}{p^2} = \frac{\left(\frac{C}{2}n-p\right)\left(\frac{C}{2}(N-n)-p\right)}{p^2} = \exp\left(-\frac{J}{k_B T}\right) \quad (3\text{-}29)$$

であり，これより p^* が定まる．OCV（$=-(1/e)(\partial G/\partial n)$）は，$x=n/N$, $p''=p^*/N$ として

$$E = E_0 - \left(\frac{C}{2}\right)\left(\frac{J}{e}\right) - \frac{k_B T}{e}\left(\frac{C}{2}\ln\frac{\frac{C}{2}x-p''}{\frac{C}{2}(1-x)-p''} + (C-1)\ln\frac{1-x}{x}\right)$$

$$\left(E_0 = -\frac{\varepsilon_s}{e}\right) \quad (3\text{-}30)$$

で与えられる．$C=4$（ダイヤモンド格子）について計算した結果を図 3.6 に示す．この近似では $u=J/k_B T$ が大きくなると一次元格子と同様に $x=0.5$ に変曲点を示す（$C=4$ では $u>0.55$ で変曲点が生じる）．$Li_xMn_2O_4$ の実測 OCV も $x=0.5$ に変曲点をもつ．Li_xCoO_2 は結晶構造自体が x とともに複雑に変化する（構造相転移する）ので，実測 OCV を単純に以上の議論で解釈することはで

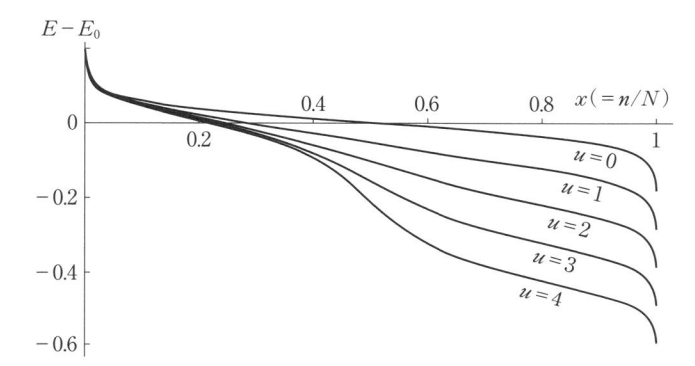

図3.6 ゲスト間に種々の反発エネルギー（J）が作用するホスト・ゲスト電極の OCV 曲線（ベーテ近似）（$u=J/k_\mathrm{B}T$）

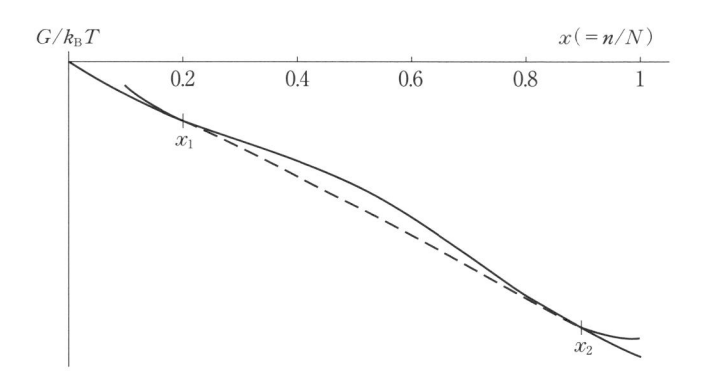

図3.7 ゲスト間に引力（$J<0$）が作用するホスト・ゲスト系の自由エネルギーの組成依存性（概念図）

きない．$J=0$ のときは C に関係なくネルンストの式になることは読者自身で確かめられたい．

　ゲスト間のクーロン相互作用は常に反発的 $J>0$ であるが，これを克服してホスト・ゲスト系全体のエンタルピーが n_AA の増加と共に減少する場合もある．ゲスト間に引力的相互作用（$J<0$）が働く場合，J の絶対値が大きいと $x=0.5$ を中心とする領域で $\mathrm{d}^2G/\mathrm{d}x^2<0$ となり，自由エネルギー曲線は図 3.7

のように上に凸の部分をもつようになる[*3]．ホストと空格子点に斥力が働く場合も同様である．この場合，下に凸の部分に引いた共通接線 A の接点 x_1, x_2 の組成への成分分離が起こり，その間の OCV（＝ 接線の勾配）は一定となる．詳しくは 3.7 節で議論する．

3.5 複数種のサイトをもつホスト

ホスト中に 2 種類のゲスト収容サイト 1, 2 があり，それぞれのサイトエネルギーが ε_1, ε_2，サイト数が N_1, N_2 個あるホスト・ゲスト系を考える．これに n 個のゲスト（Li）を挿入すると，それぞれに n_1, n_2（$=n-n_1$）個入る．ゲストの占めるサイトを問わずゲスト間に相互作用がなければ，それぞれのサイトにおける配置数は $_{N_1}C_{n_1}$, $_{N_2}C_{n_2}$ である．総配置数 W はこれらの積となるからエントロピー変化は

$$\Delta S = k_\mathrm{B} \ln W = k_\mathrm{B} \ln\left[\left(\frac{N_1!}{n_1!(N_1-n_1)!}\right)\left(\frac{N_2!}{n_2!(N_2-n_2)!}\right)\right] \quad (3\text{-}31)$$

である．したがって系の自由エネルギーは

$$G = G_0 + \varepsilon_1 n_1 + \varepsilon_2 n_2 - k_\mathrm{B} T \ln\left[\left(\frac{N_1!}{n_1!(N_1-n_1)!}\right)\left(\frac{N_2!}{n_2!(N_2-n_2)!}\right)\right] \quad (3\text{-}32)$$

で与えられる．n_1, n_2 は G を最小とするよう選ばれる．$n_1+n_2=n$ の束縛条件のもとに G を最小化するにはラグランジュの未定定数法が便利である．これによれば，

$$\frac{\partial F}{\partial n_1} = \varepsilon_1 + k_\mathrm{B} T \ln \frac{n_1}{N_1-n_1} = \lambda$$

$$\frac{\partial F}{\partial n_2} = \varepsilon_2 + k_\mathrm{B} T \ln \frac{n_2}{N_2-n_2} = \lambda \quad (3\text{-}33)$$

が G 最小の条件である．λ はラグランジュの未定定数である．ところで，G の全微分をとれば

[*3] ベーテ近似において $x=0.5$ における d^2G/dx^2 を計算すると，$4-2C+2C\exp(u/2)$ となる．したがって，$4-2C+2C\exp(u/2)=0$ が u の臨界値 u_c を与える．$u<u_\mathrm{c}=2\ln(1-2/C)$ のとき上に凸の部分が生じて二成分への分離が起こる．

3.5 複数種のサイトをもつホスト

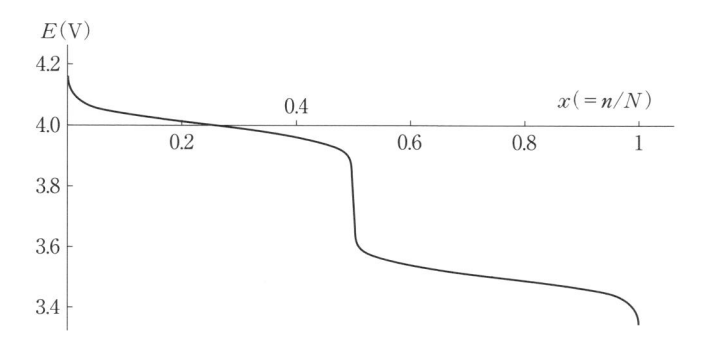

図 3.8 2種類のゲストサイトのあるホスト・ゲスト系の OCV 曲線（$\varepsilon_1=-4\,\mathrm{eV}$, $\varepsilon_2=-3.5\,\mathrm{eV}$, $x_1^*=x_2^*=0.5$）

$$dG=\frac{\partial G}{\partial n_1}dn_1+\frac{\partial G}{\partial n_2}dn_2=\lambda dn \tag{3-34}$$

となる．ゆえに，$\lambda=dG/dn=\mu$，すなわち未定定数は系の化学ポテンシャルである．式(3-33)は各サイトの Li の化学ポテンシャルが等しくなるように分布することを主張している．これらの式から n_1, n_2 を求めれば

$$n=n_1+n_2=\frac{N_1}{\left(1+\exp\dfrac{\varepsilon_1-\mu}{k_BT}\right)}+\frac{N_2}{\left(1+\exp\dfrac{\varepsilon_2-\mu}{k_BT}\right)} \tag{3-35}$$

が得られる．あるいは $N=N_1+N_2$ で割って次式が得られる．

$$x=\frac{x_1^*}{\left(1+\exp\dfrac{\varepsilon_1-\mu}{k_BT}\right)}+\frac{x_2^*}{\left(1+\exp\dfrac{\varepsilon_2-\mu}{k_BT}\right)}$$

$$(x=n/N,\ x_1^*=N_1/N,\ x_2^*=N_2/N) \tag{3-36}$$

これを μ について解けば，OCV（$=-\mu/e$）が x の関数として定まる．図 3.8 に計算結果の例を示す．サイトエネルギーの差が $10\,kT$（0.26 eV）になると階段状の曲線になる．

相互作用のある場合も以上と同じような議論でよいのだが，平均場近似の OCV を求めるのにも煩雑な数値計算が必要になる．

3.6 サイトエネルギーが広く分布するホスト（非晶質ホスト）

不規則な構造の非晶質ホスト（あるいは表面の寄与の大きいナノ粒子ホスト）では，少しずつエネルギーの異なる多くの種類のサイトが広いエネルギー範囲に分布する．エネルギーが $\varepsilon_1, \varepsilon_2, \cdots$ のサイトの数を $N_1, N_2, \cdots$，とすれば，前節の議論を拡張して各サイトについて式(3-33)と同じ関係が成り立つことがわかる．各サイトiの占有率は

$$fi = \frac{n_i}{N_i} = \frac{1}{\left(1 + \exp\dfrac{\varepsilon_i - \mu}{k_B T}\right)} \tag{3-37}$$

で与えられる（フェルミ分布）．したがって式(3-35)と同様に

$$n = \sum n_i = \sum \frac{N_i}{1 + \exp\left(\dfrac{\varepsilon_i - \mu}{k_B T}\right)} \tag{3-38}$$

であり，これから μ と n の関係（つまり OCV）が求められる．

N_i が ε_i に対して連続的に分布し，$\varepsilon_i - \varepsilon_{i+1}$ に相当するエネルギー幅 $d\varepsilon$ におけるサイト数を $dN(\varepsilon)$ とすれば，密度関数を $g(\varepsilon) (= dN(\varepsilon)/d\varepsilon)$ を定義できる．これを用いれば式(3-38)は，

$$n = \int_{-\infty}^{\infty} \frac{g \, d\varepsilon}{1 + \exp\left(\dfrac{\varepsilon - \mu}{k_B T}\right)} \tag{3-39}$$

と書くことができる．サイト数が $\varepsilon_0 \pm \delta$ の間に均一に分布する場合（矩形分布），密度関数はサイトの総数を N とすれば

$$g = \frac{N}{2\delta} \ (\varepsilon_0 - \delta \leq \varepsilon \leq \varepsilon_0 + \delta), \quad g = 0 \ (\varepsilon \leq \varepsilon_0 - \delta, \varepsilon \geq \varepsilon_0 + \delta)$$

となる．これを図3.9に示す．この場合の OCV は簡単に計算できる．すなわち

$$n = \int_{-\infty}^{\infty} \left\{1 + \exp\left(\frac{\varepsilon - \mu}{k_B T}\right)\right\}^{-1} g \, d\varepsilon = \frac{N}{2\delta} \int_{\varepsilon_0 - \delta}^{\varepsilon_0 + \delta} \left\{1 + \exp\left(\frac{\varepsilon - \mu}{k_B T}\right)\right\}^{-1} d\varepsilon$$

$$= \frac{N k_B T}{2\delta} \ln \frac{1 + \exp\left(\dfrac{\mu - \varepsilon_0 + \delta}{k_B T}\right)}{1 + \exp\left(\dfrac{\mu - \varepsilon_0 - \delta}{k_B T}\right)} \tag{3-40}$$

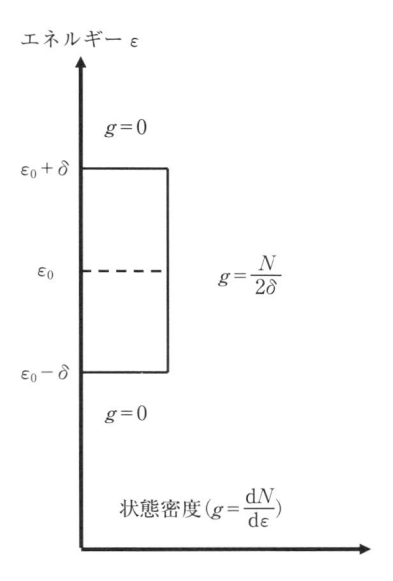

図 3.9 矩形分布のサイトエネルギー

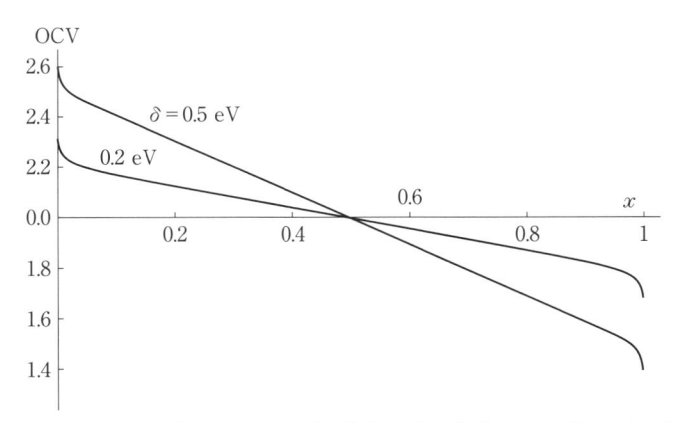

図 3.10 サイトエネルギー ε が矩形分布するときのホスト・ゲスト系の OCV 曲線（$\varepsilon_0-\delta<\varepsilon<\varepsilon_0+\delta, \varepsilon_0=-2\,\mathrm{eV}$，図 3.9 参照）

これから

$$\mu = \varepsilon_0 + k_B T \ln \frac{1 - \exp\left(\frac{2\delta x}{k_B T}\right)}{\exp\left(\frac{2\delta\left(x - \frac{1}{2}\right)}{k_B T}\right) - \exp\left(\frac{\delta}{k_B T}\right)} \quad \left(\text{ただし } x = \frac{n}{N}\right) \quad (3\text{-}41)$$

が得られる．$\delta/k_B T$ があまり小さくなければ，OCV ($-\mu/e$) は図 3.10 で示すように，両端を除いて直線的に変化する．$\delta/k_B T \to 0$ のときはネルンストの式となることを読者自身で確められたい．

3.7　第二相が存在するホスト・ゲスト系

　ホスト・ゲスト化合物 Li$_x$H ($0 \leq x \leq 1$) に二つの相 (α, β) が存在し，それらのギブス自由エネルギー (G_α, G_β) が図 3.11 のような組成依存性を示す系を考えよう．このような場合，全体として（つまり平均として），Li$_x$H の組成の化合物は $(1-a)$ の α 相と a の β 相に分離して存在すると考えられる．もちろん $0 \leq a \leq 1$ である．それぞれの相の組成を x_1, x_2 とすれば，

$$x = (1-a)x_1 + ax_2 \quad (3\text{-}42)$$

が成り立つ．系のギブス自由エネルギー G は a, x_1, x_2 の関数で

$$G = (1-a)G_\alpha(x_1) + aG_\beta(x_2) + G_0 \quad (3\text{-}43)$$

と書くことができる（G_0 は定数である）．ラグランジュの未定定数法により式 (3-42) の制約条件のもとに G を最小化すれば

$$G'_\alpha(x_1) = G'_\beta(x_2) = \frac{G_\beta(x_2) - G_\alpha(x_1)}{(x_2 - x_1)} = \lambda \quad (3\text{-}44)$$

が得られる．G'_α, G'_β は $\partial G_\alpha/\partial x$, $\partial G_\beta/\partial x$ を，λ は未定定数を表す．この式は図 3.11 において G_α, G_β に共通接線を引けば，接点 $x_1 = x_\alpha$, $x_2 = x_\beta$ の間ではその接線が G であることを示す．各相の組成は x_α, x_β に固定され，a のみが 0 から 1 まで変動する．ところで，G の全微分をとれば

$$dG = (1-a)\lambda dx_1 + a\lambda dx_2 + (-x_1 + x_2)\lambda da = \lambda dx \quad (3\text{-}45)$$

となり，$\lambda = dG/dx = \mu$, すなわち未定定数が化学ポテンシャルであることがわかる．したがって，$x_\alpha \leq x \leq x_\beta$ の二相共存領域における Li の化学ポテンシャ

3.7 第二相が存在するホスト・ゲスト系 51

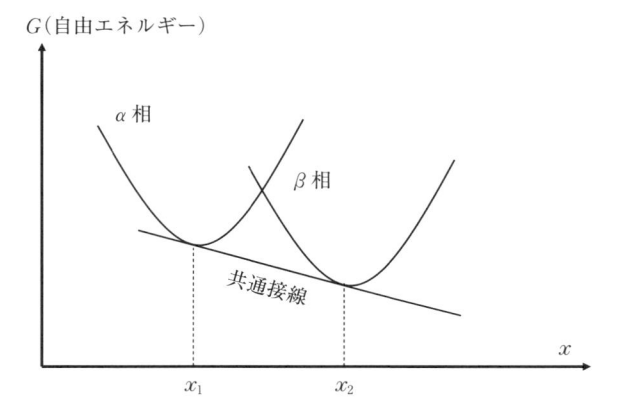

図 3.11 相分離するホスト・ゲスト化合物 Li_xH の自由エネルギー曲線

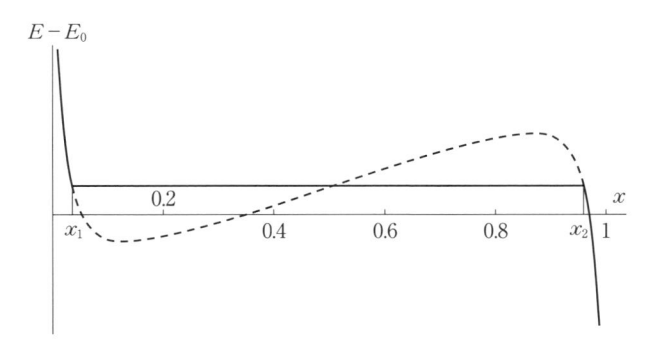

図 3.12 二相が共存するホスト・ゲスト系の OCV 曲線

ルは一定である．OCV$(-\mu/F)$ は

$$
\begin{aligned}
E &= \left(-\frac{1}{F}\right)\left(\frac{\partial G_\alpha}{\partial x}\right) & (0 \leq x < x_\alpha) \\
&= \left(-\frac{1}{F}\right)\left(\frac{G_\beta(x_\beta) - G_\alpha(x_\alpha)}{x_\beta - x_\alpha}\right) & (x_\alpha \leq x \leq x_\beta) \\
&= \left(-\frac{1}{F}\right)\left(\frac{\partial G_\beta}{\partial x}\right) & (x_\beta \leq x \leq 1)
\end{aligned} \quad (3\text{-}46)
$$

となる．ゲスト間に引力が作用するときには図3.7のようにGが中央部で上に凸になるが，この場合も事情は全く同じで，共通接線の引ける組成範囲で電位は一定となる．図3.7に対応するOCV曲線を図3.12に示す．

3.8 秩序・無秩序転移

　ホスト中のゲストサイトが平面正方格子（碁盤の目），ダイヤモンド格子，体心立方格子などの場合，ゲスト（Li）の半占有状態（$x=1/2$）において，Liが最隣接することのない規則的な構造を考えることができる．例えば，体心立方格子ならCsCl型の結晶構造において，Csの位置をLiが，Clの位置を空格子点が占める図3.13で示される構造である．最隣接Li間に反発相互作用（$J>0$）が働くとき，ある温度T_c（臨界温度）以下で，このような規則構造をもつ相が不規則相に代わって自由エネルギーの低い安定相となる．不規則相とはLiの配置がランダムで，Csのつくる部分格子（以下α格子と呼ぶ），Clのつくる部分格子（β格子）を問わず，すべての格子点におけるLiの存在確率が1/2である相のことであり，そのギブス自由エネルギーは平均場近似を用いれば，式(3-20)で与えられる．規則相と不規則相の間の転移現象を規則・不規則転移，あるいは秩序・無秩序転移という．規則相は$x=1/2$を挟むある組成幅で存在するので，T_c以下で組成を変えれば$x=1/2$の近くで規則相が現れる．

　では，どのように秩序・無秩序転移が起こるのかを考えてみよう．すべての格子点の数をNとすれば，αおよびβ格子点の数は$N/2$，$x(=n/N)=1/2$における完全規則状態ではすべてのLi（$N/2$個）はα格子を満たす．このときは反発エネルギーJが作用しないのでエンタルピーは最小となるが，自由エネルギーを小さくするにはエンタルピーを多少犠牲にしてでもエントロピーを稼ぐ必要がある．そのため，一部のLiはβ格子に移る．その個数を$\delta(=N\xi/2)$とすればαおよびβ格子におけるLiの占有率は$\xi(=\delta/(N/2))$および$1-\xi$となる．3.4節の平均場近似[*4]を適用すれば，このときのLi-Liボンド数（n_{AA}）は

3.8 秩序・無秩序転移

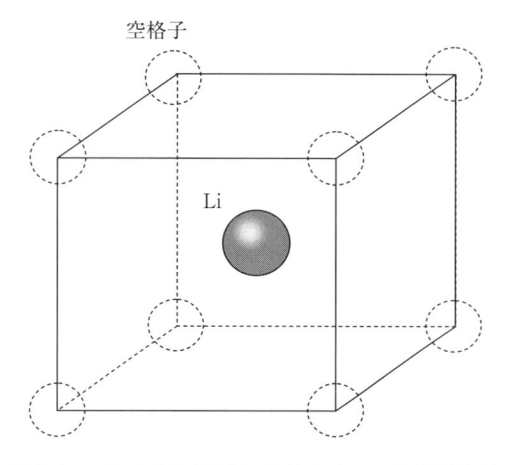

図 3.13 体心立法格子における CsCl 型規則格子

$$n_{\mathrm{AA}} = \frac{CN}{2}\xi(1-\xi) \tag{3-47}$$

で与えられる．C は格子点の配位数で体心立方なら 8，ダイヤモンドなら 4 である．また，δ 個の Li が α から β 格子に移ることによってできる両格子の配置数はともに $_{N/2}C_\delta$，全体の配置数 W はそれらの積であるからエントロピー変化は

$$\Delta S = k_{\mathrm{B}}\ln W = k_{\mathrm{B}}\ln\left\{\frac{\frac{N}{2}!}{\delta!\left(\frac{N}{2}-\delta\right)!}\right\}^2 = 2k_{\mathrm{B}}\ln\left\{\frac{\frac{N}{2}!}{\frac{N\xi}{2}!\frac{N(1-\xi)}{2}!}\right\} \tag{3-48}$$

となる．したがって半占有状態（$x=1/2$）における規則相のギブス自由エネルギーは

$$G = G_0 + \varepsilon_{\mathrm{S}}\frac{N}{2} + J\frac{CN}{2}\xi(1-\xi) - 2k_{\mathrm{B}}T\ln\left\{\frac{\frac{N}{2}!}{\frac{N\xi}{2}!\frac{N(1-\xi)}{2}!}\right\} \tag{3-49}$$

[*4] 秩序・無秩序転移の議論には，しばしばブラッグ-ウィリアムズ（Bragg-Williams）近似が登場するが，この近似は 3.4 節で説明した平均場近似と同等である．

と書ける．G が最小となる必要条件は $dG/d\xi=0$ であるから ξ は次式を満たす．

$$\frac{CJ}{k_BT}\left(\xi-\frac{1}{2}\right)=\ln\frac{\xi}{1-\xi} \tag{3-50}$$

図 3.14 からわかるように，CJ/k_BT が小さいとき（温度の高いとき）は $\xi=1/2$ が唯一の解である．しかし，これが $\xi=1/2$ における $\ln\xi/(1-\xi)$ の勾配（=4）より大きくなると（すなわち $CJ/k_BT>4$ では），$\xi=1/2$ の他に ξ_1，$1-\xi_1$ の解が生じる．G の二次微分は

$$G''=\frac{d^2G}{d\xi^2}=-JCN+k_BT\left(\frac{1}{\xi}+\frac{1}{1-\xi}\right) \tag{3-51}$$

であり，$\xi=1/2$ においては

$$G''<0(CJ/k_BT<4), \quad G''=0(CJ/k_BT=4), \quad G''>0(CJ/k_BT>4)$$

となる．すなわち，$CJ/k_BT=4$ を境に三つの解が生じるとともに，$\xi=1/2$ は極小点から極大点に変わる．$\xi=1/2$ が極大点なら，もちろん，ξ_1，$1-\xi_1$ は極小点となる．ところで，$\xi=1/2$ では α 格子，β 格子とも Li の占有率が $1/2$ であるから不規則相を意味し，当然，$G(\xi=1/2)$ は不規則相の G（式(3-20)）の $n=N/2$ における値と等しい．したがって，転移温度は

$$T_c=\frac{CJ}{4k_B} \tag{3-52}$$

で与えられ，$T<T_c$ で規則相が生じる．以上の議論は図 3.15 を見るとわかり

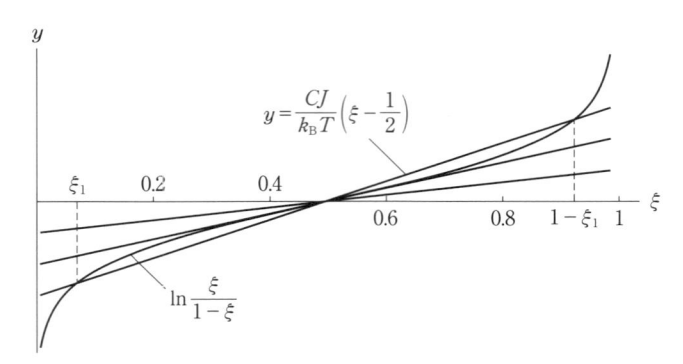

図 3.14 $dG/d\xi=0$ の根（$CJ/k_BT>4$ で $x=1/2$, ξ_1, $1-\xi_2$ の 3 根となる）

3.8 秩序・無秩序転移　55

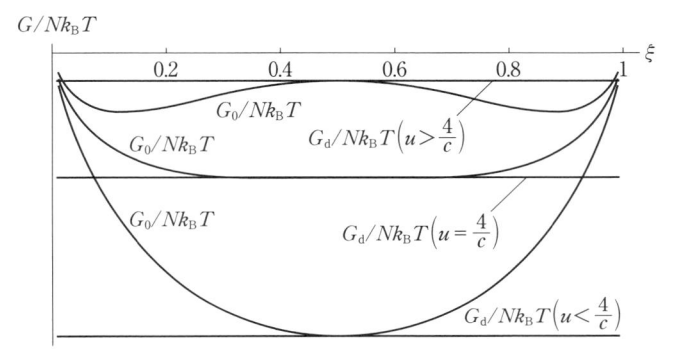

図 3.15 規則相の自由エネルギー(G_0)と，不規則相の自由エネルギー(G_d)の関係

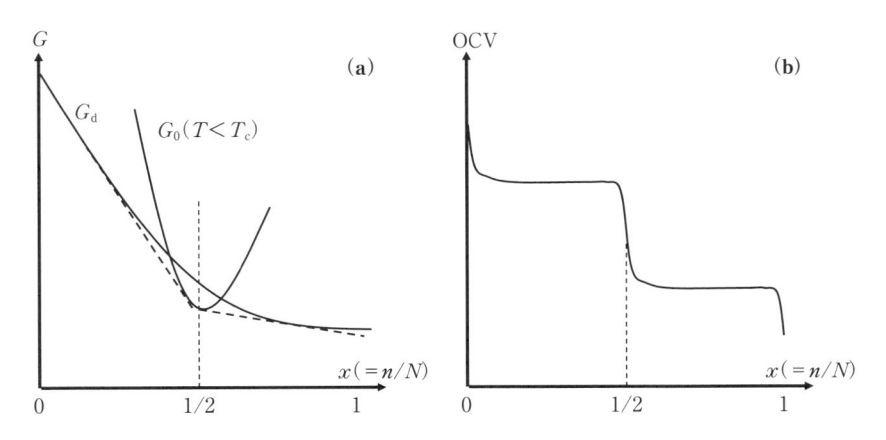

図 3.16 規則相および不規則相の自由エネルギーの組成依存性(a)とOCV 曲線(b)

やすいであろう．

　これまで Li の半占有状態（$x=n/N=1/2$）で議論してきたが，$x \neq 1/2$ であっても規則相の G を考えることができるが，計算がやや複雑なので省略する．図 3.16(a) に規則相と不規則相のギブス自由エネルギー G の関係を示す．下に凸な両曲線には $x=1/2$ の両側で共通の接線が引けるので，$T<T_c$ におけ

るホスト・ゲスト系の OCV は $x=1/2$ を挟んで平坦部をもつ曲線となる（図 3.16(b)）．8 章の図 8.9 はこの実例と考えられる．

なお，平面六方格子では AB_2 と A_2B の規則組成をもつので，規則相は $x=1/3$ と $2/3$ に現れる．面心立方格子では $x=1/4$，$1/2$，$3/4$ が規則相の出現組成となる．

参考文献

1) 原島鮮,「熱力学・統計力学」(培風館, 1978)
2) R. Kikuchi, Phys. Rev., **81**, 988 (1951)
3) A. J. Berrlinski, W. G. Unruh, W. R. McKinnon and R. R. Hearing, Solid Stete Commun., **31**, 135 (1979)
4) T. Kudo and M. Hibino, Electrochim. Acta, **143**, 781 (1998)
5) W. R. McKinnon, Ch. 7 in "Solid State Electrochemistry" ed. by P. G. Bruce (Cambridge University Press, 1995)

4 ホスト・ゲスト系電極反応の速度論

電気化学的なホスト・ゲスト反応を描写すれば,「電解液中で溶媒和しているリチウムイオンが電極近くまで移動し,溶媒の衣を脱ぐ（脱溶媒和）とともに電子を受け取り,ホスト固体中に飛び込んで,その表面から内部に拡散する」,ということになろう．これらの過程は速度過程であり,電極・電解質界面の電荷移動過程とその前後の物質移動（拡散）過程に分けられる．全反応の速度は遅い過程に支配され,それが電池のパワーを決める．

4.1 電荷移動の速度と過電圧

ホスト・ゲスト反応

$$Li^+ + e^- = Li(H) \tag{4-1}$$

の反応速度 v は,時間あたりに電解質中の Li がホスト(H)に飛び込む量（つまり電極界面を通過する Li 量）であるから,電極に流れる電流を I とすれば $v = I/F$（または I/e）である．反応速度は電極面積に比例するので,通常,電極の面積あたりの電流 i（= 電流密度）を使って

$$v = \frac{i}{F} \tag{4-2}$$

と書かれる．v の単位は $[mol\ s^{-1}\ cm^{-2}]$ であるから,電極表面の Li の流束(flux)といってもよい．逆反応についても同じようなことがいえるが電流の方向は逆である．電気化学では,式(4-1)の逆反応（= 酸化反応 = アノード反応）の電流（= アノード電流）を正,正反応の電流（= カソード電流）を負と規約する．アノード電流密度を i_a,カソード電流密度を i_c とすれば,電極を通過する正味の電流 (i) はそれらの算術和であるから,

$$i = i_a + i_c = i_a - |i_c| \tag{4-3}$$

である．$i>0$ なら逆反応が，$i<0$ なら正反応が進行することになる．

電極が平衡電位 E_{eq}(OCV) にあれば，式(4-1)の反応はどちらにも進まない（$i=0$）．速度論的にいえば正逆反応の速度が等しい．すなわち

$$i_a = |i_c| = i_{ex} \tag{4-4}$$

i_{ex} は平衡電位におけるアノードおよびカソード電流密度の絶対値であり，交換電流密度という．

電解質中の Li がホストに飛び込んだり，ホストの Li が電解質中に飛び出したりする過程（反応）は，エネルギーの高い遷移状態を経て進行する[*1]．つまり，経路に高さ w のエネルギー障壁が存在する．w を活性化エネルギーと呼ぶ（活性化エネルギーは，通常，E_a の記号が用いられるが，電位や起電力と紛らわしいのでここでは w とする）．ホスト・ゲスト系電極と電解質の間には電極電位に相当する電位差 $\Delta\phi (=\phi_H - \phi_S)$ が存在するので，反応（式(4-1)）の方向により活性化エネルギーが異なる．反応座標（反応経路）における原系（$Li^+ + e$）と生成系（Li(H)）のエネルギー曲線が図 4.1 のようになっているとしよう．電位を変えてもエネルギー曲線の形状は変わらず，単に上下に平衡

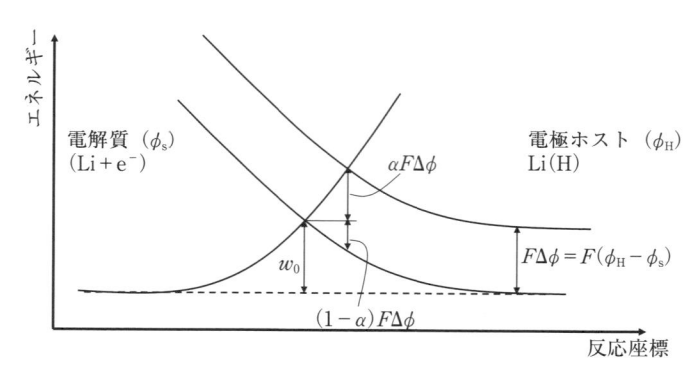

図 4.1 電荷移動過程のエネルギー曲線

[*1] 脱溶媒和した裸の Li^+ が電極界面の電解質中にある状態やそれが電子を受け取り中性の Li として固体（電極）表面にある状態がイメージできる．それらのなかで最もエネルギー状態の高い状態が障壁（活性化エネルギー）となる．

移動するだけであるとすれば，正方向および逆方向の反応の活性化エネルギーは，それぞれ

$$w_c = w_0 + \alpha F \Delta \phi \tag{4-5}$$

$$w_a = w_0 - (1-\alpha) F \Delta \phi \tag{4-6}$$

となる．w_0 は $\Delta\phi=0$ のときの活性化エネルギーである．$\alpha(0<\alpha<1)$ は対称因子あるいは透過係数と呼ばれ，通常，1/2 に近い値をとる．それぞれの反応の反応速度定数 k がアレニウス則に従うとすれば，

$$k_c = A_c \exp\left(-\frac{w_c}{RT}\right) = k_c^0 \exp\left(-\frac{\alpha F \Delta \phi}{RT}\right) \tag{4-7}$$

$$k_a = A_a \exp\left(-\frac{w_a}{RT}\right) = k_a^0 \exp\left(\frac{(1-\alpha) F \Delta \phi}{RT}\right) \tag{4-8}$$

ただし，

$$k_c^0 = A_c \exp\left(-\frac{w_0}{RT}\right), \quad k_a^0 = A_a \exp\left(-\frac{w_0}{RT}\right)$$

である．A は頻度因子または前指数因子と呼ばれ，ここでは温度に依存しない定数と考える．

電解質中のリチウムがホストに飛び込む先はホスト中の空格子点 V であるから，速度論を考える場合，式(4-1)の反応は

$$\text{Li}^+ + \text{V} + \text{e}^- = \text{Li} \quad (\text{ホスト；Li}_x\text{H}) \tag{4-9}$$

と書くべきである．ホスト中のリチウムサイトの占有率が x であれば，V のそれは $1-x$ であるから，正逆の反応速度は

$$v_c = k_c(1-x)C_{\text{Li}^+} \tag{4-10}$$

$$v_a = k_a x \tag{4-11}$$

となる．C_{Li^+} は基準濃度（例えば 1 mol dm^{-3}）で規格化した電解質中の Li$^+$ 濃度である[*2]．この電極反応が平衡にあれば正逆反応の速度 v_{eq} は等しいから，平衡状態の電極電位を $\Delta\phi_{\text{eq}}$ とすれば，

$$v_{\text{eq}} = k_c^0 \exp\left(-\frac{\alpha F \Delta \phi_{\text{eq}}}{RT}\right)(1-x)C_{\text{Li}^+} = k_a^0 \exp\left(\frac{(1-\alpha) F \Delta \phi_{\text{eq}}}{RT}\right)x \tag{4-12}$$

[*2] 式(4-10)，(4-11)はホスト中の Li のモル分率 (x) と電解質中の Li$^+$ の濃度 C_{Li^+} で書かれているが，これは粒子に作用する相互作用がないとするときの近似であり，実際は活量 a（$=\gamma x$ など，γ は活量係数）を用いて書かねばならない．

が要求される．したがって，

$$\exp\left(\frac{F\Delta\phi_{eq}}{RT}\right) = \frac{k_c^0}{k_a^0} \cdot \frac{(1-x)}{x} C_{Li^+} \tag{4-13}$$

これを式(4-12)に代入すれば v_{eq} が定まり，交換電流密度は

$$i_{ex} = F v_{eq} = F(k_c^0)^{1-\alpha}(k_a^0)^{\alpha}\{(1-x)C_{Li^+}\}^{1-\alpha}x^{\alpha} \tag{4-14}$$

で与えられる．なお，式(4-13)の対数をとって整理すれば平衡電極電位がネルンストの関係に従うことがわかる．すなわち，

$$\Delta\phi_{eq} = -\frac{\Delta G^0}{F} - \frac{RT}{F}\ln\frac{x}{1-x}C_{Li^+} \tag{4-15}$$

$$\left(\Delta G^0 = -RT\ln K = -RT\ln\frac{k_c^0}{k_a^0}\right)$$

さて，3章でも述べたように，$\Delta\phi(=\phi_H-\phi_S)$ 自体は観測できないので，基準電極（例えば金属 Li）の平衡電極電位（K）との差として表す．それを E とすれば

$$E = \Delta\phi - K$$

平衡状態では

$$E_{eq} = \Delta\phi_{eq} - K$$

である．平衡電位との差

$$\eta = E - E_{eq} = \Delta\phi - \Delta\phi_{eq} \tag{4-16}$$

を過電圧（または分極）という．過電圧 η を用いればカソード電流密度は

$$|i_c| = Fv_c = Fv_{eq}\exp\left(-\frac{\alpha F\eta}{RT}\right) = i_{ex}\exp\left(-\frac{\alpha F\eta}{RT}\right)$$

となる．アノード電流についても同様な関係が得られるので，正味の電流密度（式(4-3)）は

$$i = i_a - |i_c| = i_{ex}\left\{-\exp\left(-\frac{\alpha F\eta}{RT}\right) + \exp\left(\frac{(1-\alpha)F\eta}{RT}\right)\right\} \tag{4-17}$$

で与えられる．これは一般の電極反応においてバトラー–フォルマー(Butler–Volmer)の式と呼ばれるものと同じ形式である．この関係式は電極・電解質界面における x と C_{Li^+} が電流が生じても一定であることを前提としている．図4.2に η と i の関係を例示する．$\eta<0$ では電子のエネルギーが高くなり還元電流が生じ，$\eta>0$ では酸化電流が生じる．

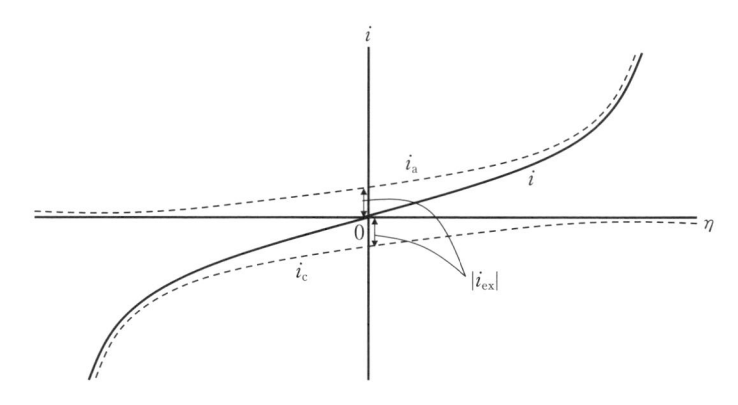

図 4.2 過電圧と電流密度の関係

過電圧が小さいとき(すなわち $F\eta/RT \ll 1$),式(4-17)は $i = i_{ex}(F\eta/RT)$ と近似でき,電流と過電圧は比例関係になる.オームの法則($V=rI$)のアナロジーから

$$r_{ct} = \frac{\eta}{i} = \frac{RT}{i_{ex}F} \tag{4-18}$$

で定義される r_{ct} を電荷移動抵抗という.r_{ct} は電極のインピーダンス測定などから直接求めることができるので,電極反応過程の解析における重要なパラメーターである.一方,過電圧の絶対値の大きいときは,式(4-17)におけるどちらかの指数項が無視できるようになるので,$\ln i$ と η は直線関係となる(ターフェル(Tafel)の関係).

4.2 電荷移動支配における電極の挙動

前節の議論とその総括である式(4-17)は,ホストと電解質中のリチウム種の移動(拡散)速度が電荷移動反応の速度より十分に速いため,それらの濃度勾配が生じないことを仮定している.しかし,物質移動速度がいくら速くとも,ホスト・ゲスト系においては Li_xH の物質量が有限である限り,電流が流れれば x は時間とともに変化する(ただし,電解質中の Li^+ は対極から供給され

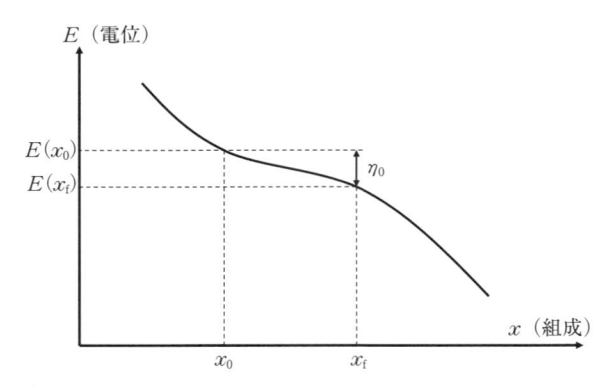

図 4.3 平衡電位曲線における過電圧と組成の関係

て不変とする).したがって,最初に電極電位を $E=E_{eq}+\eta$ に設定して過電圧 η を与えたとしても,電極の組成 x の変化に伴って η や i_{eq} が変化するので,電流も時間変化する.図 4.2 の η と i の関係は電流の時間積分量(電気量)が物質量に比べて小さいときに該当するものである.

いま,図 4.3 で示すように,$x=x_0$,$E=E(x_0)$ で平衡にある電極の電位を $E(x_f)$ に低下させる,つまり,$\eta_0=E(x_f)-E(x_0)$ (<0) のカソード過電圧を与えるとしよう.カソード電流 ($i<0$) が生じ,Li 組成 x は

$$x=x_0-\frac{1}{mF}\int_0^t i\,\mathrm{d}t \tag{4-19}$$

に従って,時間 t とともに増加する.m は電極面積あたりの Li$_x$H の物質量 (mol cm^{-2}) である.過電圧は

$$\eta=E(x_f)-E(x)$$

に従ってその絶対値が減少する.電位 E と x の関係(OCV 曲線)がネルンスト(Nernst)の式

$$E=E^0-\left(\frac{RT}{F}\right)\ln\left(\frac{x}{1-x}\right)$$

に従うとすれば,

$$\eta=\left(\frac{RT}{F}\right)\ln\left(\frac{1-x_f}{x_f}\cdot\frac{x}{1-x}\right) \tag{4-20}$$

となる．交換電流の式（式(4-14)）およびバトラー–フォルマーの式（式(4-17)）において $\alpha=1/2$ とすれば，電流密度は

$$i = i_\mathrm{a} - |i_\mathrm{c}| = h\sqrt{x(1-x)}\left\{-\exp\left(-\frac{F\eta}{2RT}\right)+\exp\left(\frac{F\eta}{2RT}\right)\right\} \tag{4-21}$$

$$(\text{ただし } h = F\sqrt{(k_\mathrm{c}^0)(k_\mathrm{a}^0)}C_\mathrm{Li^+})$$

で与えられる．これに式(4-20)を入れて整理すれば

$$i = h\frac{-x_\mathrm{f}+x}{\sqrt{x_\mathrm{f}(1-x_\mathrm{f})}} \tag{4-22}$$

となる．ところで式(4-19)の微分形は

$$\frac{\mathrm{d}x}{\mathrm{d}t} = -\frac{i}{mF} \tag{4-23}$$

である．これに式(4-22)の i を入れて積分すれば，

$$\ln\frac{|x-x_\mathrm{f}|}{|x_0-x_\mathrm{f}|} = -\frac{h}{mF}\frac{t}{\sqrt{x_\mathrm{f}(1-x_\mathrm{f})}}$$

が得られ，過電圧印加後の時間 t の電流は次式のように求まる．

$$i(t) = i_0\exp\left\{-\frac{h}{mF}\cdot\frac{t}{\sqrt{x_\mathrm{f}(1-x_\mathrm{f})}}\right\} \tag{4-24}$$

ただし，i_0 は式(4-22)において $x=x_0$ とした初期電流で

$$i_0 = \frac{h(-x_\mathrm{f}+x_0)}{\sqrt{x_\mathrm{f}(1-x_\mathrm{f})}} \quad (<0)$$

である．すなわち，電流の絶対値はコンデンサーを放電したときのように，時間に対して指数関数的に減少する．

次に，一定の電流を通じるのに要する過電圧とホスト・ゲスト系の組成の関係について考える．式(4-17)において，i を定数として η について解けば過電圧が組成 x の関数で与えられる．簡単のため $\alpha=1/2$ とすれば，

$$\eta = \frac{2RT}{F}\mathrm{arcsinh}\frac{i}{2h\sqrt{x(1-x)}} \tag{4-25}$$

となる（h は式(4-21)で定義したものと同じである）．図4.4(a)に，$|i|$ 一定のときの x と $|\eta|$ の関係を示す．還元電流のとき $(i<0)$，$\eta<0$ であるから，作動電極電位 $(E=E^0+\eta)$ は OCV 曲線（この場合ネルンストの式）から $|\eta|$ だけ低下する．図4.5 にこの様子を示す．逆に酸化電流を通じれば $|\eta|$ だけ上

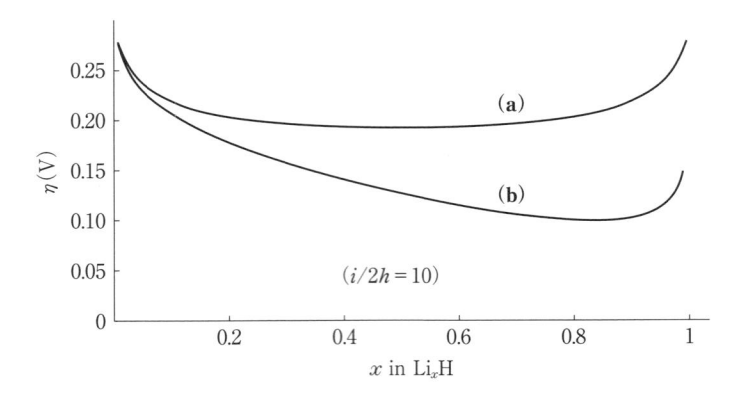

図 4.4 定電流下の過電圧の Li 組成依存性
(a) Li 間に相互作用のないとき(ネルンストの式が成り立つとき)
(b) 反発相互作用($J=5RT$)が働くとき

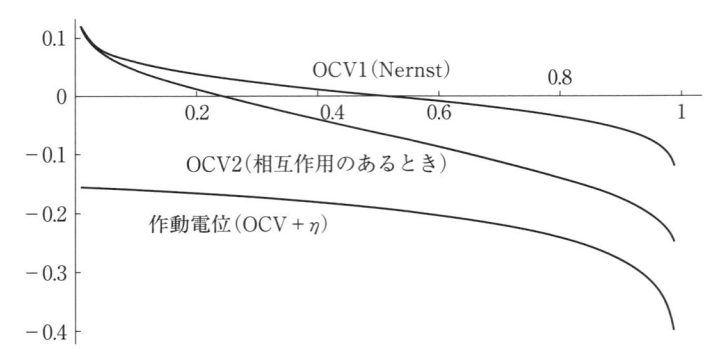

図 4.5 OCV 曲線と定電流放電時の作動電位の関係
($i/2h=5$, $J=5RT$)

昇する.

　これまで反応速度がホスト中の Li や V の分率 (x および $1-x$) に比例するとする式 (式(4-10)および(4-11)) に立脚して議論してきた.しかし注[*2]でも記したように,相互作用が働く場合は分率に代えて活量 a_Li および a_V を用いなければならない.ホスト格子中の Li 間に反発エネルギー J が働き,自由

エネルギーが平均場近似により式(3-20)で与えられるとすれば，

$$a_{\text{Li}} = x \exp \frac{Jx}{RT} \tag{4-26}$$

と表すことができる．ただし，式(3-20)における配位数 C は J に含めた（$CJ \to J$）．空格子点の活量は，そのまま

$$a_{\text{V}} = 1 - x \tag{4-27}$$

としてよい．こうすると，活量に対するネルンストの式（$E = E^0 - (RT/F) \ln a_{\text{Li}}/a_{\text{V}}$）が式(3-21)に相当する平衡電極電位（vs. 同一電解質中の金属 Li）

$$E_{\text{eq}} = E_0 - \frac{J}{F}x - \frac{RT}{F}\ln\frac{x}{1-x} \tag{4-28}$$

と一致することが確められる．また，交換電流密度は式(4-14)の x を a_{Li} で置き換えることにより

$$i_{\text{ex}} = F(k_{\text{c}}^0)^{1-\alpha}(k_{\text{a}}^0)^\alpha \{(1-x)a_{\text{Li}^+}\}^{1-\alpha} x^\alpha \exp\left(\frac{\alpha Jx}{RT}\right) \tag{4-29}$$

で与えられる．$\alpha = 1/2$ とすれば，

$$i_{\text{ex}} = h\sqrt{x(1-x)} \exp\left(\frac{Jx}{2RT}\right) \tag{4-30}$$

となる．一定電流（$i/2h = 10$）を通じたときの過電圧 $|\eta|$ と組成 x の関係を求めると図 4.4(b) のような曲線が得られる．還元電流を通じたときの電位曲線と OCV 曲線の関係を図 4.5 に示す．反発エネルギーがあまり大きくなければ（$J/RT < 5$），通電時の電位曲線（$E = E_{\text{eq}} + \eta$）はほとんど J に依存しない．つまり，作動電位は同じになる．図には示していないが，$J/RT > 10$ になると x の大きい部分で $\eta \sim 0$ となるので E_{eq} に漸近する．

いずれにせよ電池を放電するとき，過電圧の分だけ正極の電位は低下し，負極の電位は上昇する．つまり，電池の作動電圧は，たとえ物質移動がきわめて速くとも，両極の過電圧の絶対値の和だけ低下する．充電電圧はその分だけ高くなりエネルギーのロスが生じる．したがって，i_{ex}（特性定数としては h）の大きな電極が望まれる．ただし，過電圧と i/i_{ex} の関係は対数的なので電流が増加してもあまり大きくなることはなく，通常の電流密度の範囲では数 100 mV を越えない．リチウムイオン電池は起電力が 4 V と高いので，過電圧による電圧降下の影響は低起電力の電池に比べて軽微である．

4.3 物質移動支配下の電極反応速度

　前節までは電極反応速度に比べて物質移動速度は十分速く，電極・電解質界面の Li 濃度は常にホスト内部（バルク）の濃度と等しいと考えてきた．しかし，反応速度（電流）が大きくなると物質移動（拡散）が追いつかなくなる．こういう状況を物質移動支配にあるという．Li の挿入反応（式(4-1)）が起こる電極であれば，図 4.6 のような濃度分布が生じる．すなわち，電極（ホスト）側では，界面の Li 濃度が大きくなり，それにより生じる濃度勾配を駆動力としてホスト内部に Li が拡散する．

　一方，5.3 節で詳しく述べるように，電解質中においてもその Li^+ の輸率が 1 でなければ，界面の Li^+ 濃度が低下して，それによって生じる濃度勾配を駆動力とする拡散により，電解質内部から電極面に一部の Li^+ が供給される（それ以外は電気伝導によって輸送される）．一般に，固体中の Li の拡散は遅いので，通常の作動状態におけるホスト・ゲスト電極反応は拡散支配になっている．

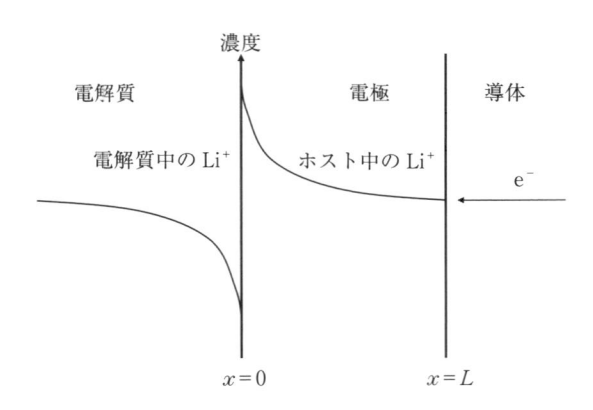

図 4.6 電極（Li_yH）および電解質中の Li 種の濃度分布の概念図（Li 挿入反応時）

4.3.1 フィックの法則

拡散現象を論じる際の基本となるのはフィック(Fick)の法則である．これによれば，温度の一様な物質系においてその成分（例えばLi）の濃度 C が空間的に分布していれば，ある座標軸（x 軸など）方向の単位断面積・時間あたりの拡散量 j（＝流束，flux）はその方向の濃度勾配に比例する．一次元では

$$j = -D\frac{\partial C}{\partial x} \tag{4-31}$$

である．比例定数 D を拡散係数という．ここで，x は位置座標であることに注意していただきたい．拡散の話をするときは位置座標を x とするのが通例である（これに伴いホスト中のLi組成（＝サイト占有率）を y で表すことにする．Li_yH におけるLiの濃度 C はサイトの濃度を C^* とすれば $C=C^*y$ である）．式(4-31)はフィックの第1法則と呼ばれる．x と $x+dx$ の間の微小領域における物質収支を考えれば濃度の時間変化は

$$\frac{\partial C}{\partial t} = \frac{\partial(-j)}{\partial x} = \frac{\partial}{\partial x}D\frac{\partial C}{\partial x} \tag{4-32}$$

となる．D が定数であれば

$$\frac{\partial C}{\partial t} = D\frac{\partial^2 C}{\partial x^2} \tag{4-33}$$

である．これをフィックの第2法則または拡散方程式という．

4.3.2 物質移動支配下の電極の挙動

拡散支配の場合の反応速度，つまり電流密度は，一般に，界面（$x=0$）における濃度勾配により決まる．すなわち，電極反応の電荷授受数を1とすれば

$$i = Fj = -FD\left(\frac{\partial C}{\partial x}\right)_{x=0} \tag{4-34}$$

である．したがって，一定の電流を通じた場合にはこれが境界条件の一つとなる．他の境界条件と所与の初期条件のもとに式(4-33)を解けば，C が t の関数として求まり，これから電位の時間変化を知ることができる．これについては後で詳しく考察する．

一方，$C=C_0$ で平衡にある電極（電位 E_{eq}）に過電圧 η を印加した場合は，

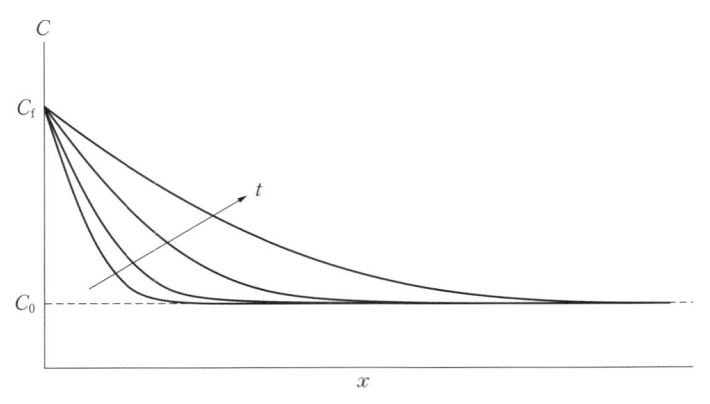

図 4.7　過電圧印加後の濃度分布の時間変化

回路に電気抵抗がなければ電極表面（$x=0$）の濃度は瞬時に$E_{eq}+\eta$に相当する濃度C_fに固定される．したがって，境界条件の一つは
$$C(t, x=0)=C_f$$
となる．初期条件は$C(t=0, x)=C_0$である．簡単のため，拡散種（例えばLi）の拡散媒体（ホスト）が十分に厚い平板で，半無限媒体とみなせるとしよう．このときの拡散方程式（式(4-33)）の解は，よく知られているように

$$C=C_f-(C_f-C_0)\mathrm{erf}\frac{x}{2\sqrt{Dt}} \tag{4-35}$$

となる．ここで，erfは誤差関数を意味し，

$$\mathrm{erf}(z)=\frac{2}{\sqrt{\pi}}\int_0^z \exp(-p^2)\mathrm{d}p$$

で定義される．拡散質の濃度分布は時間とともに図4.7のように変化する．それに伴って表面の濃度勾配が減少し電流が減少する．式(4-35)を式(4-34)に代入して計算すると，電流密度の時間変化は

$$i=F(C_f-C_0)\sqrt{\frac{D}{\pi t}} \tag{4-36}$$

で与えられる．この関係はコットレル(Cottrell)の式と呼ばれる．拡散種がホスト・ゲスト系Li_yHのLiであれば，モル体積v_mを用いて

$$i=\frac{F}{v_\mathrm{m}}(y_\mathrm{f}-y_0)\sqrt{\frac{D}{\pi t}} \tag{4-36'}$$

とも書ける．すなわち，過電圧を印加したときの過渡電流は $t^{-1/2}$ に比例して減少する．なお，これらの式では $t\to 0$ で $i\to\infty$ となるが，もちろん実際にはこのようなことは起こらない．なぜなら，電流は式(4-17)あるいは(4-24)の電流を超えることはできないからである．また，電気化学系の回路には必ず電気抵抗が存在することにも注意を要する．

4.3.3 フィックの法則の一般化

上述のフィックの法則は，拡散種が媒体中を自由に酔歩（random walk）することを前提とする．つまり，拡散種に相互作用の働かない理想溶液について成り立つものである．ホスト中のリチウムにはさまざまな相互作用が働くし，電子などの移動にも相関している．ここで，一般化されたフィックの法則について説明する．

一般に，粒子に作用する力 f はポテンシャル勾配に等しい．電気化学系にとって重要な電気化学ポテンシャル（$\eta=\mu+ze\phi$，μ は化学ポテンシャル，z は粒子の電価，e は電気素量，ϕ は電位）を考えれば，

$$f=-\mathrm{grad}\,\eta \quad \text{または，一次元で} \quad f_x=-\frac{d\eta}{dx} \tag{4-37}$$

である（η が 1 mol あたりのときは，$f=-(1/N_\mathrm{A})\mathrm{grad}\,\eta$ となる．ここでは式が簡単になるよう粒子 1 個あたりで考える）．ドリフト速度（粒子の平均速度）v は f に比例する（$v=Bf$）．比例定数 B を絶対移動度という．粒子の濃度を C とすれば，流束（flux）j は

$$j=Cv=-CB\frac{d\eta}{dx} \tag{4-38}$$

で与えられる．拡散係数 D と移動度の間にはアインシュタインの関係式[*3]．

$$D=Bk_\mathrm{B}T \tag{4-39}$$

が成り立つ．したがって，流束は

[*3] 粒子が他の粒子からのランダムな力を受けて運動するとき，その運動（＝ブラウン運動）がランジュバンの方程式に従うとしてアインシュタインが導いた．

$$j = -\frac{CD}{k_B T} \cdot \frac{d\eta}{dx} \tag{4-40}$$

とも書ける．とくに，C が十分希薄な場合は活量 a は C とおいてよいので

$$\mu = \mu^0 + k_B T \ln \frac{C}{C^0}$$

であり，電場がなければ（すなわち ϕ =const. であれば）

$$j = -CD \frac{d\ln C}{dx} = -D \frac{dC}{dx} \tag{4-41}$$

となる．これはフィックの第1法則である．この場合，粒子はホスト格子中をランダムウォークすると考えられる．よく知られているように，ランダムウォークする粒子の拡散係数 D_0 は

$$D_0 = \frac{d^2 \nu}{\alpha} = \frac{d^2}{\alpha} \nu_0 \exp\left(-\frac{E_a}{k_B T}\right) \tag{4-42}$$

で与えられる．d はジャンプ距離，ν はジャンプ頻度，α はジャンプの方向数，E_a はジャンプ経路中の障壁エネルギー，ν_0 は格子点にあるゲストの有効振動数である．

しばしば用いられる移動度（＝電気的移動度）u はドリフト速度と電界 E（＝$-d\phi/dx$）の比として定義されるので，u, B, D は次の関係で結ばれる．

$$u\left(=\frac{|v|}{|E|}\right) = |z|eB = |z|\frac{eD}{k_B T}$$

一方，導電率は

$$\sigma (= Cu|z|e)$$

で定義されるので組成が空間的に一定（すなわち μ =const.）のときの流束は，

$$j = -\frac{CD}{k_B T} \cdot ze \frac{d\phi}{dx} = -\frac{\sigma}{ze} \cdot \frac{d\phi}{dx} \tag{4-43}$$

と表される．これはオームの法則に他ならない．

一般の場合，すなわち濃度および電位勾配がともに存在するときの荷電粒子の流束は，以上の議論から明白なように

$$j = -\frac{\sigma}{z^2 e^2} \cdot \frac{d\eta}{dx} \tag{4-44}$$

で与えられる．η が 1 mol あたりであれば，

$$j = -\frac{\sigma}{z^2 F^2} \cdot \frac{\mathrm{d}\eta}{\mathrm{d}x} \tag{4-44'}$$

となり，j の単位は $[\mathrm{mol\,cm^{-2}\,s^{-1}}]$ である．この式は荷電粒子の流れを記述する基本式で，複数の粒子が存在するときにはそれぞれの粒子について成り立つ．

4.4 ホスト・ゲスト系における物質輸送

簡単のため，図 4.8 で示すように導体基板上に形成されたホスト・ゲスト系 ($\mathrm{Li}_y\mathrm{H}$) の膜中へ電解質中の Li^+ が

$$\mathrm{Li}^+ + \mathrm{e}^- = \mathrm{Li}(\mathrm{Li}_y\mathrm{H})$$

により挿入される場合を考えよう．

リチウムイオン電池に用いるホスト・ゲスト系は，Li^+ と電子（あるいは正孔）が共に移動できる「混合伝導体」である．ここでは，Li^+ と電子の混合伝導体とする．膜中の移動種が Li^+ および電子であれば，それらの流束 j_i ($=j_{\mathrm{Li}^+}$) および j_e は式(4-44)により，

$$j_\mathrm{i} = -\frac{\sigma_\mathrm{i}}{e^2} \cdot \frac{\mathrm{d}\eta_\mathrm{i}}{\mathrm{d}x} \qquad j_\mathrm{e} = -\frac{\sigma_\mathrm{e}}{e^2} \cdot \frac{\mathrm{d}\eta_\mathrm{e}}{\mathrm{d}x} \tag{4-45}$$

となる．膜中の任意の場所における正味の電流密度を i とすれば，

$$i = ej_\mathrm{i} - ej_\mathrm{e} \tag{4-46}$$

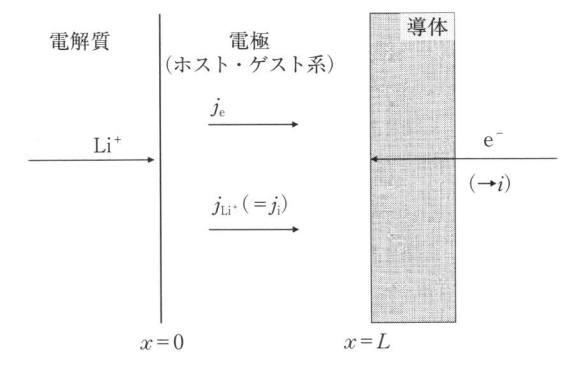

図 4.8 ホスト・ゲスト電極系の平板モデル

であり，これはもちろん界面における電流密度に等しい．また，Li$_y$H 中のすべての場所で

$$\mathrm{Li}=\mathrm{Li}^+ + \mathrm{e}^-$$

の平衡〈局所平衡〉が成り立つと考えられるので，

$$\mu_\mathrm{n} = \eta_\mathrm{i} + \eta_\mathrm{e} \tag{4-47}$$

なる関係が成り立つ．ここで添え字 n は中性の Li(Li^0) を表す．これらの四つの式から，

$$j_\mathrm{i} = -\frac{1}{e^2} \cdot \frac{\sigma_\mathrm{i}\sigma_\mathrm{e}}{\sigma_\mathrm{i}+\sigma_\mathrm{e}} \cdot \frac{\mathrm{d}\mu_\mathrm{n}}{\mathrm{d}x} + \frac{\sigma_\mathrm{i} i}{\sigma_\mathrm{i}+\sigma_\mathrm{e}} \tag{4-48}$$

$$j_\mathrm{e} = -\frac{1}{e^2} \cdot \frac{\sigma_\mathrm{i}\sigma_\mathrm{e}}{\sigma_\mathrm{i}+\sigma_\mathrm{e}} \cdot \frac{\mathrm{d}\mu_\mathrm{n}}{\mathrm{d}x} - \frac{\sigma_\mathrm{e} i}{\sigma_\mathrm{i}+\sigma_\mathrm{e}} \tag{4-49}$$

が得られる．第1項は拡散による輸送，第2項は電気伝導による輸送である．両式において第1項が等しいのは陽イオン（Li$^+$）と電子がペアとなって中性の Li として輸送されるからである（Li^0 の実態は Li$^+$ と e$^-$ のペア）．通常のホスト・ゲスト系では $\sigma_\mathrm{i} \ll \sigma_\mathrm{e}$ である．このときリチウムの挿入反応はすべて電解液界面（$x=0$）で起こり，挿入されたリチウム（Li^0）は拡散によって導体界面方向に輸送される（逆に $\sigma_\mathrm{i} \gg \sigma_\mathrm{e}$ であれば，挿入反応は導体界面（$x=L$）で起こり，電解質界面方向に輸送される）．

ホスト・ゲスト系において電子伝導が優越（$\sigma_\mathrm{i} \ll \sigma_\mathrm{e}$）するとすれば，式(4-48)は

$$j_\mathrm{i} = j_\mathrm{n} = -\frac{1}{e^2} \cdot \sigma_\mathrm{i} \frac{\mathrm{d}\mu_\mathrm{n}}{\mathrm{d}x} \tag{4-50}$$

で近似できる．j_n は拡散によって輸送される中性 Li の流束である．導電率と拡散係数との関係を示す

$$\sigma_\mathrm{i} = Cue = \frac{CDe^2}{k_\mathrm{B}T}$$

を用いれば，

$$j_\mathrm{n} = -\frac{CD}{k_\mathrm{B}T} \cdot \frac{\mathrm{d}\mu_\mathrm{n}}{\mathrm{d}x} = -\frac{CD}{k_\mathrm{B}T} \cdot \frac{\mathrm{d}\mu_\mathrm{n}}{\mathrm{d}C} \cdot \frac{\mathrm{d}C}{\mathrm{d}x} \tag{4-51}$$

が導かれる．C は Li$^+$ の濃度（C_i）であるが，Li$^+$ は電子とペアになっているので，$C = C_\mathrm{n} = C_\mathrm{i}$ である．この式において，

$$\tilde{D} = \frac{CD}{k_B T} \cdot \frac{d\mu_n}{dC} = D \frac{d \ln a_n}{d \ln C} \tag{4-52}$$

とおけばフィックの法則と同形式になる．$\tilde{D}$ がホスト・ゲスト系の実質的な拡散係数で，化学拡散係数と呼ばれる．$(d \ln a_n / d \ln C)$ は熱力学因子と呼ばれる．当然ながら，理想溶液（$a=C$）のような特殊な場合を除いて化学拡散係数 $\tilde{D}$ は濃度 C に依存する．

（1） ゲスト間に相互作用のないホスト・ゲスト系

この場合 μ_n は3.3節で述べたようにネルンストの式に従う．ゲストサイトの濃度を C^*，その占有率を $y(=C/C^*)$ とすれば

$$\mu_n = \mu^0 + k_B T \ln \frac{C}{C^* - C} = \mu^0 + k_B T \ln \frac{y}{1-y} \tag{4-53}$$

である．また，ゲストのジャンプは周りのサイトが空のときにしか起こらないので，式(4-42)におけるジャンプ頻度には $(1-y)$ がかかる．したがって拡散係数は

$$D = D_0 (1-y) \tag{4-54}$$

となる（ただし $D_0 = (d^2/\alpha) \nu_0 \exp(-E_a/k_B T)$）．これらを式(4-52)に代入すれば $\tilde{D} = D_0$ が得られる．すなわち，ゲストに相互作用がなければ化学拡散係数は単純に酔歩する原子の拡散係数に等しく濃度に依存しない．

（2） ゲスト間に反発相互作用がある場合

平均場近似が成り立つとすれば，3.4節で示したようにホスト中のLiの化学ポテンシャルは

$$\mu_n = \mu^0 + k_B T \ln \frac{y}{1-y} + Ay$$

である．ただし，A は近接ゲスト間の反発エネルギーとサイト配位数の積（CJ）である．この場合も酔歩を前提とするフィックの拡散係数は式(4-54)で与えられるから，化学拡散係数は

$$\tilde{D} = D_0 \left\{ 1 + \frac{A}{k_B T} \cdot y(1-y) \right\} \tag{4-55}$$

となる．$\tilde{D}$ は $y=1/2$ で $D_0(1+A/4k_B T)$ の極大値をとる．例えば，反発エネ

ルギーを 50 meV，配位数を 6 とすれば $A/4k_BT$ は約 3 であるが，多くのホストでこの程度の値をとる．ゲストの流束は

$$j_\text{n} = -\widetilde{D}\frac{dC}{dx} = -\widetilde{D}C^*\frac{dy}{dx} \tag{4-56}$$

である．したがって，フィックの第 2 法則に相当する拡散方程式は

$$\frac{\partial C}{\partial t} = \frac{\partial}{\partial x}(-j_\text{n})$$

$$= D_0\left\{1 + \frac{A}{k_BT}\cdot y(1-y)\right\}\frac{\partial^2 C}{\partial x^2} + D_0\frac{A}{k_BT}\cdot(1-2y)\cdot\left(\frac{\partial C}{\partial x}\right)^2 \tag{4-57}$$

または

$$\frac{\partial y}{\partial t} = D_0\left\{1 + \frac{A}{k_BT}\cdot y(1-y)\right\}\frac{\partial^2 y}{\partial x^2} + D_0\frac{A}{k_BT}\cdot(1-2y)\cdot\left(\frac{\partial y}{\partial x}\right)^2 \tag{4-58}$$

となる．

4.5　過電圧を与えたときの過渡電流

これについては 4.3.2 項で一般論を簡単に述べたが，ここでは図 4.8 のような現実に近いホスト・ゲスト系電極の模型に電位ステップ（= 過電圧）を印加したときの様子を説明する．$E = -(\mu/e)$ で与えられる図 4.9 のような組成 (y)-電位 (E) 曲線において，(y_0, E_0) で平衡にある系に電位ステップ $\Delta E = E_0$

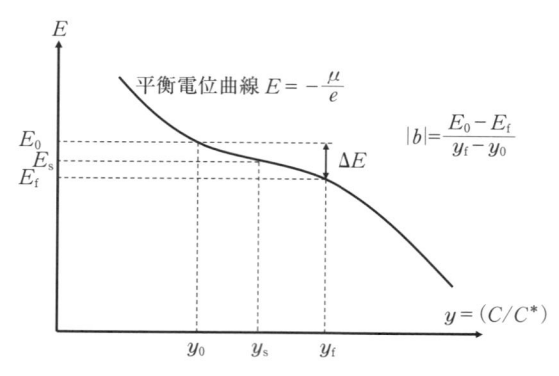

図 4.9　組成 (y)-電位 (E) 曲線

$-E_\mathrm{f}$ を印加するとしよう．導体界面 $(x=L)$ の電位は $E_\mathrm{f}=E_0-\Delta E$ になり過渡電流 $i(t)$ が生じる．$\sigma_\mathrm{i} \ll \sigma_\mathrm{e}$ であれば，式(4-48)および(4-49)から

$$j_\mathrm{i}=j_\mathrm{n}=-\tilde{D}\frac{dC}{dx} \quad \left(\mathrm{or}=-\tilde{D}C^*\frac{dy}{dx}\right) \tag{4-59}$$

$$j_\mathrm{e}=j_\mathrm{n}-\frac{i(t)}{e} \tag{4-60}$$

が得られる．膜中の電流は電子のみによって運ばれ電解質界面 $(x=0)$ で Li^+ が挿入されて電子とペアとなって中性リチウム (Li^0) として膜中を拡散する．電解質界面では $j_\mathrm{e}=0$ でなければならないので

$$j_\mathrm{n}(t,x=0)=-\tilde{D}\left(\frac{\partial C}{\partial x}\right)_{x=0}=\frac{i(t)}{e} \tag{4-61}$$

である．電子は膜両端の電位差によって運ばれるから，膜の抵抗を $r(\Omega\,\mathrm{cm}^2)$，電解質界面の電位を $E_\mathrm{s}(=E(t,x=0))$ とすれば

$$i(t)=\frac{E_\mathrm{s}-E_\mathrm{f}}{r} \tag{4-62}$$

となる．ホスト・ゲスト系の電子導電率 σ_e が組成に依存しなければ $r=L/\sigma_\mathrm{e}$ である．電荷移動が十分速く，分極を無視し得れば，電解質界面の組成 $y_\mathrm{s}=y(t,x=0)$ と E_s は図4.9の平衡電位曲線上にあり，(y_0, E_0) から $(y_\mathrm{f}, E_\mathrm{f})$ まで動き新たな平衡状態に達するであろう．また，ΔE が小さければ，平衡電位曲線は $y_0 \sim y_\mathrm{f}$ の区間において直線で近似できるとしよう．その傾きの絶対値を b とすれば

$$\frac{E_\mathrm{s}-E_\mathrm{f}}{y_\mathrm{f}-y_\mathrm{s}}=b \tag{4-63}$$

であるから，これを式(4-61)に代入すれば $C_\mathrm{s}=C(t,x=0)$ として

$$-\tilde{D}\left(\frac{\partial C}{\partial x}\right)_{x=0}=b\frac{y_\mathrm{f}-y_\mathrm{s}}{er}=\frac{b}{er}\frac{C_\mathrm{f}-C_\mathrm{s}}{C^*} \tag{4-64}$$

なる関係が導かれる．また，導体はリチウムの不透過壁であるから

$$j_\mathrm{n}(t,x=L)=-\tilde{D}\left(\frac{\partial C}{\partial x}\right)_{x=L}=0 \tag{4-65}$$

である．式(4-64)および(4-65)の境界条件と

$$C(t=0,x)=C_0(=C^*y_0) \tag{4-66}$$

なる初期条件のもとに式(4-57)または(4-58)の方程式を解けば，$C(t,x)$ が定

まる．

　回路に膜以外の抵抗 $R(\Omega)$ があるときも事情は同じである．このときは ΔE のステップを印加しても IR ドロップのため導体界面の電位は $E_\mathrm{f}'=E_\mathrm{f}+SRi(t)$ (S は膜の面積) までにしか低下しない．膜両端の電位差は $E_\mathrm{s}-E_\mathrm{f}'$ であるから

$$ri(t)=E_\mathrm{s}-E_\mathrm{f}'=E_\mathrm{s}-E_\mathrm{f}-SRi(t) \tag{4-67}$$

すなわち，

$$i(t)=\frac{E_\mathrm{s}-E_\mathrm{f}}{r+SR}=b\left(\frac{y_\mathrm{f}-y_\mathrm{s}}{r+SR}\right)=b\left(\frac{C_\mathrm{f}-C_\mathrm{s}}{C^*(r+SR)}\right) \tag{4-68}$$

であり，このときの $x=0$ における境界条件は

$$-\widetilde{D}\left(\frac{\partial C}{\partial x}\right)_{x=0}=b\frac{y_\mathrm{f}-y_\mathrm{s}}{e(r+SR)}=\frac{b}{e(r+SR)C^*}(C_\mathrm{f}-C_\mathrm{s}) \tag{4-69}$$

となる．

　さて，境界条件がこのように定まっても，式(4-57)の拡散方程式を解析的に解くのは困難であるが，$y=1/2$ 付近で小さな電位ステップを印加する場合は，第2項が無視し得るとともに $\widetilde{D}$ も $y=1/2$ のときの値に一定に保たれるとしよう．そうであれば拡散方程式は次式の形に還元される．以下，$\widetilde{D}$ を定数とみなして議論を進めることにする．

$$\frac{\partial C}{\partial t}=\widetilde{D}\frac{\partial^2 C}{\partial x^2} \quad \left(\text{ただし}\widetilde{D}=D_0\left(1+\frac{A}{4k_\mathrm{B}T}\right)\right) \tag{4-70}$$

（1） 膜を半無限媒体と見るとき

　電位ステップを印加してからの時間が十分短ければ膜は半無限媒体と見ることができよう．このとき，式(4-66)の初期条件および式(4-69)境界条件のもとでの拡散方程式（式(4-70)）の解は，

$$\frac{C-C_0}{C_\mathrm{f}-C_0}=\mathrm{erfc}\left(\frac{x}{2\sqrt{\widetilde{D}t}}\right)-\{\exp(hx+h^2\widetilde{D}t)\}\left\{\mathrm{erfc}\left(\frac{x}{2\sqrt{\widetilde{D}t}}\right)+h\sqrt{\widetilde{D}t}\right\} \tag{4-71}$$

となる．ここで，erfc は補誤差関数（$\mathrm{erfc}(z)=1-\mathrm{erf}(z)$）を表し，また，$h$ は

$$h=\frac{b}{eC^*\widetilde{D}(r+SR)} \tag{4-72}$$

である．式(4-71)において $x=0$ とおけば $C(t,x=0)=C_\mathrm{s}$，$\mathrm{erfc}(0)=1$ であるから

4.5 過電圧を与えたときの過渡電流

$$C_f - C_s = (C_f - C_0)\{\exp(h^2\tilde{D}t)\}\{\mathrm{erfc}(h(\sqrt{\tilde{D}t}))\} \tag{4-73}$$

となる．これを式(4-68)に代入すれば，過渡電流は

$$i(t) = i_0\{\exp(h^2\tilde{D}t)\}\{\mathrm{erfc}(h\sqrt{\tilde{D}t})\} \tag{4-74}$$

で与えられる．ここで

$$i_0 = \frac{b}{r+SR} \cdot \frac{C_f - C_0}{C^*} = \frac{\Delta E}{r+SR} \tag{4-75}$$

であるが，これは電位ステップ ΔE を印加した瞬間の初期電流 ($i(t \to 0)$) に

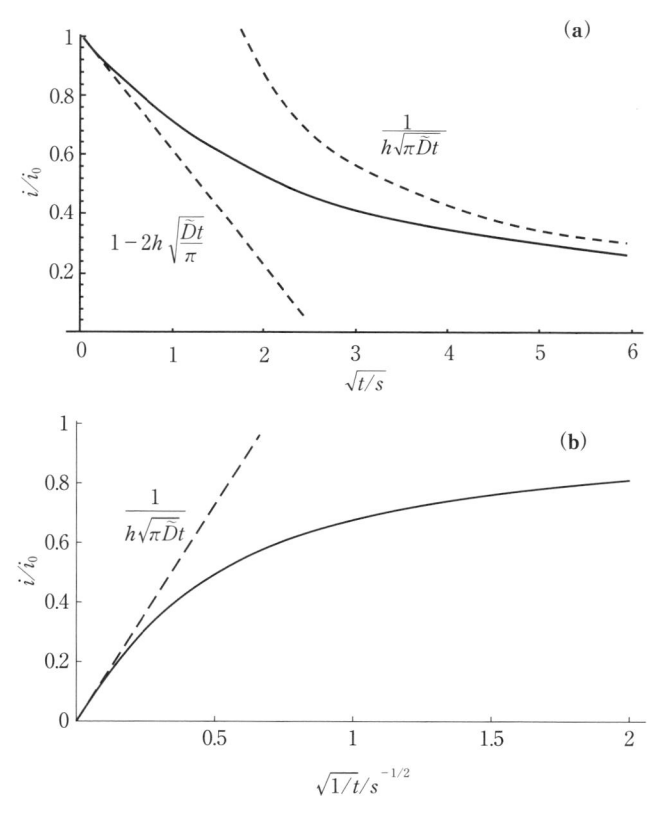

図 4.10 ホスト・ゲスト電極膜に電位ステップを印加したときの過渡電流（膜は半無限媒体とみる）
($h=1.25\times 10^5$ cm^{-1}, $\tilde{D}=10^{-11}$ cm^2 s^{-1})

他ならない．とくに $h\sqrt{\widetilde{D}t} \ll 1$ のときは，

$$i = i_0\left(1 - 2h\sqrt{\frac{\widetilde{D}t}{\pi}}\right) \tag{4-76}$$

と近似できる．逆に $h\sqrt{\widetilde{D}t} \gg 1$ のときは，$\exp(z^2)\,\mathrm{erfc}(z) = \pi^{-1/2}(1/z - 1/2\,z^3 + \cdots)$ であるから

$$i = i_0\left(\frac{1}{h}\frac{1}{\sqrt{\pi\widetilde{D}t}}\right) = e(C_\mathrm{f} - C_0)\sqrt{\frac{\widetilde{D}}{\pi t}} \tag{4-77}$$

となる．すなわち，コットレル (Cottrell) タイプの依存性を示す (ただし，式 (4-77) が成り立つのは膜厚がかなり厚い場合のみである)．図 4.10 に，以上によって計算される過渡電流の一例を $t^{1/2}$ および $t^{-1/2}$ プロットの形で示す．計算に用いたパラメーターの数値は図に示すが，これらはホスト・ゲスト電極系で普通に見られる値である (コラム 4-1 参照)．

コラム 4-1　ホスト・ゲスト電極系の物質輸送の計算に用いるパラメーター

本書では，読者が実感をもってホスト・ゲスト系における物質移動を理解できるよう，具体的なパラメーター数値に対する過渡応答電流や放電曲線を示した．以下の数値は特定のホスト・ゲスト系のものではないが，多くの系のパラメーターはこのオーダーの数値である．

ジャンプ距離　$d = 0.3\,\mathrm{nm}$

ジャンプ方向数　$\alpha = 6$

拡散の活性化エネルギー　$E_\mathrm{a} = 0.5\,\mathrm{eV}$

ホスト格子におけるゲストの有効振動数　$\nu_0 = 10^{13}\,\mathrm{s}^{-1}$

∴ 拡散係数 (ランダムウォーク)　$D_0 = (d^2/\alpha)\nu_0 \exp(-E_\mathrm{a}/k_\mathrm{B}T) \sim 5 \times 10^{-12}\,\mathrm{cm}^2\,\mathrm{s}^{-1}$

$y = 1/2$ における OCV 曲線の勾配　$b = |\mathrm{d}E/\mathrm{d}y| = 0.2\,\mathrm{V}$

∴ 化学拡散係数　$\widetilde{D}(y=1/2) = (eb/4k_\mathrm{B}T)D_0 \sim 10^{-11}\,\mathrm{cm}^2\,\mathrm{s}^{-1}$

(ただし $\widetilde{D}$ は式 (4-55) に従うものとする)

ホスト・ゲスト系のモル体積　$v_\mathrm{m} = 20\,\mathrm{cm}^3\,\mathrm{mol}^{-1}$ $(\therefore C^* \sim 3 \times 10^{22}\,\mathrm{cm}^{-3})$

電気抵抗　$R_\mathrm{t} = r + SR = 33\,\Omega\,\mathrm{cm}^2$ (測定する電極系により大きく変動する)

∴ $h = \dfrac{b}{eC^*\widetilde{D}R_\mathrm{t}}\quad \sim 1.2 \times 10^5\,\mathrm{cm}^{-1}$

（2） 平板拡散（膜が薄いとき）

このときは短い時間から膜を半無限媒体とみなすことができなくなるので，平板拡散の解を用いる必要がある．その解は

$$\frac{C-C_0}{C_f-C_0}=1-\sum_{n=1}^{\infty}\frac{2p\left\{\cos\left(\beta_n\frac{x-L}{L}\right)\cdot\exp\left(-\beta_n^2\frac{\widetilde{D}t}{L^2}\right)\right\}}{(\beta_n^2+p^2+p)\cos\beta_n} \tag{4-78}$$

である．ただし，p は

$$p=hL \tag{4-79}$$

であり，β_n は

$$p=\beta\tan\beta \tag{4-80}$$

の n 次の正根である．式(4-78)において $x=0$ とおけば

$$C_f-C_s=2(C_f-C_0)\sum_{n=1}^{\infty}\frac{p\exp\left(-\beta_n^2\frac{\widetilde{D}t}{L^2}\right)}{\beta_n^2+p^2+p} \tag{4-81}$$

となる．したがって，過渡電流は

$$i(t)=2i_0\sum_{n=1}^{\infty}\frac{p\exp\left(-\beta_n^2\frac{\widetilde{D}t}{L^2}\right)}{\beta_n^2+p^2+p} \tag{4-82}$$

で与えられる．膜の厚さが 80 nm と薄い場合の $i(t)$ と $t^{1/2}$ の関係を図 4.11 に示す．時間の短い間は膜を半無限媒体と見たときの曲線（式(4-74)）と一致するが，時間が経過すると下方にずれる．

なお，$p=hL\ll 1$ のとき（膜が非常に薄い場合など），式(4-80)の根は

$$\beta_1=\sqrt{p} \quad \beta_2=\beta_3=\cdots\beta_i\cdots=(i\cdot 1)\pi$$

と近似できる．それゆえ

$$\frac{i}{i_0}=\exp\left(-\frac{p\widetilde{D}t}{L^2}\right)+p\frac{2}{\pi^2}\sum_{i=1}^{\infty}\frac{1}{i^2}\exp\left(-\frac{\widetilde{D}t}{L^2}\right) \tag{4-83}$$

となる．ところで，$\sum_{i=1}^{\infty}(1/i^2)=\pi^2/6$ なので右辺第 2 項は無視できる．したがって，過渡電流は

$$\frac{i}{i_0}=\exp\left(-\frac{bt}{eC^*LR_t}\right) \quad （ただし R_t=r+SR） \tag{4-84}$$

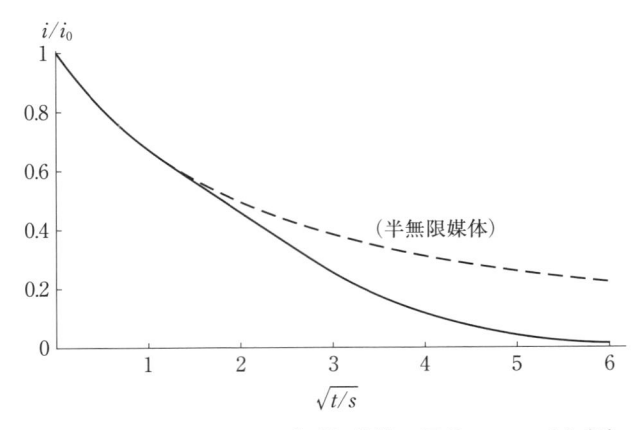

図 4.11 ホスト・ゲスト系電極薄膜に電位ステップを印加したときの過渡電流
(点線は膜を半無限拡散媒体とみなしたときの曲線，$h=1.25\times 10^5$ cm^{-1}, $\tilde{D}=10^{-11}$ cm^2 s^{-1}, $L=80$ nm)

で与えられる．つまり，拡散係数とは無関係になり，キャパシターの放電と同じになる（拡散プロセスが十分速く，過渡電流は抵抗に支配されている）．なお，全放電電気量は

$$\int_0^\infty i\mathrm{d}t = i_0\left(\frac{eC^*LR_\mathrm{t}}{b}\right) = e(C_\mathrm{f}-C_0)L$$

となる．当然ながら，これは $C_0 \sim C_\mathrm{f}$ 間の単位面積あたりの容量（Ccm^{-2}）に一致する．

(3) 実際の電池の電極

以上の議論は平板（膜）電極モデルによるものであるが，実際の電池の電極はホスト・ゲスト系活物質の粒子と電子伝導性の粒子（例えば炭素粉末）からなる混合物の多孔質膜を導体（集電体）上に形成し空隙部に電解質が浸漬した形態である．もし活物質が厚さ $d=2L$ で一様に揃った平板状粒子で，また，Li が平板面のみから脱挿入するとすれば，境界条件は膜電極モデルのときと実質的に同じになる．なぜなら，平板粒子の両面（$x=L, -L$）から等しい速

度で Li が脱挿入するので濃度分布は $x=0$ に対して対称となるからである．したがって，粒子の総表面積 S（端面は除く）あたりの電流密度は式(4-82)で与えられる．粒子形状が異なれば対応する拡散の問題を解かなければならないが，式(4-82)を用いても平均的な粒子サイズと過渡応答電流のおよその関係を見積もることができる．

なお，半径 a の球状粒子からなる電極の過渡応答電流は次式で与えられる．

$$\frac{i(t)}{i_0}=2\sum_{n=1}^{\infty}\frac{p\exp\left(-\frac{\beta_n^2\widetilde{D}t}{a^2}\right)}{\beta_n^2+p(p-1)} \tag{4-85}$$

ただし，i_0 は初期電流，p は $p=ab/eC^*RS$（R は電極回路の総抵抗，S は粒子の総表面積），β_n は $\beta_n\cot\beta_n=1-p$ の n 次の根である．

4.6　一定電流を通じたときの電位変化

式(4-1)のリチウム挿入反応が一定速度（＝一定電流密度）で進行するときの電極電位の時間変化を図4.8の平板拡散模型で考える．まず，回路の電気抵抗および過電圧は無視する．電流を通じる前，電極がOCV曲線（図4.9）上の (y_0, E_0) で平衡にあれば，初期条件は

$$C(t=0, x)=C_0(=C^*y_0) \tag{4-86}$$

である．一定電流密度 i で電流を通じれば，リチウムは電解質界面から一定フラックス（$j=i/F$）で電極平板中に挿入されるから，$x=0$ における境界条件は

$$-\widetilde{D}\left(\frac{\partial C}{\partial x}\right)_{x=0}=\frac{i}{e} \tag{4-87}$$

であり，また，導体界面は不透過壁であるから $x=L$ のそれは

$$-\widetilde{D}\left(\frac{\partial C}{\partial x}\right)_{x=L}=0 \tag{4-88}$$

である．これらの初期および境界条件で拡散方程式

$$\frac{\partial C}{\partial t}=\frac{\partial}{\partial x}\widetilde{D}\frac{\partial C}{\partial x}$$

を解けば濃度の時間変化が求まる．前述したように $\widetilde{D}$ は一般に C に依存する

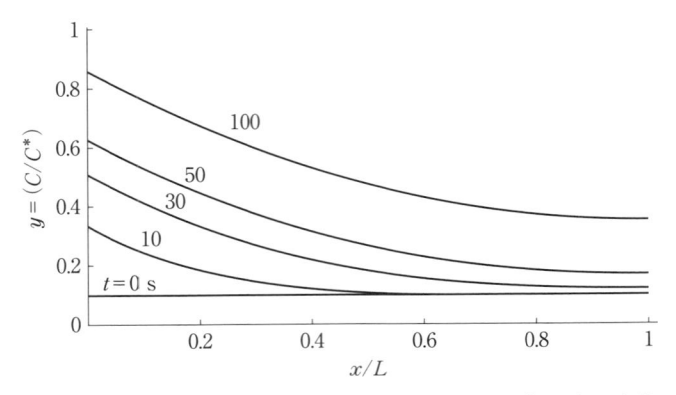

図 4.12 定電流で Li を挿入したときの Li 濃度分布の時間変化
($\widetilde{D}=10^{-11}$ cm^{2}s^{-1}, $L=5\times10^{-5}$ cm, $i=10^{-3}$ A cm^{-2}, $y(t=0, x)=0.1$)

が，これを考えている濃度範囲における平均値に相当する定数 $\widetilde{D}_\mathrm{m}$ で代用してよいとすれば，解は次式となる．

$$C-C_0=\frac{iL}{e\widetilde{D}_\mathrm{m}}\left\{\frac{\widetilde{D}_\mathrm{m}t}{L^2}+\frac{3(x-L)^2-L^2}{6L^2}\right.$$
$$\left.-\frac{2}{\pi^2}\sum_{n=1}^{\infty}\frac{(-1)^n}{n^2}\exp\left(-n^2\pi^2\frac{\widetilde{D}_\mathrm{m}t}{L^2}\right)\cos n\pi\frac{x-L}{L}\right\} \quad (4\text{-}89)$$

これによって計算される濃度プロファイルの時間変化の一例を図 4.12 に示す．このように Li 濃度が分布をもつときの電極電位は電解質界面における濃度 $C_\mathrm{s}=C(t, x=0)$ で決まる．すなわち，OCV 曲線が $E=f(y)$ で与えられれば，動的電位は

$$E^*=f(y_\mathrm{s}) \quad (4\text{-}90)$$

となる．ただし，$y_\mathrm{s}=C_\mathrm{s}/C^*$ である．式(4-89)において $x=0$ とおけば，

$$C_\mathrm{s}-C_0=\frac{iL}{e\widetilde{D}_\mathrm{m}}\left\{\frac{\widetilde{D}_\mathrm{m}t}{L^2}+\frac{1}{3}-\frac{2}{\pi^2}\sum_{n=1}^{\infty}\frac{1}{n^2}\exp\left(-n^2\pi^2\frac{\widetilde{D}_\mathrm{m}t}{L^2}\right)\right\} \quad (4\text{-}91)$$

が得られ，これから y_s が時間の関数として求まる．ところで，はじめ Li 組成が y_0 で一様に分布している電極に it の電気量が流れれば，単位面積あたり

4.6 一定電流を通じたときの電位変化

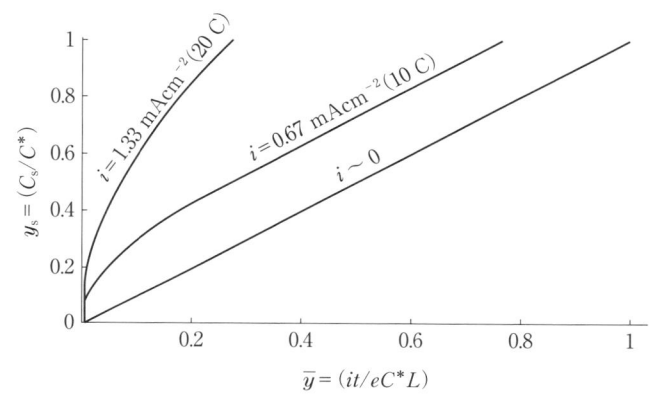

図 4.13 定電流でリチウムを挿入したときの Li 平均濃度（放電時間）と界面濃度 y_s の関係
($\tilde{D} = 10^{-11}$ cm^2 s^{-1}, $L = 5 \times 10^{-5}$ cm, $C^* = 3 \times 10^{22}$ cm^{-3})

it/e の Li が挿入され，その平均的組成 $\bar{y}$（= 一様に分布するとしたときの組成）は

$$\bar{y} = \frac{it}{eC^*L} + y_0 \tag{4-92}$$

となる．y_s の時間変化の一例を時間 t の代わりに $\bar{y}$ を用いて示したのが，図 4.13 である（この場合 $y_0 = 0$ としてある）．図中の 10 C などは電流密度を C レートで表したものである（5.2.2 項参照）．電流密度 i が小さいときは y_s と $\bar{y}$ はほぼ等しいが，i の増加に伴って y_s と $\bar{y}$ の差が増大しその分だけ電位が OCV より低くなる．あるホスト・ゲスト系正極の OCV がネルンストの関係 ($E = E_0 - (k_B T/e) \ln \bar{y}/(1-\bar{y})$) に従うとして，この y_s から動的電位 E^*（= 放電曲線）をシミュレーションしたのが図 4.14 である．放電初期の電圧低下はさほど顕著でないが，ある時点で急激に電位が低下し，全容量（$q_0 = eC^*L$）を放電できないまま放電が終了する．これは図 4.13 に見られるように，$\bar{y}$ が 1 に達する前に $y_s \to 1$ となるためである．$y_s = 1$ となる $\bar{y}$ を $\bar{y}_{\text{lim}}$ とすれば，動的容量は $q_0 \bar{y}_{\text{lim}}$ である．動的容量は電流密度の増加とともに小さくなる．Li の引き抜き過程（正極の充電，負極の放電）も全く同じように議論できる．電

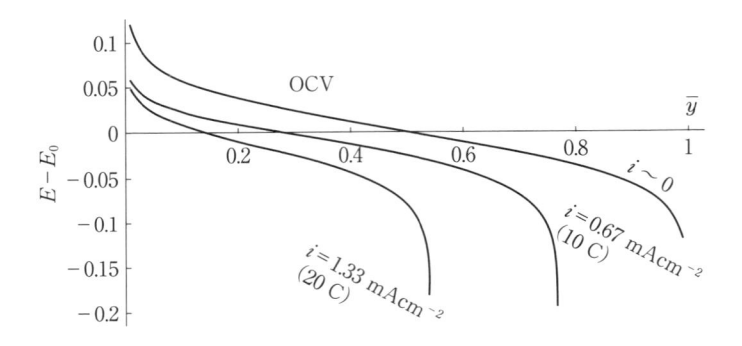

図4.14 定電流放電におけるホスト・ゲスト系正極の放電曲線のシミュレーション（条件は図4.13と同じ）

極の動的容量を決める諸因子については次章で詳しく議論する．

参考文献

1) A. J. Bard and L. R. Faulkner, "Electrochemical Methods" (John Wiley & Sons, Inc., 1980)
2) H. Rickert, "Electrochemistry of Solids" (Springer-Verlag, 1982)
3) J. Crank, "The Mathematics of Diffusion, 2nd Edition" (Oxford Science Publications, 1975)
4) M. Hibino and T. Kudo, Denki Kagaku, **63**, 1040 (1995)
5) Y-m. Li, Y. Aikawa, A. Kishimoto and T. Kudo, Electrochi. Acta, **39**, 807 (1994)
6) C. J. Wen, B. A. Baukanp, R. A. Huggins and W. Weppner, J. Electrochem. Soc., **126**, 2258 (1979)

5 電池の諸特性とその支配因子

　電池はエネルギーを貯蔵する装置であるから，その重量あるいは体積あたりどれだけのエネルギーを蓄えられるかを示すエネルギー密度が最も基本的な特性である．また，蓄えたエネルギーをいかに速く放出できるか，つまり，重量あるいは体積あたりどれだけのパワーを取り出せるかを示す出力密度も，とくに電気自動車用など高出力電池にはとってはきわめて重要な特性となっている．出力特性のよい電池は一般に高速充電特性にも優れる．二次電池では物質輸送を伴う化学反応が繰り返されるので，充放電サイクルを重ねると，程度の差はあっても特性劣化が起こる．その程度を示すサイクル特性も実用上看過できない特性である．

　これらの諸特性については1章においてリチウムイオン電池を概観する中ですでに触れてある．ここではこれら特性を支配する因子や特性相互間の関係について説明する．

5.1　エネルギー密度と出力密度

　電池は正，負両極活物質，集電体，導電助剤，電解質，セパレーター，電池容器，電極端子などの部材から構成される．電池に蓄えることのできるエネルギーを部材総重量で除したものが重量エネルギー密度であり，通常，$Whkg^{-1}$の単位で示される．これを決める基本的因子は1章でも述べた活物質の理論容量（OCV曲線の容量）と両活物質間の電位差である．正極および負極活物質の理論容量をc_1，$c_2 [Ahkg^{-1}]$とすれば，通常，両極の容量が等しくなるよう設計されるので，それぞれの重量w_1，w_2は$c_1 w_1 = c_2 w_2$の関係を満たす．したがって，この一対の電極系の理論容量cは

$$c=\frac{c_1 w_1}{w_1+w_2}=\frac{c_1 c_2}{c_1+c_2} \tag{5-1}$$

となる．放電過程の両電極の OCV 曲線から求められる平均電位差（平均電圧）を V_m とすれば，活物質の重量ベースのエネルギー密度は

$$cV_\mathrm{m}=\frac{c_1 c_2 V_\mathrm{m}}{c_1+c_2} \tag{5-2}$$

で与えられる．これはしばしば"理論エネルギー密度"と呼ばれる．実際の電池のエネルギー密度は，電池の設計思想によりその他の部材の重量が異なるため一概にいうことはできないが，理論エネルギー密度の 1/3～1/5 の範囲になる．

体積エネルギー密度は電池の総体積で蓄積できるエネルギーを除したもので，通常，$\mathrm{WhL^{-1}}$ の単位で示される．活物質の密度を ρ_1, ρ_2 とすれば，それぞれの体積あたりの理論容量は $c_1\rho_1$, $c_2\rho_2$ であるから，活物質の体積ベースのエネルギー密度は

$$\frac{c_1\rho_1 c_2\rho_2 V_\mathrm{m}}{c_1\rho_1+c_2\rho_2}$$

となる．

一方，出力密度は電池から取り出すことのできるパワー（電流 × 電圧）を電池の総重量あるいは総体積で除したもので，通常，$\mathrm{Wkg^{-1}}$ あるいは $\mathrm{WL^{-1}}$ の単位で示される．エネルギー密度には上述のように両電極活物質の OCV 曲線から求められる"理論値"（$i \to 0$ の極限）が存在するが，出力密度は動特性であるのでこのような理論値を考えることは難しい．電池から取り出せる最大電流（短絡電流）は両極間の電圧を V, 電池の内部抵抗（電解質の抵抗など）を R とすれば，V/R であるから最大出力は V^2/R である．しいていえば，これを電池重量ないし体積で除したものが"理論値"（= 最大値）となる．しかし，この出力密度は電池を短絡するという極端な状況を想定したもので，しかも短絡したその瞬間の値でしかなく，実際上あまり意味がない．そこで，電池の使われ方に即したさまざまな出力密度の定義が提案されている．

出力密度は電池の瞬発力の指標であるが，例えば電気自動車を加速する場合，ある程度の時間，エネルギーの供給を継続しなければならない．前章での

議論からも明らかなように，電池の電圧（正，負極の電位差）は放電時間 t の進行とともに低下するが，電流 I が大きくなると低下速度が増加する．電池の電圧が $V=f(t, I)$ で表されるとすれば，一定電流 I で時間 t（例えば 10 s）だけ放電したときの平均出力 P は

$$P=\frac{I}{t}\int_0^t V\mathrm{d}t$$

である．P はある I で最大値 P_max をとる．仮に $V=V_0-aIt$（a：定数）なら $P_\mathrm{max}=V_0^2/2at$ となる．P_max を電池重量あるいは体積で除した出力密度は放電初期の瞬発力をよく反映する．

電池は大きな電流で放電してパワーを稼ごうとすると容量が減少する．ある適正な容量（例えば理論容量の 90 %）を維持しつつ，取り出すことのできるパワーをベースとする出力密度も考えられる．一定電流で放電したとき 90 % の容量を維持する最大の電流を I_{90}，そのときの平均放電電圧を V_m とすれば，$I_{90}V_\mathrm{m}$／電池重量（あるいは体積）が出力密度となる．このように定義される出力密度は電池の容量も考慮されているのでよく用いられる．ここでは，これを"標準出力密度"と呼ぶことにする．

エネルギー密度と標準出力密度は相反関係にある．非常に多量の活物質を電

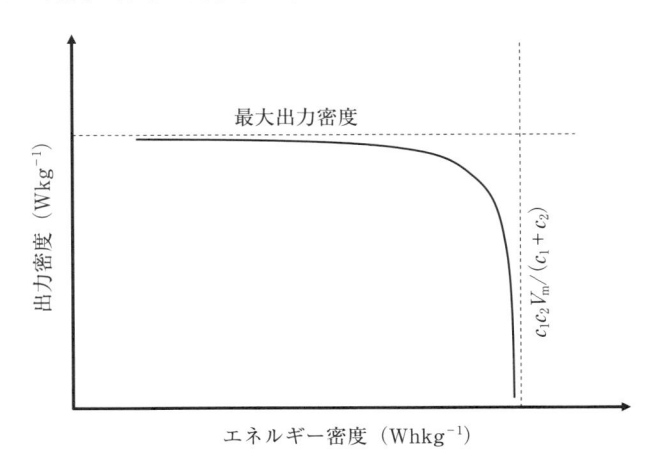

図 5.1 エネルギー密度と出力密度の関係（Ragone plot）の概念図
（最大出力密度は活物質質量→0 における仮想的な出力密度）

池につめ込めば，図5.1のように，エネルギー密度を理論エネルギー密度に近くすることができるが，内部抵抗が増大して出力密度は低下する．一方，電極活物質をほとんど充填せずエネルギー密度の極端な減少を許せば，出力密度はその定義によって定まる，ある最大値に漸近する．エネルギー密度と出力密度の関係を示すこの図はラゴンプロット（Ragone plot）と呼ばれ，電池などエネルギー貯蔵デバイスの特性を議論する際にしばしば用いられる．

5.2 ホスト・ゲスト系電極の定電流充放電における動的容量（レート特性）

放電電流と動的容量の関係は電池のレート特性と呼ばれる．大きな電流で放電しても容量の低下が少ない電池はレート特性がよく，標準出力密度が大きい．電池のレート特性は各電極のレート特性で決まる．

4.6節で述べたように，ホスト・ゲスト系正極を一定電流密度 i で放電すると，理論容量 q_0 に達する前の $q(=it^*)$ で電位が急速に低下して放電が終了する（図4.14参照）．q を電流密度 i における動的容量と呼ぶことにする．以下，q と i の関係およびそれを支配する因子について考察する．

5.2.1 平板状電極

平板状電極が Li 濃度 $C=0(y=0)$ と $C=C^*(y=1)$ の間で可逆的に作動するとすれば，式(4-91)において界面の Li 濃度 C_s が 0 から C^* となるまでの時間 (t^*) の放電が可能で動的容量は $q=it^*$ となる．t^* は式(4-91)を用いて

$$C^* = \frac{iL}{e\tilde{D}_m}\left\{\frac{\tilde{D}_m t^*}{L^2} + \frac{1}{3} - \frac{2}{\pi^2}\sum_{n=1}^{\infty}\frac{1}{n^2}\exp\left(-n^2\pi^2\frac{\tilde{D}_m t^*}{L^2}\right)\right\} \tag{5-3}$$

から求められる．実際の電池の電極では種々の理由で電位の下限と上限が設定される（カットオフ電位）．この場合は，上式において OCV 曲線上でそれぞれの両カットオフ電位に対応する濃度の差 $C_f - C_0$ を C^* とすれば t^* が求められる．この式の｛ ｝内（$=\phi$）は図5.2に示すように，$\tilde{D}_m/L^2 > 1/3$ において

$$\phi = \frac{\tilde{D}_m t^*}{L^2} + \frac{1}{3} \qquad \left(\frac{\tilde{D}_m t^*}{L^2} > \frac{1}{3}\right) \tag{5-4}$$

5.2 ホスト・ゲスト系電極の定電流充放電における動的容量(レート特性)

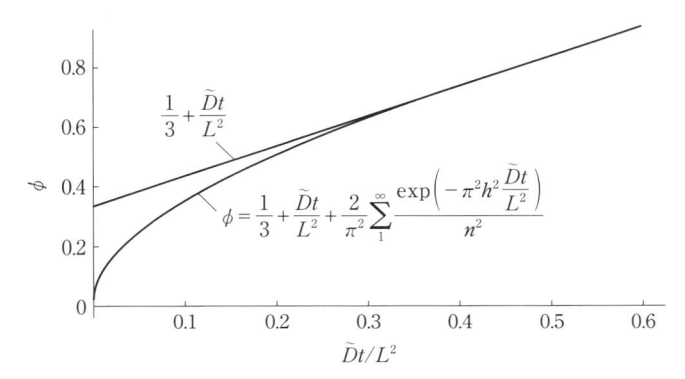

図 5.2 $\widetilde{D}t/L^2$ と ϕ の関係 (ϕ:式(5-3)参照)

と近似される.したがって,動的容量 $q=it^*$ は

$$q = eC^*L - \frac{1}{3}\frac{iL^2}{\widetilde{D}_\mathrm{m}} \qquad \left(\frac{\widetilde{D}_\mathrm{m}t^*}{L^2} > \frac{1}{3}\right) \tag{5-5}$$

となる.ここで,$\widetilde{D}_\mathrm{m}t^*/L^2 > 1/3$ ということは,$\widetilde{D}_\mathrm{m}it^*/L^2 = \widetilde{D}_\mathrm{m}q/L^2 > (1/3)i$ であるから,q が静的容量 $q_0 (=eC_\mathrm{f}^*L)$ の 1/2 より大であるとき,すなわち $i < 3e\widetilde{D}_\mathrm{m}C^*/2L$ のときに成り立つ近似である.この範囲では,動的容量 q は電流密度 i の増加とともに直線的に減少する.

では,$\widetilde{D}_\mathrm{m}t^*/L^2 < 1/3$ のときはどうであろう.この場合は式(4-89)と等価な別表現の拡散方程式の解を用いるとよい.それは

$$C - C_0 = \frac{2i}{e}\sqrt{\frac{t}{\widetilde{D}_\mathrm{m}}}\sum_{n=0}^{\infty}\left\{\mathrm{ierfc}\left(\frac{2(n+1)L-x}{2\sqrt{\widetilde{D}_\mathrm{m}t}}\right) + \mathrm{ierfc}\left(\frac{2nL+x}{2\sqrt{\widetilde{D}_\mathrm{m}t}}\right)\right\} \tag{5-6}$$

(ただし $\mathrm{ierfc}[z] = (1/\sqrt{\pi})\exp[-z^2] - z\,\mathrm{erfc}[z]$)

であり,$x=0$ とおけば,

$$C_\mathrm{s} - C_0 = \frac{2i}{e}\sqrt{\frac{t}{\widetilde{D}_\mathrm{m}}}\sum_{n=0}^{\infty}\left\{\mathrm{ierfc}\frac{(n+1)L}{\sqrt{\widetilde{D}_\mathrm{m}t}} + \mathrm{ierfc}\frac{nL}{\sqrt{\widetilde{D}_\mathrm{m}t}}\right\} \tag{5-7}$$

となる.$\mathrm{ierfc}[z]$ は z が大きくなると急速に零に近づく(例えば $\mathrm{ierfc}[\sqrt{3}] = 0.003$).したがって $z > 1/3$,つまり $\widetilde{D}_\mathrm{m}t^*/L^2 < 1/3$ では $n=0$ のときだけを考慮すればよく,$\sum$ 内は $\mathrm{ierfc}[0] = 1/\sqrt{\pi}$ と近似できる.したがって式(5-3)に相当する式は,

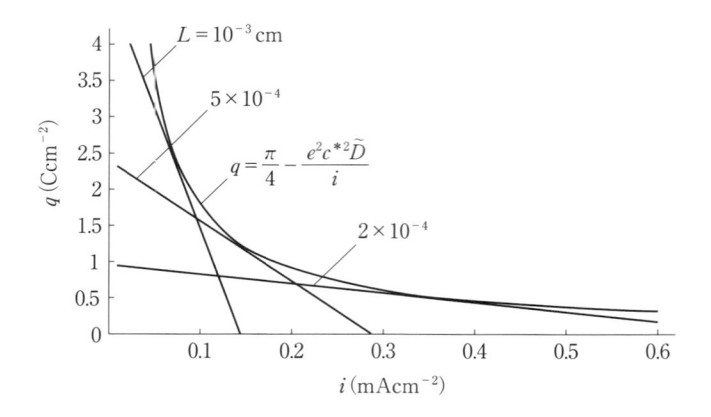

90　第 5 章　電池の諸特性とその支配因子

図 5.3 平板状電極の動的容量と電流密度の関係
$C^*=3\times 10^{22}\,\mathrm{cm}^{-3}$, $\widetilde{D}=10^{-11}\,\mathrm{cm}^2\mathrm{s}^{-1}$, $L=2\times 10^{-4}$, 5×10^{-4}, $10^{-3}\,\mathrm{cm}$

$$C^*=\frac{2i}{e}\sqrt{\frac{t^*}{\pi\widetilde{D}_\mathrm{m}}}=\frac{2}{\sqrt{\pi}}\cdot\frac{\sqrt{i}}{e}\cdot\sqrt{\frac{q}{\widetilde{D}_\mathrm{m}}}$$

すなわち，容量は

$$q=\frac{\pi}{4}\frac{e^2C^{*2}\widetilde{D}_\mathrm{m}}{i}\qquad\left(\frac{\widetilde{D}_\mathrm{m}t}{L^2}<\frac{1}{3}\right)\tag{5-8}$$

これが $i>3e\widetilde{D}_\mathrm{m}C^*/2L$ のときの近似で，この範囲における容量は電極の厚さ L と無関係である．式(5-8)において，$i=3e\widetilde{D}_\mathrm{m}C^*/2L$ とすれば，$q=(\pi/6)(eC^*L)\doteqdot q_0/2$ であるから，全範囲の容量 q は図 5.3 に示すように，この電流密度の付近で式(5-5)から式(5-8)へ滑らかに乗り移る曲線となる．なお，式(5-5)において L をパラメーターと考えれば，L を変化させて生じる曲線群は式(5-8)の曲線にきわめて近い

$$q=\frac{3}{4}\frac{e^2C^{*2}\widetilde{D}_\mathrm{m}}{i}$$

を包絡する．すなわち，式(5-8)の q は電流密度 i を与えたときの容量密度の最大値であり，L をいくら大きくしてもこれを越える電極を作製することはできないことを意味する．

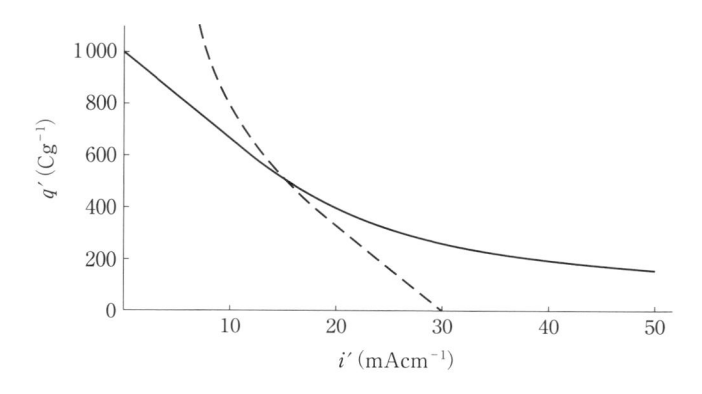

5.2 ホスト・ゲスト系電極の定電流充放電における動的容量(レート特性)

図 5.4 電極重量ベースの動的容量と電流密度の関係のシミュレーション
$q'_0 = 1000\,\text{Cg}^{-1} = 278\,\text{mAhg}^{-1}$, $\widetilde{D}_\text{m} = 10^{-12}\,\text{cm}^2\,\text{s}^{-1}$, $d(=2L) = 200\,\text{nm}$,
$\tau = L^2/\widetilde{D}_\text{m} = 100\,\text{s}$

これまで q および i は，単位面積あたりの容量 [Ccm^{-2}] および電流密度 [A cm^{-2}] であったが，これらを電極活物質の重量あたりの容量 q'[Cg^{-1}] と電流密度 i'[Ag^{-1}] に書き直してみよう．電極面積を S, 活物質の密度を ρ とすれば，$q' = SQ/SL\rho = q/L\rho$, $i'' = SJ/SL\rho = i/L\rho$ であるから，式(5-5)を $L\rho$ で割って，

$$q' = q_0' - \frac{1}{3}\frac{L^2}{\widetilde{D}_\text{m}}i' \qquad \left(\frac{\widetilde{D}_\text{m}t^*}{L^2} > \frac{1}{3}\right) \tag{5-9}$$

が得られる．ここで，$q_0' = eC^*/\rho$ でホスト重量あたりの理論（静的）容量である．また，式(5-8)を $L\rho$ で割れば

$$q' = \frac{\pi}{4}\cdot\frac{\widetilde{D}_\text{m}}{L^2}\cdot\frac{q_0'^2}{i'} \qquad \left(\frac{\widetilde{D}_\text{m}t^*}{L^2} < \frac{1}{3}\right) \tag{5-10}$$

となる．この曲線は式(5-9)の直線と $i' = (3/2)(q_0'\widetilde{D}_\text{m}/L^2)$ においてほぼ接する関係にある．したがって，全電流密度領域の動的容量は図5.4のように，それらを滑らかに結ぶ曲線で表される．これらの式からわかるように，重量あたりの容量と電流の関係（レート特性）を支配しているのは $L^2/\widetilde{D}_\text{m}$ のみである．$\tau = L^2/\widetilde{D}_\text{m}$ を拡散系の時定数という．

5.2.2 薄片状粉末活物質

実際の電池の電極は活物質粒子の集合体からなる．4.5節(3)で述べたように，厚さ(d)が一様に揃った薄片状粉末ホストについては，Liが平板面よりのみ脱挿入するとすれば，$L=d/2$ とすることで拡散方程式の境界条件は等価になる．したがって，式(5-9)および(5-10)がそのまま成り立つ．図5.4はシミュレーションの一例（$q_0'=1000\,\mathrm{Cg^{-1}}=278\,\mathrm{mAhg^{-1}}$，$d=200\,\mathrm{nm}$，$\tilde{D}_\mathrm{m}=10^{-12}\,\mathrm{cm^2 s^{-1}}$，つまり $L^2/\tilde{D}_\mathrm{m}=100\,\mathrm{s}$）である．

実測される動的容量 q' はしばしば電流密度 i' の対数プロットの形で示される．図5.4のような関係を横軸に $\log i'$ をとって示すと図5.5のようになる．ただし，ここでの容量と電流密度の関係は理論容量 q_0' と容量がほぼ $q_0'/2$ になる電流密度 $i'_{1/2}(=(3/2)q_0'\tilde{D}_\mathrm{m}/L^2)$ で規格化してある．このように規格化した図5.5はすべての薄片状電極に共通の曲線である．$i'_{1/2}$ はホスト・ゲスト系電極活物質のレート特性の便利な目安である．電極や電池のレート特性を論じるとき，電流密度をCレートで表すことが多い．1Cレートは理論容量を1時間（$=3600\,\mathrm{s}$）で放電または充電するときの電流密度（$q_0'/3600$）に相当し，kC はその k 倍の電流密度に相当する．したがって $i'_{1/2}$ をCレートで表示すれば

$$\left(i'_{1/2}=\frac{3}{2}q_0'\frac{\tilde{D}_\mathrm{m}}{L^2}\right)$$

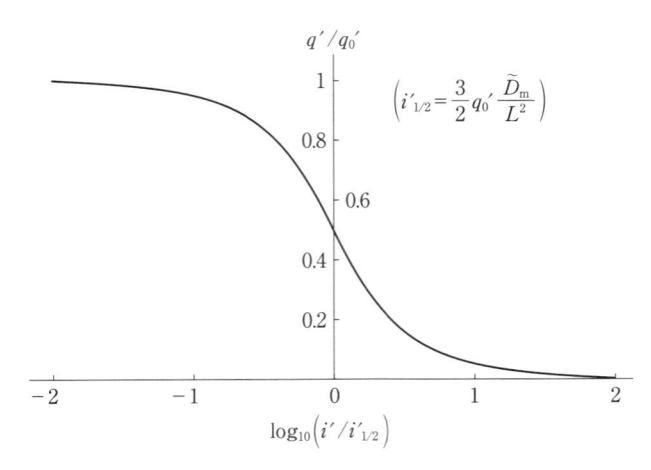

図 5.5 動的容量と電流密度の関係（対数プロット）

である．因みに，$\widetilde{D}_\mathrm{m}=10^{-12}\,\mathrm{cm^2\,s^{-1}}$ のとき，粒子の厚さが 200 nm（$L=100$ nm）であれば，$k_{1/2}=54$，つまり 50 C 程度の放電でも理論値の半分の容量が維持されるものと推定できる．

5.2.3 球状粉末活物質

粒子形状が平板でなくともその平均的サイズ（平均粒子半径）を L とおけば以上の関係が粗い近似として成り立つが，ここでは球状粒子について厳密に考える．

等方的な拡散媒体である半径 a の球状ホストの表面から一定フラックス（一定表面電流密度 i）で Li が挿入されるとすれば，この境界条件での球体拡散方程式の解から，式(5-3)に相当する式は

$$C^*=\frac{ia}{e\widetilde{D}_\mathrm{m}}\left\{\frac{3\widetilde{D}_\mathrm{m}t^*}{a^2}+\frac{1}{5}-2\sum_{n=1}^{\infty}\frac{\exp(-\alpha_n^2\widetilde{D}t^*)}{a^2\alpha_n^2}\right\} \tag{5-12}$$

となる．ここで，α_n は $a\alpha_n\cot(a\alpha_n)=1$ の正根である．{ } 内を計算すると，$\widetilde{D}_\mathrm{m}t/a^2>0.15$ では指数項は無視できることがわかる（コラム 5-1）．したがってこの範囲で

$$C^*=\frac{ia}{e\widetilde{D}_\mathrm{m}}\left(\frac{3\widetilde{D}_\mathrm{m}t^*}{a^2}+\frac{1}{5}\right) \tag{5-13}$$

となる．球体の場合，表面電流密度 i と重量あたりの電流密度 i' の関係は

$$i'[\mathrm{Ag^{-1}}]=\frac{4\pi a^2 i}{\frac{4\pi}{3}a^3\rho}=\frac{3i}{a\rho} \tag{5-14}$$

である（したがって重量あたりの動的容量は $q'[\mathrm{C/g}]=i't^*$ となる）．式(5-13)から重量ベースでの動的容量と電流密度の関係は

$$q'=q'_0-\frac{1}{15}\frac{a^2}{\widetilde{D}_\mathrm{m}}i' \qquad \left(\frac{\widetilde{D}_\mathrm{m}t^*}{a^2}>0.15\right) \tag{5-15}$$

のように定まる．ここで，$q'_0=eC^*/\rho$ は理論（＝静的）容量である．一方，Dt^*/a^2 が小さいとき（電流密度が大きく t^* が短いとき）は平板拡散と同じになり，式(5-8)から

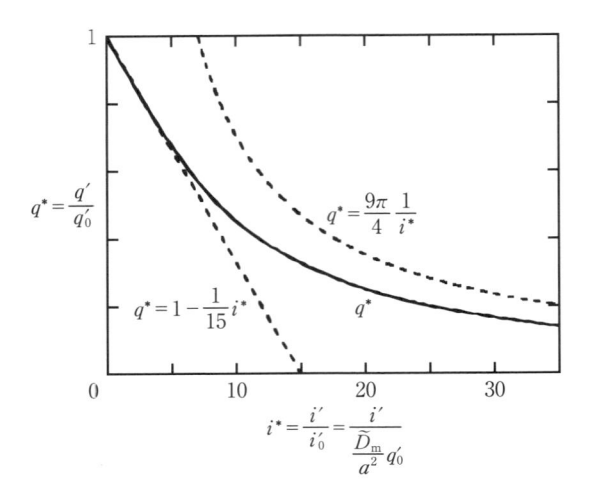

図 5.6 球状活物質の動的容量と電流密度の関係（重量ベース）

$$q_0 = \frac{eC^*}{\rho}, \quad i_0 = \frac{\widetilde{D}_\mathrm{m} q_0}{a^2}$$

$$q' = \frac{9\pi}{4} \frac{\widetilde{D}_\mathrm{m}}{a^2} \frac{q_0^2}{i'} \quad \left(\frac{\widetilde{D}_\mathrm{m} t^*}{a^2} \ll 0.15\right) \tag{5-16}$$

図 5.6 に，規格化した容量 $q^* (= q'/q_0')$ と，規格化した電流密度 $i^* (= i'/(\widetilde{D}_\mathrm{m} q_0'/a^2))$ の関係を示す．電流密度が大きくなると式(5-16)の反比例の関係に漸近するが，平板拡散に比べてはるかに緩慢で広い遷移領域がある．この図において，$q^* = 1/2$ のとき $i^* \fallingdotseq 10$，つまり容量が理論値の 1/2 のときの電流密度は $i'_{1/2} \fallingdotseq 10(\widetilde{D}_\mathrm{m} q_0'/a^2)$ である．

C レート (kC) で表せば，

$$k_{1/2} = 36000 \cdot \frac{\widetilde{D}_\mathrm{m}}{a^2}$$

となる．粒子サイズと拡散係数が同じであれば，球形粒子は平板粒子に比べて約 6 倍のレートで充放電しても理論容量の 50 % が維持されることになる．

コラム 5-1　球体拡散における表面濃度(変化)と時間の関係

表面フラックス($=i/e$)一定のとき，球体表面の濃度変化 $C^*(=C_s-C_0)$ と時間の関係は式(5-12)で与えられる．同式の { } 内を ϕ として，特性時間 $Dt/a^2(=t/\tau)$ と ϕ の関係を数値計算すると図1の曲線 A ようになる．t/τ が大きければ無限級数項は無視でき，B の直線関係になる．一方，特性時間が零に近づけば球体拡散と平板拡散の解（式(5-7)）は等しくなるので $C=2(Dt/\pi a^2)^{1/2}$ に漸近する．

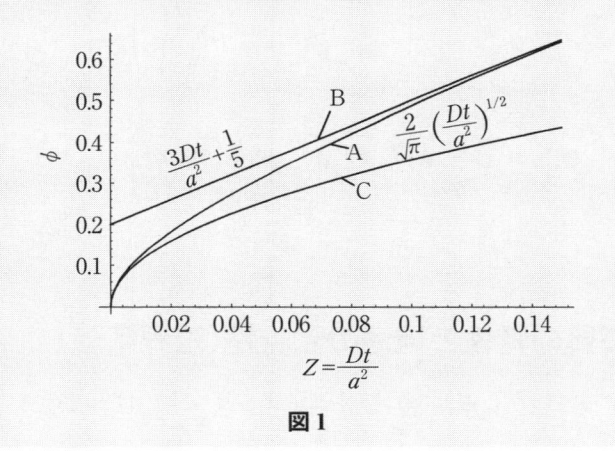

図1

5.2.4　動的容量に及ぼす内部抵抗と過電圧の影響

正極の放電の終止電位（カットオフ電位）が E_f と定められている場合，図5.7で示すように $E=E_f$ と OCV 曲線（A）の交点が理論容量 q_0' を与える．もし内部抵抗（主として電解質の電気抵抗）や電荷移動に伴う過電圧が無視できるなら，図4.14で示したような，定電流の放電曲線（B）と $E=E_f$ の交点が動的容量 q となる．しかし，実際には $IR+\eta$ の分極があるので，その電圧だけ放電曲線は下方にシフトする（放電曲線（C））．したがって，図5.7に示すように，動的容量は q_p' に低下する．負極についても電位の変化方向が逆であるだけで事情は同じである．

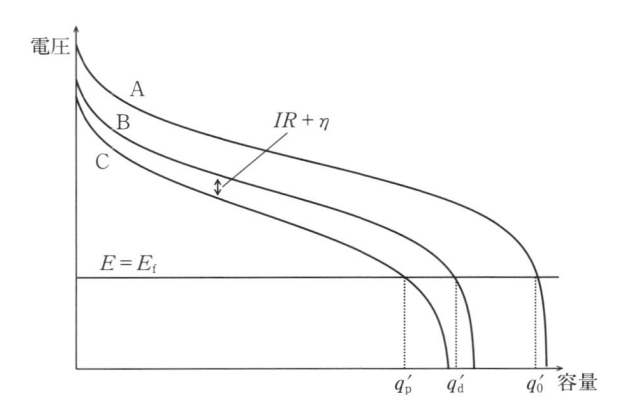

図 5.7 種々の分極を考慮したときの動的容量 (q'_p)
(A：OCV，B：拡散分極のみを考慮した放電曲線（図 4.14），C：実際の放電曲線)

5.3 電解質の特性と電池の動特性（限界電流）

　電解質の諸特性のうち電池の動特性に影響を及ぼすのは，その基本的な特性である導電率（$\sigma = \sigma_\oplus + \sigma_\ominus$）と正負イオンの輸率（$t_\oplus = \sigma_\oplus/(\sigma_\oplus + \sigma_\ominus) = 1 - t_\ominus$）である[*1]．導電率が小さければ電池のオーミックな内部抵抗が大きくなり，作動電圧が低下するとともに動的容量も減少するのはこれまで述べたとおりである．一方，導電率が大きくても電極反応に関与する陽イオン（Li^+）の輸率が小さければ，電解質中の Li^+ の拡散速度が十分でないことによって生じる限界電流が小さくなり，ハイレートの充放電が困難になる．とくに，ホスト・ゲスト系活物質の粒子サイズが小さく，固体内の拡散が十分速いとき限界電流が問題となる．

[*1] 電解質が固体電解質である場合は電子（あるいは正孔）の輸率も考慮する必要がある．電子の輸率が大きければ正極，負極が内部短絡され起電力が低下する現象を生じる．

5.3.1 電解液中のイオンの輸送現象

リチウム塩 LiX（支持塩）を炭酸プロピレン（PC）のような溶媒に溶かした電解質（溶液）を考える．この電解質中では Li$^+$ および X$^-$ のそれぞれについて式(4-44′)が成り立つ．すなわち，各イオンのフラックスを $j_⊕$ および $j_⊖$ とすれば，

$$j_⊕ = -\frac{\sigma_⊕}{F^2}\frac{d\eta_⊕}{dx} \tag{5-17}$$

$$j_⊖ = -\frac{\sigma_⊖}{F^2}\frac{d\eta_⊖}{dx} \tag{5-18}$$

となる．σ は導電率，η は mol あたりの電気化学ポテンシャル，F はファラデー定数である．電解質を通過する電流密度 i とすれば，

$$i = F(j_⊕ - j_⊖) \tag{5-19}$$

である．局所平衡，Li$^+$ + X$^-$ ↔ LiX を仮定すれば，

$$\eta_⊕ - \eta_⊖ = \mu(=\mu_{LiX}) \tag{5-20}$$

または微分して

$$\frac{d\eta_⊕}{dx} + \frac{d\eta_⊖}{dx} = \frac{d\mu}{dx}$$

（μ は LiX の化学ポテンシャル） $\tag{5-20′}$

が成り立つ．これらから，Li$^+$ の輸率を $t_⊕(=\sigma_⊕/(\sigma_⊕+\sigma_⊖))$，X$^-$ のそれを $t_⊖$（$=1-t_⊕$）とすれば，

$$j_⊕ = j_n + \frac{it_⊕}{F} \tag{5-21}$$

$$j_⊖ = j_n - \frac{it_⊖}{F} \tag{5-22}$$

ただし，

$$j_n = -\frac{1}{F^2}\cdot\frac{\sigma_⊕\sigma_⊖}{\sigma_⊕+\sigma_⊖}\cdot\frac{d\mu}{dx} \tag{5-23}$$

が導かれる．j_n は各イオンが拡散によって輸送される分のフラックスで，それらは等しいので LiX のフラックスと見ることができる．右辺第 2 項はもちろん電気伝導による輸送である．電解質を理想溶液と見れば，LiX の濃度 C に

ついて

$$\mu = \mu^0 + RT \ln \frac{C}{C^*}$$

$$C = C_\oplus = C_\ominus$$

が成り立つ．これを式(5-23)に代入してアインシュタインの関係式（$\sigma = F^2 DC/RT$）で整理すると拡散の寄与 j_n はフィックの形式に書ける．

$$j_n = -D \frac{dC}{dx} \tag{5-24}$$

ただし，

$$D = t_\ominus D_\oplus = t_\oplus D_\ominus = \frac{D_\oplus D_\ominus}{D_\oplus + D_\ominus} \tag{5-25}$$

ここで，$D_\oplus$ および $D_\ominus$ は Li$^+$ および X$^-$ の拡散係数である．D は LiX の電解液中の拡散係数と見ることができる[*2]．

5.3.2 限界電流密度

図5.8に示すように，上記の電解質（厚さ l）を挟んで面積の等しい平板状のホスト・ゲスト系負極と正極が $x=0$ と $x=l$ に対置されているモデルを用いて，一定電流密度 i で放電したときの様子を考察する．放電を開始すると，電気伝導による Li$^+$ の正方向のフラックス（$it_\oplus$）と逆方向の X$^-$ のフラックス（$-it_\ominus$）が生じる．これらは場所によらず一定である．アノード界面（$x=0$）は X$^-$ の不透壁（電極反応の起こらない界面）であるから，そこでの X$^-$ のフラックス $j_\ominus$ は零でなければならない．したがって式(5-22)により，任意の時間 t で

$$j_n(x=0, t) = \frac{it_\ominus}{F} = -D\left(\frac{\partial C}{\partial x}\right)_{x=0} \tag{5-26}$$

[*2] 拡散種 i の拡散係数 D_i はジャンプ頻度 ν_i とジャンプ距離 d_i の二乗に比例する（$D_i = (1/\alpha)\nu_i d_i^2$，$\alpha$ はジャンプ方向数）．Li$^+$ と X$^-$ が1回ジャンプするに要する時間はそれぞれ $1/\nu_\oplus$ および $1/\nu_\ominus$ である．LiX が1回ジャンプするに要する時間 $1/\nu$ はこれらの和と考えられる．すなわち，$1/\nu = 1/\nu_\oplus + 1/\nu_\ominus$．各拡散種において α と d が等しいとすれば，$D = D_\oplus D_\ominus/(D_\oplus + D_\ominus)$ となる．

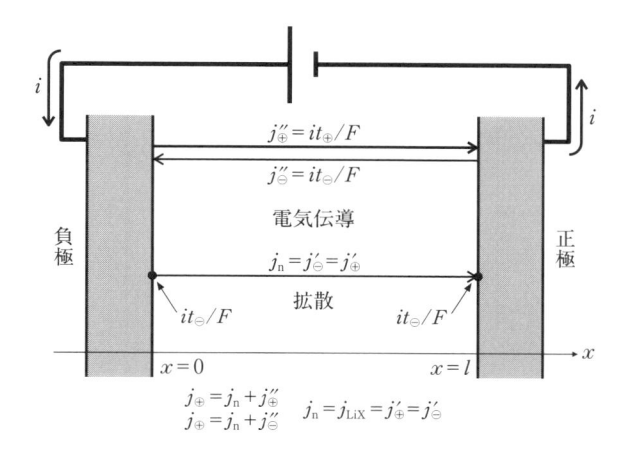

5.3 電解質の特性と電池の動特性（限界電流）

図 5.8 放電過程における電解質中の物質移動

である．すなわち，負極界面においては拡散による LiX の正方向のフラックスが生じている．これに伴って同じ大きさの Li$^+$ のフラックスが生じるが，これは電気伝導だけでは輸送しきれない Li$^+$ の輸送をちょうど補っている（アノードからは毎時 i/F の Li$^+$ が電解液に注入されるが，電気伝導で輸送されるのは $it_\oplus/F$ である）．カソード界面（$x=l$）でも電極と電解液の間で X$^-$ のやりとりがないので，$j_\ominus(x=l, t)=0$，すなわち，

$$j_n(x=l, t) = \frac{it_\ominus}{F} = -D\left(\frac{\partial C}{\partial x}\right)_{x=l} \tag{5-27}$$

が要求される（これに伴う同量の Li$^+$ の輸送が電気伝導のみでは不足する分を補い，毎時 i/F の Li がカソードに注入される）．このような LiX の拡散を生じさせるように，図 5.9 に示すような濃度分布が電解液中に生じることになる．

各時刻の濃度分布は拡散方程式を式(5-26)および(5-27)の境界条件のもとに解けば求まる．放電前の濃度が C_0 で均一に分布しているとすれば，その解は以下で与えられる[*3]．

第5章 電池の諸特性とその支配因子

図の中の式:
- $-D\dfrac{\partial C}{\partial x} = \dfrac{it_\ominus}{F}$
- $C(x, t)$
- $\dfrac{i}{F}$
- $C(x, t=0) = C_0$
- $-D\dfrac{\partial C}{\partial x} = \dfrac{it_\ominus}{F}$
- $x=0$, $x=l$
- 負極／電解質／正極

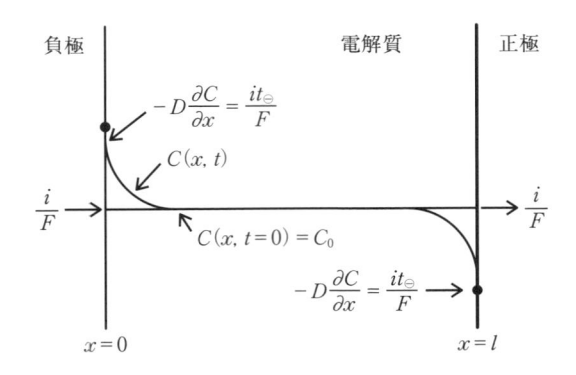

図 5.9 放電に伴って生じる電解質溶液中の LiX の濃度分布

$$C(x, t) = \frac{it_\ominus l}{FD}\left\{\frac{1}{2} - \frac{x}{l} - \frac{2}{\pi^2}\sum_{n=1}^{\infty}\frac{(-1)^n \exp\left(\dfrac{n^2\pi^2 Dt}{l^2}\right)\left\{\cos n\pi\left(1-\dfrac{x}{l}\right) - \cos n\pi\left(\dfrac{x}{l}\right)\right\}}{n^2}\right\} + C_0 \quad (5\text{-}28)$$

[*3] 式(4-87)および(4-88)の境界条件を満たす平板の拡散の解は,式(4-89)である.これから明らかなように

$$C_1 = \frac{j_0 l}{D}\left\{\frac{Dt}{l^2} + \frac{3(x-l)^2 - l^2}{6l^2} - \frac{2}{\pi^2}\sum_{n=1}^{\infty}\frac{(-1)^n}{n^2}\exp\frac{-n^2\pi^2 Dt}{l^2}\cos\frac{n\pi(x-l)}{l}\right\}$$

は境界条件式(5-26)と $(\partial C/\partial x)_{x=l}=0$ を満たす(ただし,$j_0=it_\ominus/e$).C_1 において $x\to(l-x)$ と置換した関数 $C_2=C_1(l-x,t)$ は $x=l/2$ に対して C_1 と対称であり,境界条件

$$D\left(\frac{\partial C}{\partial x}\right)_{x=0}=0, \quad D\left(\frac{\partial C}{\partial x}\right)_{x=l}=j_0$$

を満たす.したがって,

$$C = C_1 - C_2 + C_0$$

は式(5-28)は式(5-26)および式(5-27)の境界条件を満たすとともに $C(t=0,x)=C_0$ の初期条件も満たす.

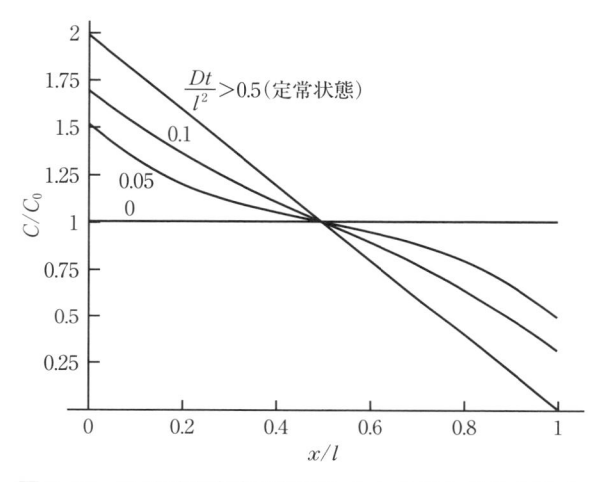

5.3 電解質の特性と電池の動特性(限界電流)

図 5.10 限界電流密度で放電したときに生じる LiX の濃度分布の時間変化
限界電流密度 $i_L = 2FD_⊕C_0/e$

これは x の単調減少関数であるが，図 5.10 で示すように，Dt/l^2 が大きくなれば exp を含む項は零に漸近して定常解となる．定常状態の濃度分布は

$$C = \left(\frac{it_⊖l}{FD}\right)\left(\frac{1}{2} - \frac{x}{l}\right) + C_0 \tag{5-29}$$

である．ここで $C \geq 0$ でなければならないから，限界電流密度 i_L は

$$i_L = \frac{2FDC_0}{t_⊖l} = \frac{2FD_⊕C_0}{l} \tag{5-30}$$

となる．定常状態が実質的に実現されるまでのおよその時間は $t \sim 0.5\,l^2/D = 0.5\,l^2/D_⊕t_⊖$ である．ここでいう限界電流とは，定常状態に達し得る最大の電流ということで，i_L 以上では放電できないということではない．$i > i_L$ でも $C(l) \sim 0$ になるまでは放電可能である（限界電流密度は $D_⊕$ を与えればアニオンの輸率とは無関係である．一方，濃度変化の速度は $D_⊕t_⊖/l^2$ による．$t_⊖$ が零に近ければ濃度変化は実質的に起こらない）．

では実際の電解質の特性値を用いてシミュレーションを行ってみよう．

5.3.3 簡単な電池モデルセルによるシミュレーション

（1） 電池モデルセル

緻密な平板状アノードとカソードが1M LiClO$_4$/PC（炭酸プロピレン）電解液層を挟んで極間距離 $l=100\ \mu m$ で対置している図5.8のような仮想的な電池系を考える．

便覧によれば，PC中の各イオンの極限モル導電率（298 K）は，

$$\lambda_{Li^+}=Fu_\oplus=\frac{F^2D_\oplus}{RT}=8.32\ Scm^3mol^{-1},\quad \lambda_{X^-=ClO_4^-}=18.43$$

である．それゆえ，$D_\oplus=2.21\times10^{-6}\ cm^2s^{-1}$，$t_\ominus=u_\ominus/(u_\oplus+u_\ominus)=0.69$ である．拡散係数と限界電流密度は，

$$D=D_\oplus t_\ominus=1.52\times10^{-6}\ cm^2s^{-1},$$

$$i_L=\frac{2FD_\oplus C_\ominus}{l}=\frac{2(96500)(2.21\times10^{-6})}{10^{-2}}=4.26\times10^{-2}\ Acm^{-2}$$

となる．これらを用いて計算する．

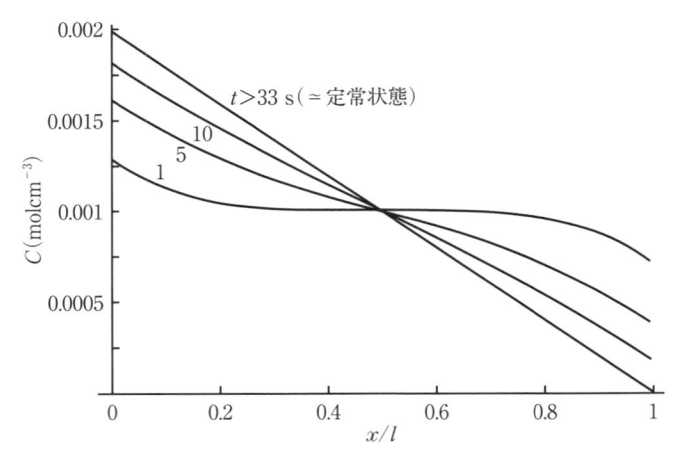

図 5.11 1M LiClO$_4$/PC を電解質とする電池を放電したときに生じる LiClO$_4$ 濃度分布のシミュレーション

$l=100\ \mu m$，$D_\oplus=2.21\times10^{-6}\ cm^2s^{-1}$，$t_\ominus=0.69$，$C_0=1\ molL^{-1}=10^{-3}\ molcm^{-3}$，$i=i_L=42.6\ mAcm^{-2}$

5.3 電解質の特性と電池の動特性(限界電流)　103

　$i=i_L$ で放電したときの各時間における電解質の濃度プロファイルを図5.11に示す．約30秒で $C(x=l)\sim 0$ となり，ほぼ定常状態となる．時間がこれより長くなると，$C(x=l)\to 0$ となり濃度分極（$=(RT/F)|\ln C(x=l)/C_0|$）が非常に大きくなる．したがって，$i>i_L$ ではたかだか30 s 程度の連続放電しかできない[*4]．

　$i/i_L=k<1$ では $(RT/F)|\ln(1-k)|$ の大きさの濃度分極を許せば原理的には無制限に連続放電ができる．一方，$i/i_L=k>1$ でも放電できるが，連続放電が可能な時間（$C(l)=0$ になるまでの時間）は k とともに急速に短くなる．$k=2$ では3 s 程度であり，このような電流での放電は実用上不可能であることを示す．

　上記の電池において両電極の厚さ，密度，重量あたり理論容量が 25 μm，3 gcm^{-3}，200 mAhg^{-1} で，電極固体内のリチウムの拡散は十分速いものとしよう．このとき両極の面積あたりの容量は 1.5 mAhcm^{-2} である．i_L における C

[*4] 式(5-28)において $x=l$ とおけば，$i=i_L$ において

$$C(x=l,t)=C(l)=2C_0\left\{-\frac{1}{2}+\frac{4}{\pi^2}\sum_{n=1}^{\infty}\frac{1}{(2n-1)^2}\exp\left\{\frac{-(2n-1)^2\pi^2 Dt}{l^2}\right\}\right\}+C_0$$

となる．限界電流付近では Dt/l^2 が大きいので $n\geq 2$ の項は無視できる．すなわち，

$$C(l)=C_0\frac{8}{\pi^2}\exp\left(-\frac{\pi^2 Dt}{l^2}\right)$$

濃度分極 ΔV_c は

$$\Delta V_c=\frac{RT}{F}|\ln\frac{C(l)}{C_0}|=\frac{RT}{F}\left(\ln\left(\frac{8}{\pi^2}\right)-\frac{\pi^2 Dt}{l^2}\right)$$

であるから，$t=30$ s で 0.12 V，100 s では 0.39 V に達する（実際には，濃度が極端に小さくなると電荷移動速度が遅くなるので，全分極はこれよりはるかに大きくなる）．

　$i>i_L$ では有限な時間で $C(l)=0$ となってしまう．$i/i_L=k$ とすれば，$C(l)=0$ に至るまでの時間 t_L は

$$t_L=\frac{l^2}{\pi^2 D}\ln\frac{8k}{\pi^2(k-1)}$$

である．$k=1.01$，つまり限界電流より1％大きい電流で放電したとき，$t_L=29.4$ s となり，ここで放電は終了する．これ以上放電を続ければ別の電極反応などが起こり電池は壊れる．

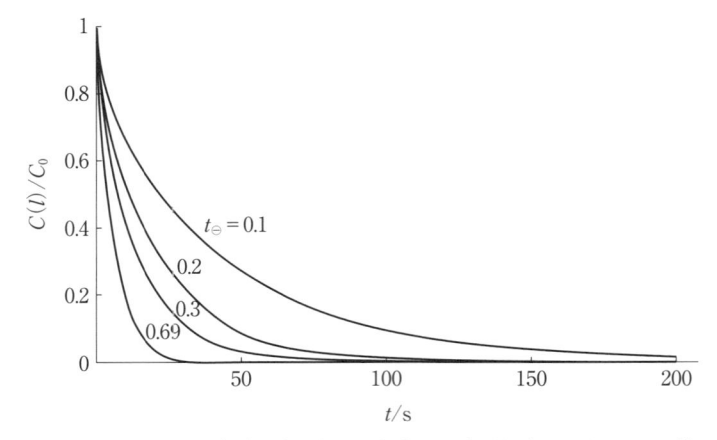

図 5.12 限界電流密度で放電したときの正極界面における LiX 濃度の時間変化（輸率の影響）
($t_⊖$：X$^-$ の輸率，$D_⊕=2.21×10^{-6}\,\mathrm{cm^2\,s^{-1}}$, $l=100\,\mathrm{\mu m}$)

レートは 42.6/1.5＝28.4 C．このレートで全容量を放電するに要する時間は 3600/28.4＝127 s である．ところで連続放電可能な時間は 30 s であるから電解質の拡散支配のため，このレート以上では全容量のたかだか 24％（＝30/127）程度しか放電できないことになる．

（2） 輸率の影響

限界電流密度 i_L は，極間距離 l と電解液濃度 C_0 が一定の電池においては $D_⊕$ のみで決まりアニオン輸率 $t_⊖$ とは無関係であるが，限界濃度（$C(x=l)=0$）に達するまでの時間 t_L は $D_⊕$ が一定であれば $t_⊖$ が小さくなると長くなる．上記の電池において，$D_⊕=2.21×10^{-6}\,\mathrm{cm^2\,s^{-1}}$ で $t_⊖$ がさまざまな値の電解液を用いるときの $C(l)$ の時間変化を図 5.12 に示す．アニオン輸率 $t_⊖$ が 0.1 であれば t_L は 200 s ほどとなり，限界電流に相当する 28 C でも全容量を放電できる．図 5.13 には $i=2i_\mathrm{L}$（つまり 56 C）で放電したときの $C(l)$ の時間変化を種々の $t_⊖$ について示す．このレートで全容量を放電するには，$t_⊖$ が 0.07 程度の電解液を用いる必要がある．固体電解質の多くは $t_⊖$～0 であるから

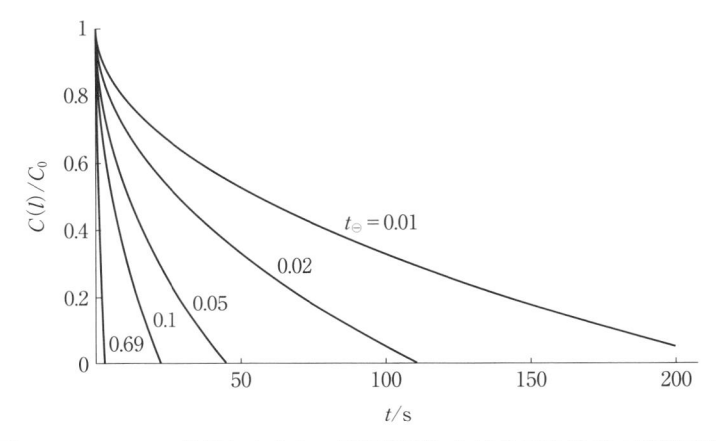

5.3 電解質の特性と電池の動特性（限界電流） 105

図5.13 $i=2i_L$ で放電したときの正極界面における LiX 濃度の時間変化（他の条件は図5.12と同じ）

限界電流の制約は受けないが，イオン導電率の値自体は大きくない．導電率の高いシングル（single）Li$^+$ 伝導体の開発が望まれる．

5.3.4 固体内の拡散支配と電解液中の拡散支配

いままで固体（電極活物質）内の Li の拡散は十分速いものとしてきたが，拡散係数が小さかったり粒子径が大きかったりする場合，当然，固体内拡散が放電可能な時間を支配する．電池の容量を支配するものが電解液中の拡散から固体中の拡散に変わる限界について，図5.14に示す球状活物質粒子からなる実際に近い多孔電極モデルを用いて考察する．

半径 a の球状活物質粒子（密度 ρ）が空隙率 p で充填された厚さ d の多孔電極を考える．簡単のためこれらは負極，正極で同じであるとする．電極 $1\,\mathrm{cm}^2$ あたりの活物質重量は $(1-p)d\rho$ であるから，活物質の表面積 [cm^2 cm^{-2}] は，

$$S=\frac{3}{\rho a}(1-p)d\rho=\frac{3(1-p)d}{a} \tag{5-31}$$

である．電極面あたりの放電電流密度が i であれば，活物質表面における電流密度は

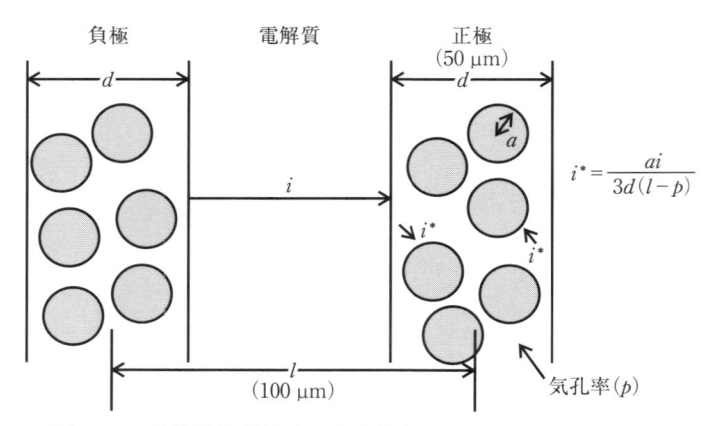

図 5.14 球状活物質粒子の多孔体を電極とする電池のモデル

$$i^* = \frac{i}{S} = \frac{ai}{3(1-p)d} \tag{5-32}$$

となる．正極の放電過程では各活物質粒子には一定表面フラックス i^*/F で Li が流入する．粒子中の Li の拡散係数を $\tilde{D}_\mathrm{m}$，初期 Li 濃度を $C=0$ とすれば，t 秒後の表面濃度は式(5-12)にならって，

$$C_\mathrm{s} = \frac{ai^*}{F\tilde{D}_\mathrm{m}}\phi = \frac{a^2 i}{3F\tilde{D}_\mathrm{m}(1-p)d}\phi \tag{5-33}$$

ただし，

$$\phi = \frac{3\tilde{D}_\mathrm{m}t}{a^2} + \frac{1}{5} - 2\sum_{n=1}^{\infty} \frac{\exp\dfrac{-b_\mathrm{n}^2 \tilde{D}_\mathrm{m}t}{a^2}}{b_\mathrm{n}^2} \tag{5-34}$$

である（コラム 5-1 参照）．ここで，b_n は $b\cot(b)=1$ の正根である．C_s が限界濃度 C^*（= 活物質中の Li サイトの濃度）に達するまで放電できる．その時間を t^* とすれば式(5-33)から

$$\phi(t=t^*) = 3F(1-p)dC^*\left(\frac{1}{i}\right)\frac{\tilde{D}_\mathrm{m}}{a^2} = \frac{3q_0}{i}\frac{\tilde{D}_\mathrm{m}}{a^2} \tag{5-35}$$

を得る．ここで，$q_0 = F(1-p)dC_\mathrm{L}^*$ は電極 1 cm² あたりの理論または OCV 容量 [Ccm⁻²] である．式(5-35)の右辺の値を与えれば，"コラム 5-1"の $\phi(Dt/a^2)$ の曲線から $\tilde{D}_\mathrm{m}t^*/a^2$ が求まり放電持続時間 t^* が決定できる．負極におけ

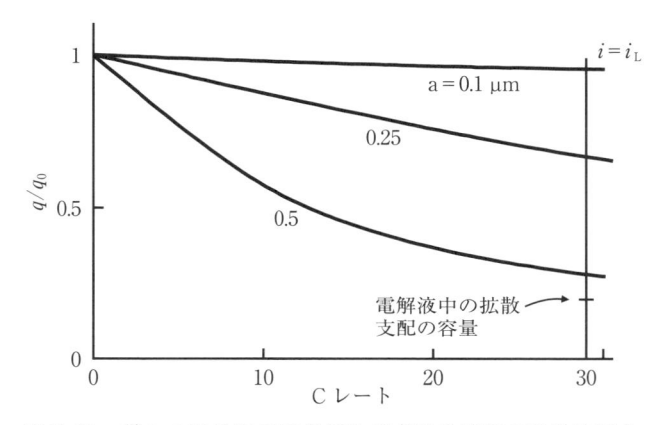

5.3 電解質の特性と電池の動特性(限界電流)　107

図 5.15 種々の粒子径の球状活物質多孔体電極の動的容量と電流密度の関係

限界電流密度（28 C＝mAcm^{-2}）では q/q_0 は 25％を越えられない（q_0＝1.5 mAhcm^{-2}，D＝10^{-12} cm^{2}s^{-1}，電解液は 1M LiClO$_4$/PC）

る a, ρ, p, d が正極と同じで，初期濃度を C^* とすれば持続時間も同じになる．

　以下，$\widetilde{D}_m$＝10^{-12} cm^2 s^{-1} として，どの付近の粒系（＝2a）で電解質拡散支配から固体拡散支配に変わるかを調べる．多くの活物質についてこのオーダーの拡散係数が報告されている．電極の厚さと空隙率は d＝50 mm と p＝50％と実際の電極に即した値をおく．密度，重量理論容量を 5.3.3(1)にならって ρ＝3 gcm^{-3}，q_0'＝200 mAhg^{-1} とすれば，電極面積あたりの OCV 容量は，q_0＝1.5 mAhcm^{-2}＝5.4 Ccm^{-2} となる．多孔電極の場合の極間距離については，別途，考慮が必要であるが，空隙率が 50％であるとすれば，電解質の厚さに両電極の厚さの半分の和を加えたものを実効的な極間距離としても大きな誤差はないだろう．電解質の厚さを 50 μm とすれば l＝100 μm となる．電解質を 1M LiClO$_4$/PC とすれば，前述の特性値から限界電流は i_L＝0.0426 Acm^{-2} である．

　(a)　粒径 500 nm（a＝250 nm）のとき：i＝i_L で放電すれば $(3q_0/i)(\widetilde{D}_m/$

a^2)＝0.608，すなわち $\phi(t=t_L^*) = (3 \times 5.4/0.0426)(10^{-12}/(2.5 \times 10^{-5})^2)$ ＝0.608 である．コラム 5-1 の $\widetilde{D}_m \phi(z)$ の値から $t^*/a^2 = 0.14$ と求まる．したがって $t_L^* = 87.5$ s となる．これまで述べたように，$i > i_L$ では電解質の拡散から決まる放電可能時間 t_L は約 30 s（at $i = 1.01\ i_L$）である．それゆえこの程度の粒径であれば固体内の拡散により支配されることはなく，電解質中の拡散が支配する．

(b) 粒径 1.2 μm（$a = 600$ nm）のとき：同様に $\phi(t=t^*) = 0.106$ となるから，$D^* t_L^*/a^2 = 0.0088$ である．したがって $t_L^* = 31$ s となり，電解液拡散支配の t_L と同程度になる．粒径がこれより大きければ固体内の拡散が支配すようになる．

(c) 一方，$i < i_L$ では常に固体内拡散により支配され，粒径が小さくなれば連続放電時間が長くなる．図 5.15 に示すように粒子サイズを小さくすることは限界電流以下でのレート特性をよくするのに役立つ．しかし，この図に見られるように，$a = 0.1$ μm では限界電流のときでも 95 % の容量が維持されるので，これ以上粒径を小さくする必要はない．

5.4 充放電サイクル特性

5.4.1 サイクル特性

リチウムイオン電池のような二次電池は充放電を繰り返しながら使うデバイスであるから，充放電のサイクルを重ねても劣化が少ないことが要求される．サイクルに伴う劣化（＝ サイクル劣化）はさまざまな現象として現れるが，それらはいずれも電極の容量の低下をもたらす．したがって，図 1.4 に見られるような充放電サイクルに伴う電池容量の変化（＝ 容量維持率）によってサイクル特性を表すのが一般的である．図 1.4 は電池としてのサイクル特性であるが，これではどちらの電極が劣化しているのかわからない．これに対して，図 5.16 は正極材料（Mn 系スピネル酸化物）単独の動的容量のサイクル変化を測定したものである．このような図から単独の活物質としてのサイクル特性を評価することができる．

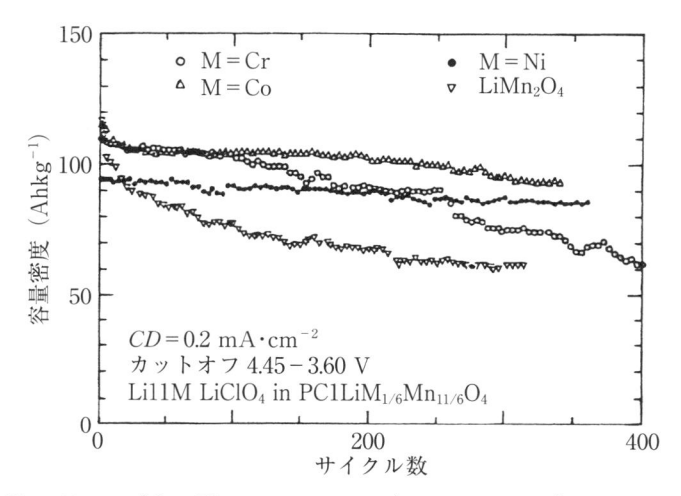

図 5.16 スピネル型 $LiM_{1/6}Mn_{11/6}O_4$（M＝Cr，Ni，Co）のサイクル特性
[L. Guohua, H. Ikuta, T. Uchida and M. Wakihara, J. Electrochem. Soc., **143**, 178(1996)より]

5.4.2 サイクル劣化の原因

　サイクル劣化の原因は個々の電極活物質に固有なものもあるが，ホスト・ゲスト系電極に共通する主要な原因は充放電に伴う体積変化である．例えば，代表的な正極活物質 Li_xCoO_2 は実用的な充放電組成範囲 $x＝0.4〜1.0$ の間で約6％の体積変化がある．つまり，サイクルごとにこの程度の膨張・収縮が繰り返される．膨張・収縮があっても1サイクルの後で元の状態に戻れば問題ないが，電極は活物質，導電助剤，集電体などからなる不均質な複合体であるから完全に原状を回復することはありえないのでサイクルを重ねると，程度の差はあっても，電極の変形が進行するのは避けられない．変形が大きくなると活物質の一部が脱落したり，集電体から剥離して電子チャネルから孤立して充放電に寄与できない部分が生じたりして容量が低下する．変形が比較的小さくとも，活物質，導電助剤，集電体の電気的接触が十分でない部分が生じ，内部抵抗の増大と容量低下をきたす．

もう一つの共通的な劣化原因は電解液との反応である．電解液は活物質と接触しても安定な電位窓の広いものが選ばれるのであるが，充電末期に正極が高電位状態に，負極が低電位状態になると，電解液との酸化的あるいは還元的な反応が遅いながらも進行，サイクルを繰り返すと活物質表面が絶縁性の生成物で覆われ内部抵抗が増大するような現象も起こる．

個々の活物質材料に特有な劣化原因については7章および8章で述べる．

5.4.3 サイクル特性を支配する因子

サイクル特性に影響を及ぼす因子を以下に列挙する．

①リチウムの脱挿入に伴う体積変化

ホスト・ゲスト系活物質は，$Li_4Ti_5O_{12}$ などごく一部の例外を除いて充放電において体積変化が起こる．変化率の小さいものほどサイクル特性には有利である．図5.16において容量減少の少ない組成の活物質は体積変化率も小さくなっている．

②充放電の深度（カットオフ電位）

充放電の電位範囲を狭くすれば容量は小さくなるが，体積変化も小さくなりサイクル特性については有利となる．また，電解液との反応や集電体や活物質の溶解も抑制される．

③作動温度

作動温度が高いと電極反応速度，活物質中のLi拡散が速くなるとともに電解質の抵抗も低下するので電池の諸特性は向上する．しかし，好ましくない電極と電解質溶液との副反応や活物質の溶解速度も速くなるので，一般に，高作動温度はサイクル特性にとっては不利である．

④活物質のサイズ

物質の表面は一般に反応活性が高い．バルクとしての活物質が設定した電位範囲で電解質に対して安定であっても，表面（表層）では反応が進行して変質したり溶解したりすることがある．粒子サイズを小さくすると表面の割合が増加するので，レート特性を追及するあまりサイズを小さくし過ぎるとサイクル特性が損なわれる．

参考文献

1) J. Crank, "The Mathematics of Diffusion" (2nd Ed.) (Oxford Science Publications, 1975)
2) 工藤徹一,電池技術, **21**, 5(2009)
3) S. Atlung, K. West and T. Jacobsen, J. Electrochem. Soc., **126**, 1311(1979)
4) K. M. Abraham, D. M. Pasquariello and E. M. Willstaedt, Y. Electrochem. Soc., **145**, 482(1998)
5) 電気化学会編,「電気化学便覧」(第5版)(丸善, 2000)
6) L. Guohua, H. Ikuta, T. Uchida and M. Wakihara, J. Electrochem. Soc., **143**, 178(1996)

6 電極特性の測定法

　リチウムイオン電池についての電気化学測定について述べる．実際に使用している電池そのものの特性を知るための測定と，電極などの材料の特性を知るために，実際の電池と異なる測定系を用いて行う場合とがあるが，前者はさまざまなセル形体に応じた測定があるため，ここでは，基礎的な材料の特性を知りたい場合，すなわち後者について述べる．電気化学的な測定法一般についてはすでに多くの優れた成書が出版されているので，参考文献(1)，(2)などを参照されたい．

6.1　試料電極と測定セル

　ある材料について，リチウムイオン電池電極としての電気化学特性を調べるときには，まず，材料（以下，活物質と呼ぶ）を測定に合わせて調製する必要がある．多くの場合，粉末試料を用いるので，電極全体の電子伝導性の確保と反応の均一性のために導電助剤と混合する．導電助剤は電極中で電解液保持の役割も果たす．多くの場合，導電助剤には炭素系の材料がよく使用される．混合は乳鉢を用いて行うこともあれば，ボールミルや特別なミキサーを用いる場合もある．このような，電極合材の粒子同士および集電体への接着のために，さらに結着剤を使用する．例えば，結着剤としてポリテトラフルオロエチレン（PTFE）を混合して集電体に圧着する方法や，ポリビニリデンフルオライド（PVDF）などのポリマーをノルマルメチルピロリドン（NMP）などに溶解し，これを電極合材と混合して作製したスラリーを集電体に塗布する方法などが典型である．集電体には，比較的高い電位の実験にはアルミニウム，ニッケル，ステンレス鋼（SUS304など），低い電位では銅がよく用いられる．

第6章 電極特性の測定法

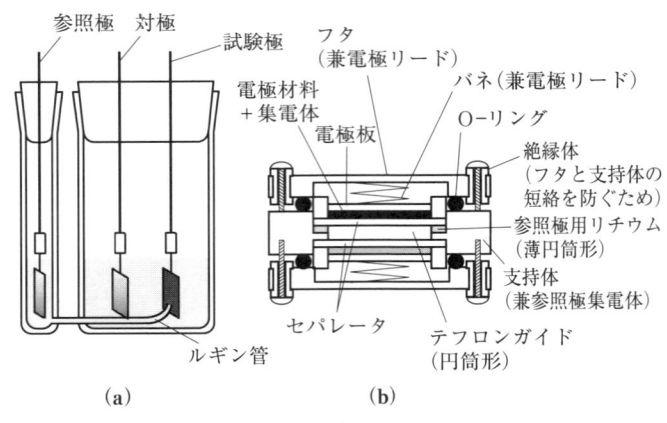

図6.1 三極セルの例
(a) ビーカー式，(b) コイン型電池模倣型

　このように調製した電極試料を試験極として，通常の電気化学測定と同様に，対極，参照極を備えた三極式のセルを用いれば，電位と電流とを測定できる．対極と参照極を兼ねた電極を用いて二極式セルを用いることもある．これは通常の電池の構成であるが，二極式では，電流が流れているときには，対極での電荷移動抵抗や電解液の抵抗による余分な電位差が計測される．したがって，調べたい性質に合わせたセルを用いることが必要となる．電極特性を調べる場合には，電流を流した状態で電位の測定・制御が必要となるため三極式セルが用いられることが多い．

　リチウムイオン電池材料を調べるための典型的な三極式セルを，図6.1(a)に示した．試験極および対極とは異なった区画に参照電極のリチウムを入れ，ルギン管でつないだ構造となっている．ルギン管の先端は試験極近くにくるようにする．通常の電気化学測定系と同じ工夫をすればよく，試験極表面での反応の均一性を確保するために，ルギン管の先で対極と試験極の間の電場を乱さないように配置する．また，電流が小さなときにはあまり問題にならないが，ルギン管先端の電解液と試料表面の電解液との電位差が，電極電位に重畳されて計測されるので注意が必要である．また，図6.1(b)のような三極式セルもよく用いられる．こちらは実際の電池の形状に近いものとなっている．

6.2 ホスト・ゲスト系の組成と電位の関係（OCV 曲線）

　リチウムイオン電池の電極材料の基本的な性質の一つに，リチウムイオンの出入りする反応の電極電位がある．ホスト・ゲスト系の電極電位は組成依存性を示すが，これはゲスト（リチウム）の活量が組成によって変化するからである．組成と活量の関係は，ホスト・ゲスト系の基本的な性質であり，われわれがその現象を理解するうえで最も重要な情報である．このことは3章で述べてある通りである．

　電流が流れていないときには，試験電極中の活物質表面と集電体とは等電位となっているので，試験電極の集電体と参照極の集電体の間の電位差は，参照極を基準とした活物質表面の電位となる．したがって，組成-電位の関係を調べるときには，開回路にして電流が流れない状態で電位測定を行う必要がある．この条件を満たして求めた電位は開回路電圧（Open Circuit Voltage, OCV）あるいは開回路電位（Open Circuit Potential, OCP）と呼ばれ，リチウム組成を変えるなどの操作を試料に加えた後，十分に安定した電位となっていれば平衡電位にかなり近いとみなされる．

　実験的には安定な値の基準は，温度を一定に保っているとき，数時間での電位変動が1mV以内に収まる程度とされることが多い．リチウム組成を変える操作の後で，この条件に到達する時間は，粒子の大きさとリチウムの拡散速度によって大きく異なる．リチウム組成を変える操作には，例えば一定電流を流す，あるいは電位を変化させるなどの方法がとられる．副反応が無視できるならばリチウム組成は流れた電気量から算出することができる．

　一方で，微小電流を通じてリチウム組成を少しずつ変えながら測定した電位を擬似的な平衡電位と考える場合もある．とくに，組成-電位の微分曲線を知りたいときや二相共存領域と単相領域の境界を知りたいときなど，連続な曲線を得る目的で行われることが多い．この測定法は，微小電流を用いることを除いて，電池材料の一般的な評価法である定電流放電（あるいは充電）と全く同じである．測定は，終了までに数日以上かかるほどのかなり小さな電流密度で

行うことが多い．集電体から活物質表面までの抵抗，活物質表面で起きる電気化学反応の電荷移動抵抗，あるいは活物質内部でのリチウムの濃度勾配（化学ポテンシャル勾配）などによって，平衡とみなせる状態から離れている可能性があることを意識しておく必要がある．このような平衡状態との差は，異なるリチウム組成となっている数点で電流を止めてOCVを測定し，その差が実験の目的に対して許容範囲かどうかを判断すればよい．

OCV曲線は，リチウムを入れていく向きで見ると，自然電位から電位を下げていくときに収容されたリチウムイオンの数と電位の関係である．したがって，リチウム数をnとすると$-dn/dE$，あるいはサイト占有率xを用いた$-dx/dE$は，微小電位範囲（dE）あたりのリチウムの収容数であり，状態密度に対応する．$-dx/dE$を求める場合には，微小電流を用いた測定が連続なデータを得るために有用となる．

OCV曲線が図6.2(a)であるとしよう（これは3.4節において，式(3-21)で計算された図3.3(b)である）．この曲線に対する$-dx/dE$を，図6.2(b)および(c)に示した．電位と$-dx/dE$の関係(b)を用いると，頂点の位置から，サイトエネルギー（$\varepsilon_S = -eE_0$）とゲスト間の相互作用（J）が計算できる．また$-dx/dE$を組成に対して表示すると，図6.2(c)のように$x=1/2$にブロー

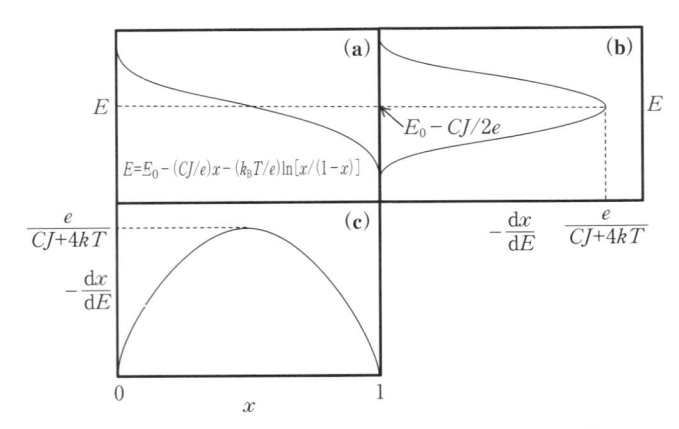

図6.2 OCV曲線とその微分曲線．(a)平均場近似で計算されたOCV，(b) $-dx/dE$とEの関係，および(c) $-dx/dE$とxの関係

ドな頂点をもつ曲線となる．

　二相共存領域が現れるときには，電位に対して $-dx/dE$ を表示すれば，原理的に発散するため，実験的には鋭いピークとなる．一方，秩序・無秩序転移の現れるときや，二相共存領域が現れるときには，図 3.16(b) に対応して $|dx/dE|$-x 曲線における極小点が生じる．このように OCV 曲線の傾きの逆数 $(dE/dx)^{-1}$ を電位や組成に対してプロットすることにより，ホスト・ゲスト系の相転移現象などを知ることができる．

6.3　充放電の可逆性の評価

　電極材料の特性（充放電の可逆性，レート特性，サイクル特性など）を調べるために，一定電流を流した状態で，電位（あるいは電圧）を測定することが多い．このとき，電位があらかじめ設定した値に到達したら，電位をそこで固定しておくこともある（定電流・定電圧モード，略して CV・CC モードという）．また，充電と放電とを一定の休止時間を挟んで繰り返し測定する場合もある（間欠充電または放電）．流れた電気量を横軸（単位は，多くの場合 $mAhg^{-1}$），電位を縦軸にとった図でグラフ化すると，電池や電極の重要な特性がわかり，このグラフは充放電曲線と呼ばれる．多数のサイクルを一つのグラフにすることで，サイクルごとの推移がよくわかる．このようにして測定される，一定電位区間の容量をサイクル数に対してプロットするとサイクル特性を知ることができる．

　二次電池では充電時に使用した電気量が，そのまま放電で外部回路に取り出せることが望ましい．充電電気量と放電電気量の比をクーロン効率と呼ぶ．リチウムイオン電池の材料では，固体電解質界面（Solid-Electrolyte Interface，SEI）形成のため，あるいは，不純物などの副反応によって，はじめのサイクルではクーロン効率があまり高くないことが多い．通常，安定に充放電できる多くの材料は，電解質との界面に，SEI が初期サイクルの間に形成する．SEI 形成に使われた電気量はリチウムの挿入，引き抜き量にかかわらない電気量となるため，クーロン効率を下げる原因となる．一方で，充放電初期に形成した SEI は，その後の安定な充放電反応に寄与する重要な役割を果たす．

6.4 インピーダンスの測定

4.1節で述べられているようにホスト・ゲスト反応は，アノード反応（酸化反応）と還元反応（カソード反応）の電流が釣り合った状態で平衡状態となっており，平衡状態（基準電極からの電位をE_{eq}としておく）では全電流は観測されない．平衡電位からわずかな電位ηだけずらすと，その電位$E_{eq}+\eta$での組成となるように電解質との間でゲストイオンの出入りが起こり，同時に集電体を通じて外部回路から電子の出入りが起こるため電流が流れる．このときに流れる総電気量は，平衡電位曲線（OCV）の傾きからわかる．電位をηだけずらした瞬間に流れる電流iは，ηの大きさに依存し，$d\eta/di$はその電気化学反応の電荷移動抵抗となる．電位をずらした瞬間は，系は平衡電位ϕの状態で記述できると考えて，バトラー–フォルマー形式の式(4-17)の関係に従って，電荷移動抵抗r_{ct}は式(4-18)式のように記述される．すなわち，次式となる．

$$r_{ct} = \frac{\eta}{i} = \frac{RT}{i_{ex}F}$$

インターカレーション反応における電荷移動抵抗は，回路や電解質のオーミック抵抗の原因となる電子やイオンの移動に比べて時定数がかなり大きい（特性周波数が小さい）ため，交流インピーダンス測定などを通じて，比較的容易に知ることができる．交流インピーダンス法は，制御電位あるいは印加電流に微弱な交流変調を重畳し，応答電流あるいは応答電位からインピーダンスを調べる方法である．さまざまな周波数f（角周波数は$\omega=2\pi f$）で実験を行うことで，応答速度の異なる反応を分離して調べることができる．測定結果は，複素平面図（ナイキスト線図（Nyquist plot））を用いて示されることが多い．しばしばコールコールプロット（Cole-Cole plot）とも呼ばれる．通常は縦軸（虚数軸）の符号を逆転させて表示する．また，横軸に対数周波数をとって，縦軸にインピーダンスの絶対値および位相の2枚の図を使って表示したボード線図（Bode plot）も使われることがある．

電気化学反応が起こる系には，電解質や回路の抵抗，あるいは電荷移動抵抗のような電位差と電流が直接関係する要素と，電気二重層のように蓄積する電

気量と電位差が直接関係する要素がある．後者における電流は，電気量の変化率であるから，結局電流は電位の変化率と関係する．このような状況は，抵抗やキャパシタンス成分を含む電気回路を基に解析することが多い．

　図6.3(a)に示したのは，電気化学反応を記述するのによく用いられるランドルス(Randles)の等価回路である．電解液の抵抗をR_s，電気二重層をキャパシタンス成分C_{dl}で，ファラデー反応における電荷移動抵抗をR_{ct}，また反応に寄与する物質の半無限拡散を表すワールブルク(Warburg)インピーダンスZ_W（コラム6-1参照）からなる．電解質と活物質との間でやり取りされるイオンにとっては，表面の電気二重層に蓄積される場合と，電気化学反応を経て固体との間で出入りする場合との二つの状況があると考えれば，電気二重層と電荷移動抵抗との並列回路とすることは直感的に受け入れやすい．電荷移動反応を経たイオンは，ホスト物質の固体内で拡散するため，拡散を表現する要素として電荷移動抵抗に直列するようにワールブルクインピーダンスが挿入されている．図6.3(b)にはランドルス等価回路のインピーダンスをナイキスト線図で示してある．高周波数領域では，電荷移動抵抗と電気二重層容量による半円が見られ，直径から電荷移動抵抗の大きさθがわかり，さらに頂点の周波数$(\omega_0 = 2\pi f_0)$から，$\omega = 1/(C_{dl}\theta)$という関係式を用いて，$C_{dl}$も求めることができる．この半円は，粒子の不均一性や，粒子の位置の違いによってしばしば少しつぶれた形となる．

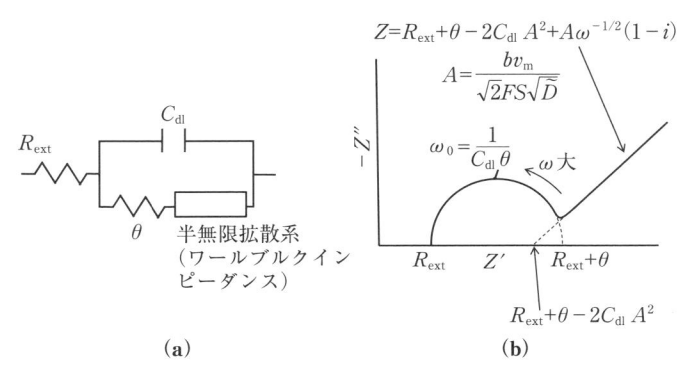

図6.3 (a)ランドルスの等価回路と(b)ナイキスト線図

低周波領域になると，反応物質の反応場所への輸送あるいは除去が律速過程（すなわち拡散律速）となり，ワールブルクインピーダンスによって，ナイキスト線図に傾き 45°の部分が現れる（コラム 6-1 参照）．ワールブルクインピーダンス Z_W は次式で与えられる．

$$Z_\mathrm{W} = \frac{bv_\mathrm{m}}{FS\sqrt{2\widetilde{D}}} \frac{1-i}{\omega^{1/2}} \tag{6-1}$$

ただし，v_m は電極物質のモル体積，b は OCV 曲線の勾配の絶対値（$=|\mathrm{d}E/\mathrm{d}y|$），$S$ は電極面積である．

式(6-1)を用いれば，ナイキスト線図の低周波領域から電極反応にかかわる物質の拡散係数（$\widetilde{D}$）を求めることもできる．例えばインターカレーション系で，あらかじめ定電流法などにより電極内のリチウム濃度を既知の平衡状態にしておき，インピーダンス測定を行う．結果がランドルスの等価回路でうまく解析できれば，別途求めた OCV 曲線の傾き(b)を用いて，活物質内のリチウムの化学拡散係数を算出することができる．

活物質粒子が十分小さいときには，半無限拡散を仮定したワールブルクインピーダンスではなく有限拡散に基づいたインピーダンスを用いる．試料形状が集電体上の厚さ L の膜のとき，この部分の要素は，

$$Z = \frac{bv_\mathrm{m}}{FlS} \cdot \frac{\tau_D}{\sqrt{i\tau_D\omega}\tanh\sqrt{i\tau_D\omega}} ; \tau_D = \frac{L^2}{\widetilde{D}} \tag{6-2}$$

となる．また，半径 a の球状粒子の集合体であれば，

$$Z = \frac{bv_\mathrm{m}}{3FV} \cdot \frac{\tau_D\tanh\sqrt{i\tau_D\omega}}{\sqrt{i\tau_D\omega}-\tanh\sqrt{i\tau_D\omega}} ; \tau_D = \frac{a^2}{\widetilde{D}} \tag{6-3}$$

として，解析することができる．ここで，V は全体積である．v_m/V は測定試料の物質量の逆数であるので，分子量 W_M と質量 W を用いて W_M/W に置き換えることもできる．この場合，図 6.4 に見られるように低周波でキャパシタのように縦軸方向に発散する領域が見られれば，有限拡散であるために試料全体にリチウムが行き渡り，電位変化に応じたリチウム量変化の情報が含まれるため，OCV 曲線の傾きを別途測定する必要なく拡散係数が求められる（詳しくはコラム 6-1 参照）．

化学拡散係数が求められた場合，式(4.52)を用いてリチウムの自己拡散係数

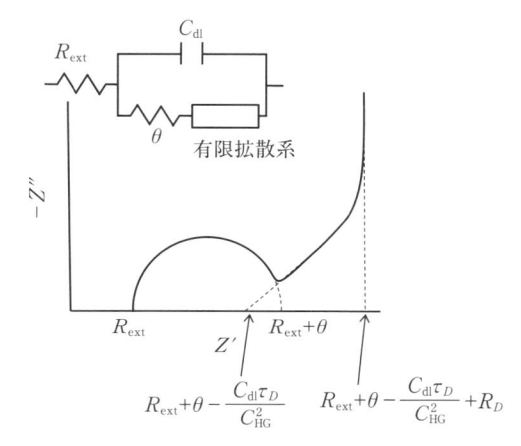

図 6.4 有限拡散試料におけるナイキスト線図

を算出することもできる．ただし，これらの方法で化学拡散係数や自己拡散係数を求めるとき，粒子の電気化学反応が起こる部分すなわち活物質粒子表面の面積を表面積として用いるべきであるが，薄膜では十分に緻密であると考えて電極の幾何面積を用いることもある．そのため，同物質であっても，値が大きく異なることがある．データを比較するときには，用いた表面積についての注意が必要である．

6.5　ゲスト(リチウムイオン)の拡散係数の測定

　ホスト中でのリチウムの拡散係数を電気化学的に求めるためには，外部から与えた電気化学的揺動に対する拡散律速にある電極系の応答を，拡散方程式に基づいて解析すればよい．交流インピーダンス法については，電荷移動抵抗を知るのに役立つだけでなく，拡散係数を調べるためにも有効であることは前節で述べた．ここでは，電位ステップに対する応答電流，電流印加に対する過渡的電位変化を計測して拡散係数を求める方法について述べる．前者を PITT (Potentiostatic Intermittent Titration Technique)，後者を GITT (Galvanostatic Intermittent Titration Technique) と称する[3]．また，前者は PSCA

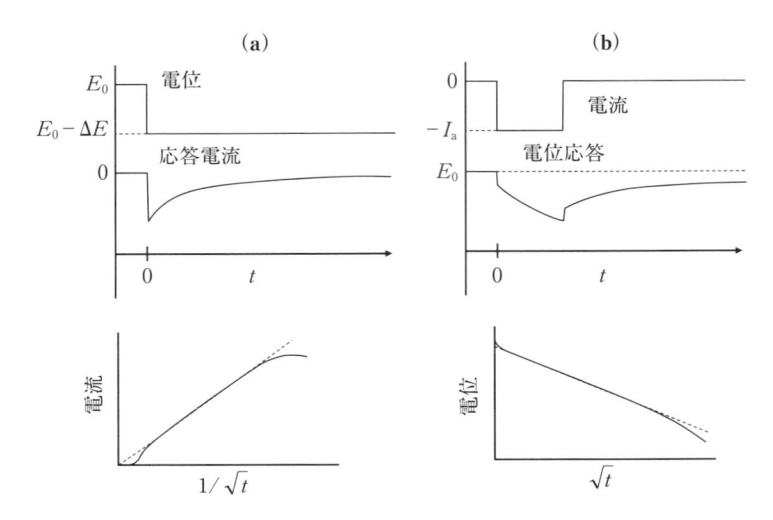

図 6.5 (a) PITT と (b) GITT の電位変化と電流変化の模式図（および典型的な解析プロットの模式図）

(Potential Step Chronoamperometry) と呼ばれることも多い．これらの測定の概念図を図 6.5 に示した．

　これらの測定は，結果を拡散方程式に基づいて解析するため，化学拡散係数が一定とみなせる領域で測定する必要がある．したがって，あまり大きな揺動を与えるわけにはいかない．PSCA (PITT) では，$-\Delta E$ の電位ステップ後，短い時間（通常数十秒以内，特性時間 $t \ll L^2/\widetilde{D}$ のとき）では，式 (4-36)，(4-36′) や (4-77) で示されたように半無限拡散に基づいたコットレル (Cottrell) の式を用いて解析することが多い．電位ステップ ΔE を与えたときのコットレルの式は

$$I = \frac{FSb^{-1}\Delta E}{v_\mathrm{m}}\sqrt{\frac{\widetilde{D}}{\pi t}} \tag{6-4}$$

となる．ここで，ホスト・ゲスト系 Li_yH における OCV の傾き $|dE/dy|$ を b，有効電極面積を S とした．ただし，コットレルの式は，電極全体の抵抗が小さいとき，すなわち電位ステップ後，電流が大きく流れているときにも集電体と材料粒子表面の電位が等しく，粒子表面のリチウムイオン濃度が集電体の電

位で決まるときにのみ実験結果とよく一致する．4.3.2 節および 4.5 節で述べられているとおり，通常は無視できない程度の抵抗があるため，過渡電流 I がコットレルの関係（式(6-4)）に従わないことも多い．このときは，非常に短い時間での式(4-76)か，式(4-82)を用いるのが適当である．式(4-82)は時間範囲と関係なく使用可能である．

$$i(t) = 2i_0 \sum_{n=1}^{\infty} \frac{p \exp\left(-\beta_n^2 \frac{\widetilde{D}t}{L^2}\right)}{\beta_n^2 + p^2 + p} \tag{4-82}$$

抵抗が小さく $Lh \gg 1$ の場合には，長い時間経過の後（$t \gg L^2/\widetilde{D}$）では，式(4-82)の和の中の第一項目だけをとり

$$I = \frac{2FS\widetilde{D}(C_\mathrm{f} - C_0)}{L} \exp\left(-\frac{\pi^2 \widetilde{D}t}{4L^2}\right) = \frac{2FS\Delta E\widetilde{D}}{Lbv_\mathrm{m}} \exp\left(-\frac{\pi^2 \widetilde{D}t}{4L^2}\right) \tag{6-5}$$

とすることができる．このときは，電流の対数を時間に対して表すと直線となり，縦軸の切片と傾きの両方から化学拡散係数を求めることができる．

測定で使用する電位ステップの大きさは，OCV の傾きなど解析で必要となる数値の精度も意識して，測定精度の許されるレベルで小さいほうがよいが，だいたい 10〜50 mV くらいとすることが多い．

ここで，電気化学の標準的な教科書でしばしば例として述べられている電解質溶液中におけるイオンの拡散係数を調べる場合とは状況が異なることに注意する．電解質溶液中のイオン拡散係数を調べるときは，電位ステップ ΔE，すなわち分極をある程度大きくして拡散層でのイオンの濃度勾配で電流が決まるようにする必要がある．これは電荷移動反応でなく，液相でのイオン拡散を律速過程にするためである．式(4-17)あるいはバトラー–フォルマーの式からわかるように，分極を大きくすると電荷移動過程で流れる電流は急激に大きくなるため，電流を制限するのは電荷移動ではなくイオンの拡散過程となる．したがって，電位ステップをある程度大きくすれば，拡散が律速となり，このときに流れる電流は電位ステップの大きさに依存しない．ところが，ホスト・ゲスト系では，電位ステップの大きさを変えれば，固体表面での平衡濃度が異なるため流れる電流も変わる．したがって，拡散律速となっていることを，電流がステップ電位の大きさに依存しないことから確認することはできない．しかし

固体中の拡散は，液体中の拡散よりも数桁程度小さいため，短時間の電荷移動反応の後，拡散律速過程が現れる．したがって，電荷移動抵抗や他の抵抗の大きさ，あるいは電流応答の測定プロファイルに応じて，コットレル型の式(6-4)や，高抵抗のときは式(4-82)あるいは式(6-5)などを使えばよい．

次に，GITTについて述べる．一定電流を流して電位変化を見るので，4.6，5.2節の状況と同様である．これらの節では電池の動作を想定し，リチウム組成の広い領域において，化学拡散係数を一定と仮定して充放電のふるまいを調べることで，電池の作動を支配するさまざまな因子を考えた．拡散係数を測定するときには，化学拡散係数が実際に一定とみなせる狭い範囲で組成や電位を変化させる．したがって，各組成での拡散係数を調べれば，拡散係数の組成依存性もわかる．GITTで電流Iを印加した直後の短い時間（$t \ll L^2/\widetilde{D}$）の電位変化は，以下の式で表される．E_0は電流を印加する前の電位，Rは抵抗，v_mはモル体積，bはOCV曲線の傾き（$=|dE/dy|$），yは$\mathrm{Li}_y\mathrm{H}$としたときのリチウム組成，Sは電気化学反応の起こる面積，Fはファラデー定数である．

$$E = E_0 - IR - \frac{2bIv_\mathrm{m}}{\sqrt{\pi}FS}\sqrt{\frac{t}{\widetilde{D}}} \tag{6-6}$$

PITTもGITTも短時間の測定であり，数ミリ秒間隔で数十秒間の測定となることが多い．ここで，両者の相違について述べる．いずれも活物質表面の電位を大きく変えなければ，電気二重層容量は変化しないとみなしてよく，ステップを掛けた直後の短時間（数ミリ〜百ミリセカンド程度）で電気二重層における蓄積電荷の変化は終了し，以後電位の変動が小さい限り電気二重層にかかる電圧は変化しないとみなせる．また，これらの測定では電流が流れているので，活物質の表面の電位は，リチウム挿入過程であればIRドロップの分だけ集電体の電位よりも高い．ここでのRは，回路の抵抗，膜抵抗，電荷移動抵抗の和である．GITTでは電流の大きさは一定であるため，このIRドロップは時間に依存しない．したがって，集電体電位の時間変化は，活物質表面電位の時間変化と等しいため，単純な式(6-6)を用いて解析できる．一方，PITTでは電流の大きさが変わるため，活物質表面の電位は，IRドロップの変化分だけ時間変化する．したがって，IRの寄与が大きいときは，式(6-4)のような簡単なコットレルの式には従わない．このときには，やや複雑ではある

が，先に述べたように式(4-82)を用いれば解析できる．

コラム 6-1　ワールブルクインピーダンス

ホスト・ゲスト系で，ホスト表面に交流電位変動が与えられたときの状況を考えてみよう．

電位 E_0 でリチウム濃度 C_0 の平衡状態の系において，角周波数 ω で小さな振幅 e_0 の交流電圧 $\delta E = e_0 \sin \omega t$ を重畳する．表面での電気化学反応が十分に速く，電位変化に応じて，すぐに新しい電位での平衡濃度に変化できるとき，活物質表面でのリチウム濃度変化 δC_s は，OCV曲線の勾配 $b(=|dE/dy|)$ およびモル体積 v_m を用いて，

$$\delta C_s = \frac{1}{bv_m}\delta E = \frac{1}{bv_m}e_0 \sin \omega t \tag{1}$$

と表現できる．このとき，固体内のリチウム分布の変化 $\delta C_s(t,x)$ は，拡散方程式（式(4-70)）において，交流電場を印加する前の濃度 C_0 を用いて，次式で与えられる．

$$\frac{\partial [C_0 + \delta C(t,x)]}{\partial t} = \tilde{D}\frac{\partial^2 [C_0 + \delta C(t,x)]}{\partial x^2} \tag{2}$$

C_0 が一定であるから，結局次式となる．

$$\frac{\partial [\delta C(t,x)]}{\partial t} = \tilde{D}\frac{\partial^2 [\delta C(t,x)]}{\partial x^2} \tag{3}$$

例として図1のような平板試料を考えたときには，次の初期条件および境界条件で解くことができる．

$$\text{初期条件：} \delta C(t=0,x) = 0 \tag{4}$$

$$\text{境界条件：} \frac{\partial [\delta C(t,x=L)]}{\partial x} = 0 \tag{5}$$

解は少し複雑であるが，応答電流を導くために必要となるのでここで示すと，拡散の特性時間 τ_D を用いて，式(6)となる．

$$\delta C(t,x) = \frac{1}{bv_m}|f|\{\cos\phi \cdot e_0 \sin\omega t + \sin\phi \cdot e_0 \cos\omega t\} \tag{6}$$

ただし，

$$\phi = \arg(f); f = \frac{\cosh\left(\frac{x^2}{L^2}i\omega\tau_D\right)^{1/2}}{\cosh(i\omega\tau_D)^{1/2}} \tag{7}$$

第6章 電極特性の測定法

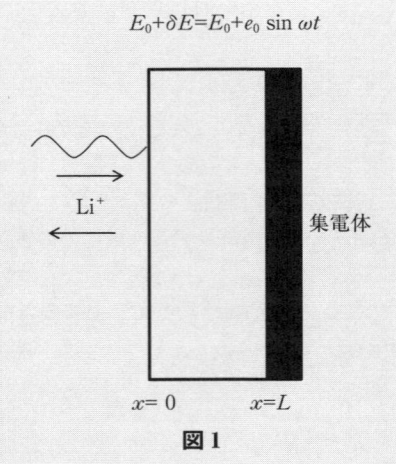

図1の上部に $E_0+\delta E=E_0+e_0 \sin \omega t$ と表示され、$x=0$ から $x=L$ の範囲に平板があり、左側から Li^+ が入る様子が描かれている。右側は集電体。

図1

$$\tau_D = \frac{l^2}{\widetilde{D}} \tag{8}$$

式(6)に $e_0 \cos \omega t (= e_0 \sin(\omega t + \pi/2))$ の項が入ってくることからわかるように，濃度変化には，電圧変化とは位相の異なる成分もある．応答電流は，式(4-61)と同様に，表面での濃度勾配に比例し，次式で与えられる．

$$i = -FS\widetilde{D}\frac{\partial[\delta C(t, x=0)]}{\partial x} = -\frac{FS\widetilde{D}}{blv_m}|f'|\{\cos \phi' \cdot e_0 \sin \omega t + \sin \phi' \cdot e_0 \cos \omega t\} \tag{9}$$

$$\phi' = \arg(f) ; f' = (i\omega\tau_D)^{1/2} \tanh(i\omega\tau_D)^{1/2} \tag{10}$$

したがって，交流電圧 V に対する交流電流 i を $i=YV$ で与える複素アドミタンス Y は，

$$Y = \frac{FS\widetilde{D}}{bLv_m}(i\omega\tau_D)^{1/2} \tanh(i\omega\tau_D)^{1/2} \tag{11}$$

で与えられる．このとき，$V=iZ$ で与えられる複素インピーダンス Z は，

$$Z = \frac{1}{Y} = \frac{bLv_m}{FS\widetilde{D}} \frac{1}{(i\omega\tau_D)^{1/2} \tanh(i\omega\tau_D)^{1/2}} = \frac{v_m b}{FSl} \frac{\tau_D}{(i\omega\tau_D)^{1/2} \tanh(i\omega\tau_D)^{1/2}} \tag{12}$$

となる．これが，厚さ L の平板の拡散インピーダンスである．

$\omega\tau_D \gg 1$ のとき，すなわち，拡散の特性角周波数が $\omega_D (=1/\tau_D)$ よりも十分大きく，リチウムが表面付近に留まっており，他方に端があることが影響しな

いとき，$\tanh(i\omega\tau)^{1/2} \approx 1$ から，

$$Z = \frac{bv_m}{FS\sqrt{\tilde{D}}} \frac{1}{(i\omega)^{1/2}} = \frac{bv_m\omega^{-1/2}}{\sqrt{2}FS\sqrt{\tilde{D}}}(1-i) \tag{13}$$

となる．これはワールブルクインピーダンス（Warburg impedance）と呼ばれ，インピーダンスの実数部分と虚数部分が等しく，偏角は $-\pi/4$ となる．複素インピーダンスでは，虚数成分は，電圧と位相が $\pi/2$ 遅れている電流との間の比例定数である．ナイキスト線図で縦軸の符号を逆にとるのは，第一象限部分に電流の位相が進んでいる成分のインピーダンスを表現するためである．ワールブルクインピーダンスはナイキストプロットでは，傾き45°の直線となる（図2）．

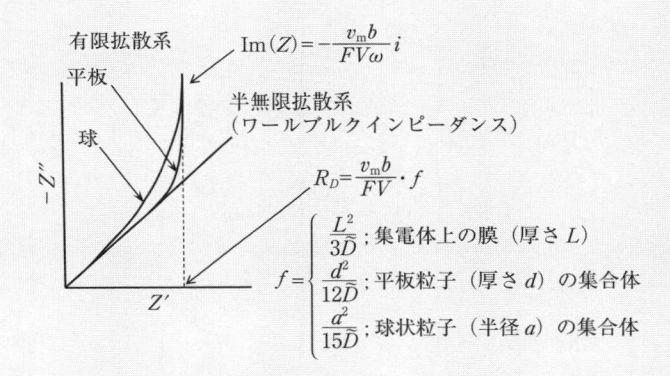

有限拡散系
平板
球
半無限拡散系
（ワールブルクインピーダンス）

$\text{Im}(Z) = -\dfrac{v_m b}{FV\omega}i$

$R_D = \dfrac{v_m b}{FV} \cdot f$

$f = \begin{cases} \dfrac{L^2}{3\tilde{D}} & ;\text{集電体上の膜（厚さ }L\text{）} \\ \dfrac{d^2}{12\tilde{D}} & ;\text{平板粒子（厚さ }d\text{）の集合体} \\ \dfrac{a^2}{15\tilde{D}} & ;\text{球状粒子（半径 }a\text{）の集合体} \end{cases}$

図2

一方，$\omega\tau_D \ll 1$ のとき，

$$\frac{1}{(i\omega\tau)^{1/2}\tanh(i\omega\tau)^{1/2}} \approx \frac{1}{3} - \frac{1}{\omega\tau} \tag{14}$$

であるので，

$$Z = \frac{v_m b}{FSl}\left(\frac{\tau}{3} - \frac{i}{\omega}\right) = \frac{v_m b}{FS}\left(\frac{L}{3\tilde{D}} - \frac{i}{l\omega}\right) \tag{15}$$

となる．このような低周波数領域では，拡散律速ではなく，電位の変化に応じて試料全体のリチウム組成が変化する．したがって，このときホスト・ゲスト系においても，単位電位範囲あたりに蓄積した電気量，すなわちキャパシタと同じように，位相の進んだ電流によるインピーダンスが現れ，容量 C_{HG} は，

$$C_{HG} = \frac{FV}{v_m b} \tag{16}$$

となる.これを利用して $b(=|dE/dy|)$ を求めることもできる.

平板ではなく,半径 a の球の集まりのときには,拡散の特性時間 τ_D を

$$\tau_D = \frac{a^2}{\widetilde{D}} \tag{17}$$

とすると,

$$Z = \frac{v_m b}{3FV} \cdot \frac{\tau \tanh\sqrt{i\tau\omega}}{\sqrt{i\tau\omega} - \tanh\sqrt{i\tau\omega}} \tag{18}$$

であり,$\omega\tau_D \gg 1$ のとき,

$$Z = \frac{v_m b a \omega^{-1/2}}{3FV\sqrt{2\widetilde{D}}}(1-i) \tag{19}$$

という形のワールブルクインピーダンスになる.ただし,5.2.3節の動的容量と同じように,一次元でのみ拡散が進む平板状粒子と比べて,拡散律速の45°の領域は狭い.$\omega\tau_D \ll 1$ のときは,

$$Z = \frac{v_m b}{3FV}\left(\frac{\tau}{5} - \frac{3i}{\omega}\right) = \frac{v_m b}{FV}\left(\frac{a^2}{15\widetilde{D}} - \frac{i}{\omega}\right) \tag{20}$$

である.容量成分となる C_{HG} が式(15)と等しくなっているのは,収容されるリチウム量が電位で決まり,粒子の形状には依存しないことを反映している.

参考文献

1) 藤嶋昭,相澤益男,井上徹,「電気化学測定法」(上・下)(技報堂出版,1984)
2) A. J. Bard and L. R. Faulkner, "Electrochemical Methods" (John Wiley & Sons, 1980)
3) W. Weppner and R. A. Huggins, J. Electrochem. Soc., **124**, 1569 (1977)

LIB

材料編

7 負極材料

　金属リチウムは最も軽く，最も卑な（電子を放出しやすい）金属であるから，電池のエネルギー密度の観点からは，負極材料として最も望ましい物質である．しかし，安全性や耐久性の面から，リチウムをそのまま負極に用いるリチウム電池を実用化するには高いハードルがある．そのため，Liをゲストとするホスト・ゲスト系の開発が進められ，黒鉛を負極とするリチウムイオン電池が誕生した．2章で述べたように，黒鉛のような分子性ホストに収容されたLiは，電荷移動によりLi^+として存在するので安全で，また充電の際に不安定なデンドライト状の金属の析出も起こらない．リチウム"イオン"電池という名はそのリチウムの存在状態に由来する．

　本章では，合金系も含め，ある程度評価の定まった負極材料について概観する．

7.1　炭素系負極材料

7.1.1　黒鉛(グラファイト)

　黒鉛（グラファイト）は商品化されているリチウムイオン電池の負極材料として使用されている．金属リチウムが負極として利用できるならば，エネルギー密度や電位的には有利であるが，安全性の観点から克服すべき課題が多い．とくに，液体系電解液では充放電の繰り返しとともに，デンドライトが生成・成長するため，正極と短絡する危険性がある．その際リチウムの融点が180℃程度と低いことも危険性を増幅する．そのため，より安全な負極材料として，遷移金属酸化物，カルコゲナイド，炭素，リチウム合金，リチウム遷移金属窒化物，ポリマーなどの利用が検討されてきた．

この中で，黒鉛層間化合物に代表されるリチウム化炭素（Lithiated Carbon, LC）は，低い電位で反応が可逆に進むという特徴がある．多くのリチウム合金が 0.3〜1.0 V の間で反応するのに対し，LC は 0.1 V ほどである．もともとは安全性の点が LC 使用の強い動機であったが，エネルギー密度的にも有利となっている．挿入されたイオンはホストの層間を移動することができ，ホストの構造は基本的に保たれる．したがって，黒鉛へのリチウムイオンの挿入は典型的なインターカレーション反応である．さまざまな炭素材料のうち，易黒鉛化性炭素，難黒鉛化性炭素に分類される材料については後に述べる．これらを含めて，これまでにリチウムイオン電池負極として実用的に最も成功した炭素材料が黒鉛である．

黒鉛は，炭素の同素体の一つであり，図 7.1(a) に示すように，辺の長さ 0.142 nm の炭素原子六員環が同一面に連なったグラフェン（graphene）面が，面と垂直な方向に距離 0.3354 nm だけ離れて積層した構造となっている．隣り合った面同士では，一方の面の六員環の中心位置の上方（あるいは下方）に他方の面の炭素が位置するように，すなわち炭素が重ならないように積層している．このような積層は ABABAB と続くやり方と，ABCABC と続く二種類の様式がありうる．前者は六方晶となるが，後者は稜面体晶となる．多くの黒鉛で後者も数パーセントの割合で混在する．

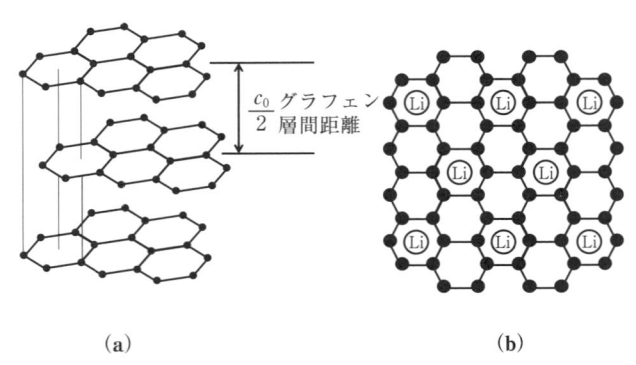

図 7.1 (a) 黒鉛の六方晶構造と，(b) ステージ 1（LiC_6）構造でのリチウムの超周期構造

黒鉛へのリチウムインターカレーションでは，テラスとなっているグラフェン面の端や，面に垂直方向へは欠陥を通じてリチウムが侵入する．インターカレーション量の上限は，化学式 LiC_6 に相当する量となる．このとき，すべてのグラフェン層間にリチウムが入っていると同時に，上と同様の積層様式で述べるならば，グラフェン層は AA と続く様式になっており，上下の層の炭素六員環で形成する六角柱の重心位置にリチウムが入っている．ただし，隣り合った六角柱には入らない（図 7.1(b)）．リチウムが上限のインターカレーション量に到達するまでには，リチウム量に応じて，すべての層間に入っている構造と，とびとびの層間に選択的に入っている構造が現れる．後者は，ステージ構造と呼ばれる．ステージ構造では，隣り合うリチウム層に挟まれたグラフェン層の数 n を用いてステージ n と表現される．

図 7.2 は，Dahn らによって調べられた電気化学的に挿入されたリチウム量と現れるステージの関係である[1]．リチウムインターカレーションが最も進んだ状態の LiC_6 はステージ 1 である．ステージ 1′ とステージ 2L 以外では，リ

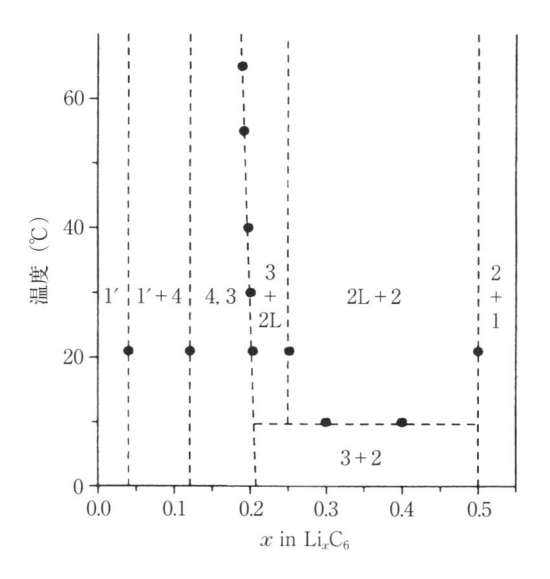

図 7.2 リチウム挿入量と現れるステージ構造
[J. R. Dahn, Phys. Rev. B, **44**, 9170(1991) より]

チウムの入る位置は，面内での秩序ができている．ステージ1'は，インターカレーション量の少ないときに見られ，ランダムに入っており，ステージ構造に分類するならばステージ1となる．ステージ2Lは，面内秩序のないステージ構造となっている．図7.2の縦線で表される組成で単相が現れ，その間のリチウム組成では2相共存となり，電気化学的にリチウムを入れていくと電位の平坦部が見られる（図7.4参照）．ステージ4とステージ3の間では，X線回折像からは二相共存といえるかどうか不明である．ステージ数の異なる相に変化するときは，いったん引き抜かれてから，別のグラフェン層に入り直したり，グラフェン層を通り抜けるのではなく，各ステージ構造には面内方向にドメインができており，隣り合うドメインでは，別の層にリチウムが入っている．そのため，別のステージになるとき，リチウムはいったん外に出たり，グラフェン層を横切ったりせずに，もともとの層間を移動するだけですむというモデルが提案されている（図7.3，DaumasとHeroldのモデル)[2]．

図7.4に天然黒鉛電極の初回の充電（Li挿入）とそれに続く初回の放電（Li引き抜き）の充放電曲線の一例を示す[3]．充放電曲線に現れる階段状のステップは上述のステージ構造の共存状態に対応している．もう一つの特徴は，充電容量（電気量）より放電容量が小さいことである．この現象は炭素系電極で一般的に見られるもので，その差を不可逆容量という．二回目以降の充放電では

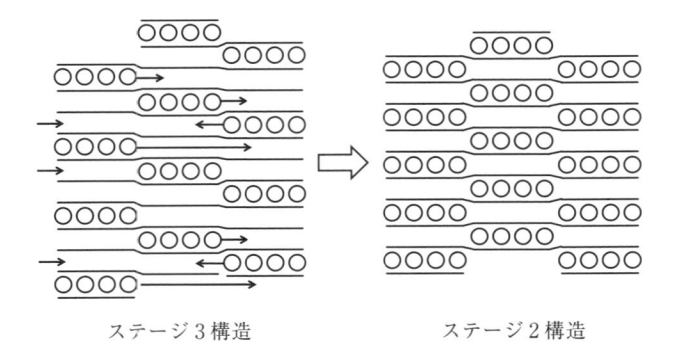

図7.3 Daumas-Heroldのドメインモデルによるステージ構造の変化

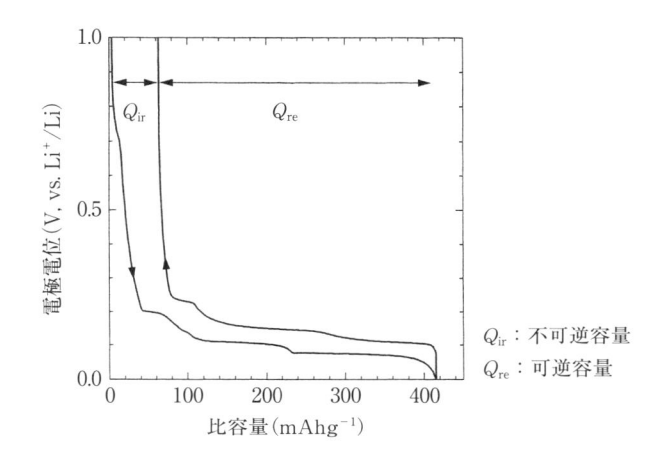

図 7.4 天然黒鉛粉末の充放電曲線
［小久見善八編著，「リチウム二次電池」(オーム社，2008)より］

不可逆容量は観測されず，初回の放電曲線に沿って動作する（つまり可逆的な負極としてうまく働く）．不可逆容量が生じるのは，初回の充電時に黒鉛とLiのホスト・ゲスト反応以外の不可逆で副次的な電極反応が起こるためである．一般的には，不可逆容量の出現は二次電池の電極にとって好ましい現象ではない．しかし，黒鉛電極においてはこの副反応がその実用電池への利用を可能にする重要な役割を果たしている．

リチウムイオン電池の電解液に用いられる有機溶媒のほとんどすべては金属リチウムに対して安定でない．すなわち，金属リチウムの酸化還元電位に近くなると還元される．そのため，電解液が分解して支持塩などとも反応して黒鉛表面に皮膜を形成する．これが全くの不動態皮膜のようなものであれば電極反応は進まなくなるが，実際は，この皮膜はLi^+イオンの導電性を示す固体電解質で，強度に還元的な電極と電解液が直接接することなく充放電反応を進行させるのである．電極と電解質溶液を隔てるこの皮膜はSEI（Solid Electrolyte Interface）と呼ばれる．その組成は電解液の種類によって異なるし，また，きわめて薄い（数nm）ので詳細は不明な点も多い．金属リチウムが有機

電解液の中で安定であるのも，その表面に SEI 皮膜が存在するからである．

7.1.2 他の炭素材料

負極用炭素材料としては，天然黒鉛のほか，易黒鉛化性炭素が広く研究されてきた．電池材料としては，メソカーボンマイクロビーズ（MCMB）やメソフェーズピッチベース炭素繊維（MCF），気相成長炭素繊維（VGCF）なども，グラフェン層間距離は天然黒鉛の 0.335 nm よりわずかに大きく，また容量もわずかに小さいという傾向があるが，黒鉛に分類され，人造黒鉛と呼ばれている．

易黒鉛化性炭素は，高温の熱処理により黒鉛構造となりうる炭素材料であるが，完全な黒鉛構造となる程の高温では熱処理されていない．グラフェン層間の距離は，黒鉛の 0.335 nm に対し，典型的には 0.34〜0.35 nm 程度である．グラフェン層の積層様式の乱れや，積層していない部分もある．石炭，石油などの液相からのピッチを 1000 ℃ から 1200 ℃ で熱処理して得られるコークスや，ピッチ系の炭素繊維，炭化した MCMB などが含まれる．リチウムの挿入時には，黒鉛のようなステージ構造は見られず，結晶学的なサイトがなく，サイトエネルギーの分布のため，1 V 以下の電位で電位の低下とともにリチウムの挿

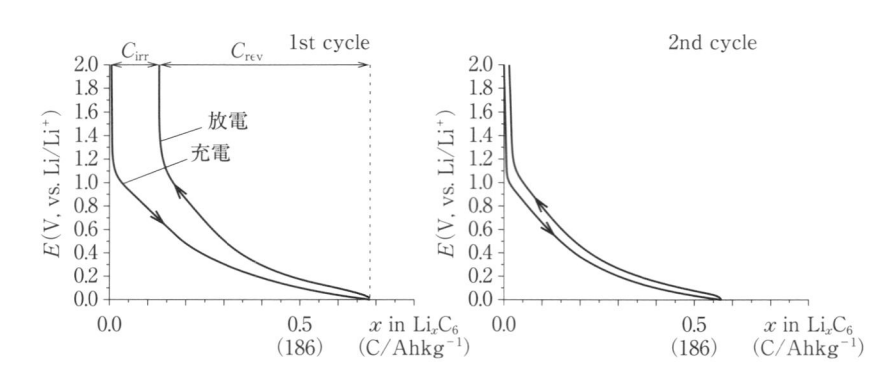

図 7.5 コークス（易黒鉛化性炭素材料）の充放電曲線
[M. Winter, J. O. Besenhard, M. E. Spahr and Petr Novák, Adv. Mater., **10**, 725 (1998) より]

7.1 炭素系負極材料

入反応が進む．

図 7.5 は，コークスの充放電特性である[4]．積層の乱れた部分や積層の発達していない部分にもリチウムが収容される．また，黒鉛では分解反応のために使用できない炭酸プロピレン (PC) 系電解質中でも使用可能である．ただし，初期不可逆容量が 20 パーセントほどあり，サイクル特性もあまり高くないという傾向がある．

難黒鉛化性炭素は，高温での熱処理によっても黒鉛構造とならない炭素材料である．グラフェン層間の距離は，易黒鉛化性炭素よりも大きい．また積層構造もほとんど発達しておらず，非晶質的である．0 V 近くの低電位で充放電する特徴があり，初期の不可逆性が大きい．

図 7.6 に，典型的な例として，スクロースを熱分解して得られた炭素の充放電特性を示す[5]．熱処理条件や，雰囲気などを最適化して脱水炭化したのちに，真空中で熱処理した試料を用いている．170 mAhg^{-1} の初期不可逆容量とともに，650 mAhg^{-1} ほどのかなり高い容量が得られている．大きな容量には，集合した結晶子の隙間に収容された金属リチウムが寄与していると考えられている．このような自由空間を使用するため体積変化が小さくサイクル特性は高くなる．リチウム引き抜き時の電位が高いため，十分に引き抜くには高い電位が必要となる．初回の不可逆容量も大きいが，大容量のため期待されてい

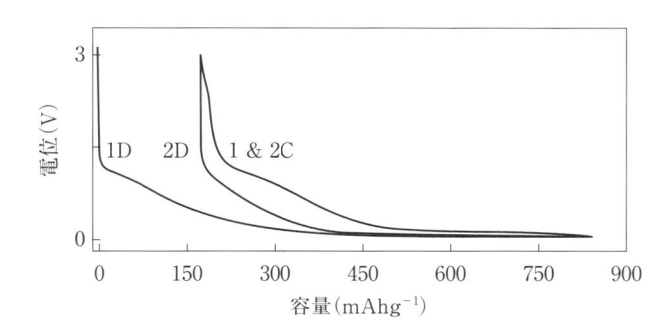

図 7.6 難黒鉛化性炭素の充放電
[W. Xing, J. S. Xue and J. R. Dahn, J. Electrochem. Soc., **143**, 3046 (1996) より]

る.

　易黒鉛化性炭素でも，難黒鉛化性炭素でも低温（900℃程度以下）の熱処理で生成したものは，かなり高い充電容量を示す．充放電曲線は大きいヒステリシスを示す形状となり，酸化電位はかなり高い．このヒステリシスは含まれる水素量に依存する．リチウムは水素原子と結合した末端炭素原子と結合すると考えられている．高温で熱処理すると，上で述べたように，易黒鉛化性炭素および難黒鉛化性炭素それぞれにおいて特徴的な性質が見られる．

7.2　酸化物系負極材料

7.2.1　$Li_4Ti_5O_{12}$

　この化合物はスピネル型構造をとり，その一般式 AB_2O_4 に従って陽イオンの配置を記述すると $Li_{8a}(Li_{1/3}, Ti_{5/3})_{16d}O_4$ となる（スピネル構造については 8.2 節参照）．チタン源（TiO_2）と Li 源（$LiOH$ H_2O など）の混合物を 800〜1000 ℃で焼成して合成される．当初，超伝導物質として興味がもたれたが，1989年 Colbow ら[6]が電極材料への応用の可能性を示したのに続き，Ohzuku ら[7]がその優れた充放電特性を実証し，現在では最も有望な酸化物負極材料と目されている．

　低レート（$5\,mAg^{-1} \fallingdotseq (1/30)C$）で測定された充放電曲線を図 7.7 に示す．電流密度が十分小さいので，OCV 曲線とみなせる．容量は $160\,mAhg^{-1}$ で，電位は両端のわずかな組成範囲を除いて 1.55 V で一定である．このスピネル $Li_{8a}(Li_{1/3}, Ti_{5/3})_{16d}O_4$ の充放電反応は，$LiMn_2O_4$（8.2 節）の 3 V 領域のそれと類似している．ただし，この場合は負極であるから充放電の方向が逆になっている．すなわち充電して Li を挿入すると，初めは空いている 16c サイトに入るが，8a-16c の距離が短い（0.181 nm）ため強いクーロン反発が働く結果，8a サイトの Li も 16c に移動してスピネル相と規則岩塩型の $(Li_2)_{16c}(Li_{1/3}, Ti_{3/5})_{16d}O_4$ 相（スピネルと同じく立方晶 $Fd3m$）に相分離する．電位が平坦な領域はこの二相が共存する領域である．二相共存は高角の X 線回折などより確かめられる[8]．放電が終了する直前の領域で電位変化が見られるのは，そこで岩塩型の単相になるからである．以上からわかるように，この系は $Li_{8a}(Li_{1/3}, Ti_{5/3})_{16d}O_4$

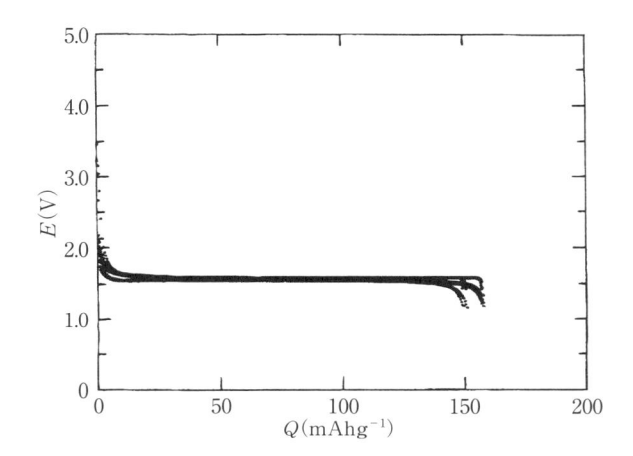

図 7.7 $Li_4Ti_5O_{12}$ の充放電曲線（30 ℃，5 mAg^{-1}）
〔T. Ohzuku, A. Ueda and N. Yamamoto, J. Electrochem. Soc., **142**, 1431 (1995) より〕

あたり1個のリチウムを挿入できるので理論容量は168 mAhg^{-1} あるが，低レートではこれに近い容量が得られる．

この二相共存型ホスト・ゲスト系の特徴は，両相が同じ立方晶（$Fd3m$）であるばかりでなく，格子定数もほぼ等しいことである．スピネルおよび岩塩相の端組成の格子定数は，それぞれ0.836 nm および 0.835 nm である．そのため，この系は二相反応において体積変化などに伴う構造的な歪みが生じないものと考えられ"無歪（zero-strain）"ホスト・ゲスト系と呼ばれる[7]．$LiMn_2O_4$ に Li を挿入すると，結晶の対称性とともに体積が6％も異なる二相が生じるのと対照的である．無歪特性の $Li_4Ti_5O_{12}$ は充放電の可逆性に優れ，きわめて良好なサイクル特性を示す．

一般に，二相系の電極活物質のレート特性は低いと考えられているが，$Li_4Ti_5O_{12}$ 系はレート特性にも優れる．これにも，無歪特性が大きな役割を果たしているものと思われる．相境界のミスマッチが小さいと，生成する第二相の成長が容易であるからである．通常の固相反応で合成される1 μm 程度の粒子サイズのサンプルでも，50 C 程度のレートの充電において 150 mAhg^{-1} の

動的容量が得られる．粒子サイズをさらに小さくすればレート特性はさらに向上するが，10 nm 程度になると電位平坦部の容量が減少し，充電後期の電位が直線的に低下する[9,10]．これはナノサイズ LiCoO$_2$ の放電後期でも見られる現象で（図 8.4 参照），粒子が極端に小さくなると，表層におけるリチウムサイトのエネルギー上昇が顕著になるためと考えられる．

7.2.2 その他の酸化物負極材料

単純な酸化物である TiO$_2$，Nb$_2$O$_5$，MoO$_2$ などもリチウムのホストとして働き，電気化学反応によりリチウムを可逆的に挿入・脱離することができる．ここにあげた酸化物ではその際の酸化還元電位が比較的低い（2〜1.5 V vs. Li）ので，通常，負極として用いられる．LiCoO$_2$ などの 4 V 級正極材料と組み合わせれば 2〜2.5 V 級の電池を構成できる．

TiO$_2$ にはルチル，アナターゼ，ブルッカイトの 3 種の多形が存在するが，いずれも Li の可逆的なホストになり得る．最もよく研究されてきたのはアナターゼ型（正方晶系，$a=0.379$ nm，$c=0.951$ nm）で，これは図 7.8 に示すように，歪んだ [TiO$_6$] 八面体が 4 稜を共有して構築されており，Li を収容するにほぼ足りる大きさの隙間をもつ[11]．

充電して Li を挿入すると，Li$_{0.05}$TiO$_2$ 付近の組成で斜方晶 Li$_{0.5}$TiO$_2$ 相（$a=0.382$，$b=0.408$，$c=0.907$ nm）を生じ，二相共存系となる．これを反映して充電曲線は図 7.9 で示すように広い組成範囲で平坦性を示す[12]．アナターゼ型 TiO$_2$ は Li の拡散（あるいは相境界の移動）が遅く，粒子径が大きいと充放電ができないのでナノメートル級の超微粒子が用いられる．図 7.9 もチタンのアルコキシドを加水分解して得た 10 nm 程度の微粒子サンプルについて測定されたものである．$x=0$〜0.5（Li$_x$TiO$_2$）の間の理論容量は 168 mAhg^{-1} であるが，低レート（C/40）の充電では，電位が平坦部から徐々に低下しつつも $x=0.5$ を超える容量が見られている．これは斜方晶の単一相への Li 挿入反応によるものと理解できる．ルチル型 TiO$_2$ は [TiO$_6$] 八面体が稜と頂点を共有してできるアナターゼより密な骨格構造であるので，リチウムの占め得る隙間が狭く，Li を挿入するには骨格を押し広げるような変形が必要である．引き抜くときはその逆の変形が起こるので，充放電サイクル安定性はアナターゼ

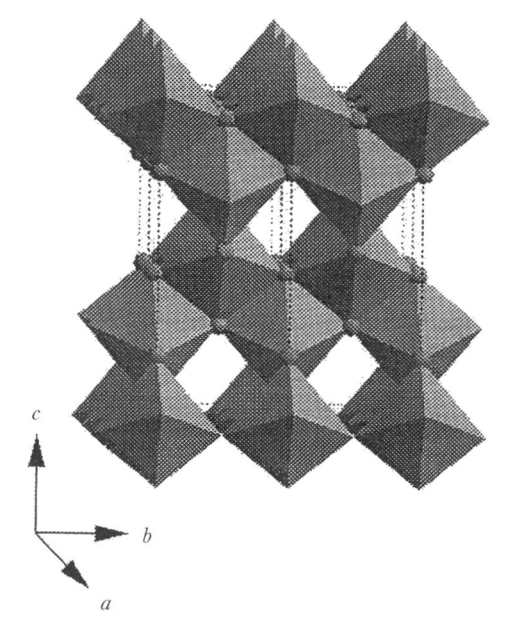

図 7.8 アナターゼ型 TiO$_2$ の構造
[M. V. Koudriachova, N. M. Harruson and S. W. de Leeuw, Solid State Ionics, **152/153**, 189 (2002) より]

TiO$_2$ より劣る．TiO$_2$ には上記の三つの多形に加えて，TiO$_2$(B) と称される準安定相も存在する．これはイオン交換法などを用いて比較的低温で合成されるもので，アナターゼ型 TiO$_2$ より疎な (open な) 構造をとり，Li を収容する隙間が三次元的なネットワークを形成している．TiO$_2$(B) のナノワイヤー (径が数 10 nm，長さが数 μm)[13] が 200 mAhg^{-1} を超える可逆的な 1.5 V 級負極として働くことが示され，注目されている．

Nb$_2$O$_5$ は生成温度による多形があるが，いずれも [NbO$_6$] 八面体が頂点と稜を共有してできるかなり複雑な構造である．900 ℃ で焼成した Nb$_2$O$_5$ はこの式量あたり 2 個のリチウムを収容できるホストである (理論容量：200 mAhg^{-1})．平均電位は 1.7 V (vs. Li) で，充放電の可逆性もよいので，小型リ

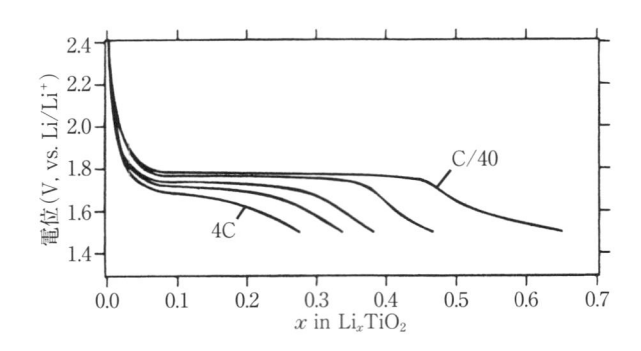

図7.9 アナターゼ型 TiO_2 粉末(径 $\simeq$ 10 nm)の充電曲線
(レート：C/40～4 C)
[K. Kavan, M. Graetzal, J. Rathouski and A. Zukal,
J. Electrochem. Soc., **143**, 394(1996)より]

チウム電池の負極として実用された実績をもつ.

7.3 合金系負極材料

Al，Si，Ge，Sn，Pb，As，Sb など，さまざまな金属はリチウムイオンとの可逆な電気化学反応により，Li/Li^+ に対して 0 ボルト近くでリチウム合金となる．したがって，この反応も負極反応として用いることができる．

7.3.1 Li/Al 系

このような合金系の中で Li/Al 系は，商用の二次電池の負極として実用に供された実績をもつとともに，それより以前の 1970 年代，中温領域（～400 度）で作動するリチウム電池の負極材料として注目され，その熱力学的特性や Li イオン輸送特性が詳しく研究されている．基礎編で述べたことを実際面で理解するうえでのよい題材でもあるので少々紙面を割く．

図 7.10 は，LiCl/KCl 系の溶融塩（423℃）中に金属 Al 電極を浸漬，一定量のリチウムを電気化学的に注入した後の定常電位を測定するという操作を繰り返すという方法（クーロン滴定，coulometric titration，6.1 節参照）で求め

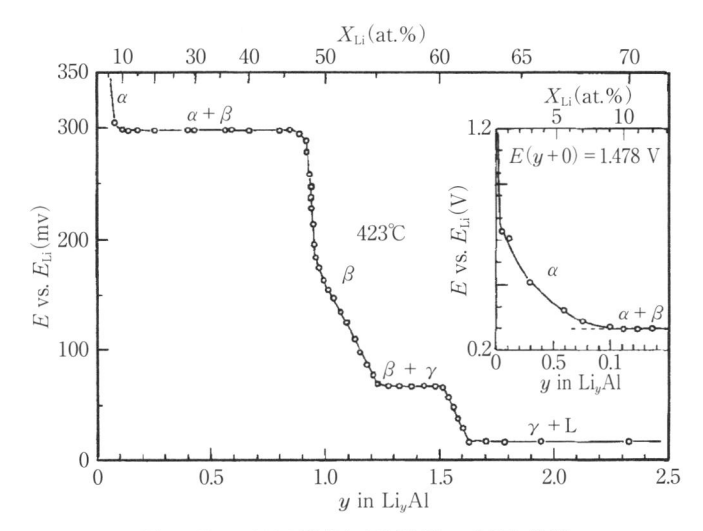

図 7.10 Li/Al 系(Li$_y$Al)電極の OCV 曲線
[C. J. Wen, B. A. Baukamp, R. A. Huggins and W. Weppner,
J. Electrochem. Soc., **126**, 2258(1979)より]

られた Li/Al 系の OCV 曲線（平衡電位曲線）である[14]．OCV 曲線において電位が組成によらず一定な部分は二相共存領域であるから，組成を Li$_y$Al で表すとき，$y=0$ に近い狭い範囲に α 相（＝Al），$y=1$ を挟む比較的広い範囲に β 相（＝LiAl），および，$y=1.5$ を超えた狭い範囲に γ 相（＝Li$_3$Al$_2$）が存在することがわかる（このように，OCV 曲線は合金系などの相図をつくるとき，便利に使われる）．このうち β 相（β-LiAl）は，2 章で述べたように，相互に貫通したダイヤモンド型副格子のそれぞれを，Li および Al が占める構造（図 2.5 参照）であるが，比較的高濃度の欠陥を許容するので組成範囲が広い．

図 7.11 は，β 相単相のある組成で，平衡にある電極に比較的小さい電位ステップを印加したときに流れる過渡電流のコットレルプロットである（式 (4-77)，図 4.10(b) および 6.5 節参照）．電極が比較的厚いこと，および合金の電子導電性が高いことのため，長い時間範囲にわたって直線関係が得られている．電極の厚さを L，面積を S，電位ステップ印加に伴う電気量を $Q(=\int I dt$

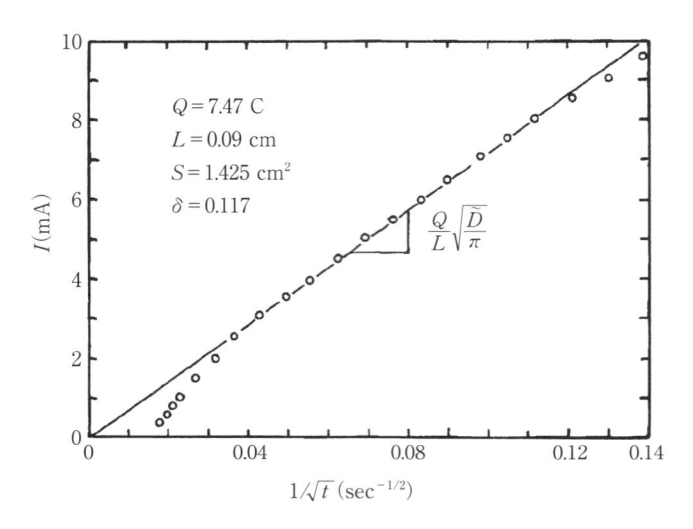

図7.11 β-LiAl にポテンシャルステップを印加したときの過渡電流のコットレルプロット
[C. J. Wen, B. A. Baukamp, R. A. Huggins and W. Weppner, J. Electrochem. Soc., **126**, 2258(1979) より]

$=e(C_\mathrm{f}-C_0)SL$ とすれば，式(4-77)から過渡電流 $I(=Si)$ は

$$I=\left(\frac{Q}{L}\right)\left(\frac{\widetilde{D}}{\pi t}\right)^{1/2}$$

と計算され，直線の傾きから化学拡散係数 $\widetilde{D}$ が求められる．この場合は $3\times10^{-6}\,\mathrm{cm^2s^{-1}}$ であり，温度が高いことを考慮してもきわめて高い値である．一方，フィックの拡散係数 D と化学拡散係数の関係は式(4-52)によって結ばれるので，熱力学因子を OCV の勾配 ($\mathrm{d}E/\mathrm{d}x$) から求めれば D を知ることができる．このようにして計算される β-LiAl 中の Li 拡散係数 D_Li (415℃)の組成依存性を図7.12に示す．核磁気共鳴（NMR）によって求められた D_Li[15] ともよい一致を示している．

以上のように，Li/Al 系は中心となる組成にきわめて高い Li 拡散性を有する β 相が存在するので，とくに中，高温における高性能の負極材料として期待される．

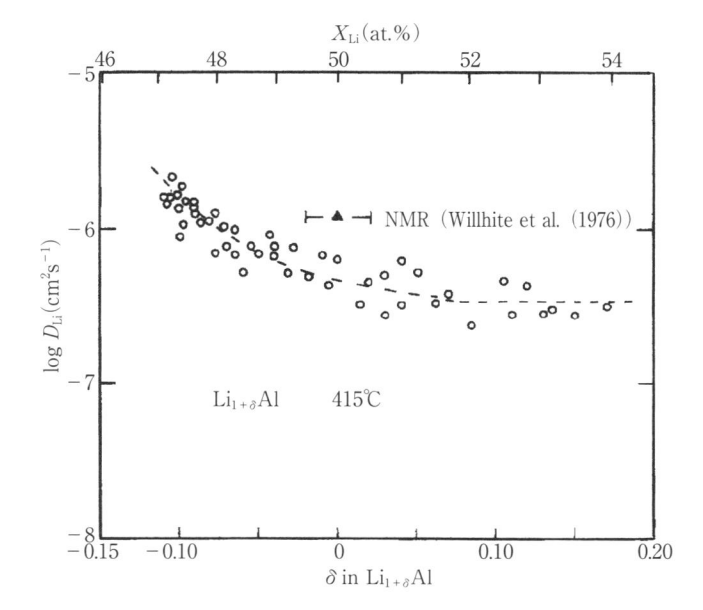

図 7.12 β-LiAl 中の Li の拡散係数(D)の組成依存性
[C. J. Wen, B. A. Baukamp, R. A. Huggins and W. Weppner, J. Electrochem. Soc., **126**, 2258(1979)より]

7.3.2 Li/Sn 系および Li/Si 系

スズとケイ素は，いずれも金属1モルに対して，4.4モルのリチウムの挿入反応が可能で，その理論容量は Li-Sn で約 990 mAhg^{-1}，Li-Si では約 4200 mAhg^{-1} である．このように大きな容量を有するとともに，資源的に豊富で環境負荷も小さいので重要な負極候補である．スズはモル質量が大きいため重量あたりの容量がケイ素に比べて小さいが，LiC$_6$ の 372 mAhg^{-1} に比べれば大きな値となっている．Sn 系および Si 系の平均電位は約 0.4 V および 0.3 V(vs. Li) である．

Li$_{4.4}$Sn(Li$_{22}$Sn$_5$) は 3.3 Å の体心立方格子の体心位置をリチウムが占め，隅をスズとリチウムがそれぞれ正四面体となるように配置する．高温ではこのような体心立方セルが規則正しい配列で 6×6×6 個集まって 19.8 Å の単位胞の

結晶となることが知られている．一方，室温で生成した$Li_{22}Sn_5$では，ある程度の短距離秩序はあるものの，上記と同様な体心立方セルの配列の規則性が失われていると報告されている[16]．これらの金属がリチウムと反応したときの体積変化はかなり大きく，Snから$Li_{22}Sn_5$となるとき4.8倍，Siから$Li_{22}Si_5$では4.1倍となる．黒鉛がLiC_6となるときはたかだか1.1倍である．このような大きな体積変化のため，活物質粒子には変形の応力が作用しサイクル劣化が激しい．したがって，実際の電池の負極として利用する場合には形状，構造などのデザイン，工夫が必要であり，未だ開発途上の状態にある．

スズとともにビスマス，鉛などを含むウッドメタルを用いる電極も検討されたが，大きな容量での充放電は，やはり大きな体積変化を伴うため普及するには至らなかった．その後，非晶質の酸化スズSnO_xをベースとした複合材料を用いることでサイクル特性の向上が報告された[17]．初めに電気化学的な反応（$SnO_x + 2xLi^+ + 2xe^- \rightarrow xLi_2O + Sn$）が起こり，このときに生じたSnナノ粒子は，$Li_2O$や他の添加物のマトリックスが体積変化する活物質粒子間の緩衝材となり，以後のサイクルで可逆にリチウムと反応する．この手法は有効であったが，Li_2OとSnを生成する初期の不可逆反応でリチウムを消費するという問題が残っているため，さらに効果的に容量を向上する方法が望まれている．

SnSbなどを用いるとこのような不可逆反応を伴わない[18]．すなわち初めにリチウムイオンと反応するときに，まずLi_3SbとSnが生成し，そのSnがさらにリチウムと反応する．SnがLi反応するときには，Li_3Sbが緩衝材として働く．逆反応では，最終的にSnSbとリチウムイオンとに戻る．したがって，不必要な部分がなく大きな容量が期待できる．しかし，すべての部分が反応すれば，結局，体積変化による歪みの影響を抑えるのが難しく，黒鉛以上の容量での充放電を繰り返すとサイクル劣化が激しい．

リチウムと反応しない不活性な金属を導入し，充放電に伴う体積変化を緩和しようというコンセプトに基づき，Sn/Fe系などの金属間化合物の利用も試みられている[19]．

この場合リチウムと反応しないFe部分が生成し，導電性の確保と体積変化を緩衝領域として機能する．この化合物中でスズは$Li_{4.4}Sn$となるまでリチウムと反応でき，Feや炭素などを加えるとサイクル特性は向上するが，余分な

重量の分だけ重量あたりの容量が低下してしまう．ケイ素に関しても FeSi，NiSi$_2$，CaSi$_2$ などを用いると可逆な Li-Si 生成反応が充放電に使用可能であるが，重量あたりの容量は黒鉛よりも低い．黒鉛より容量の大きいものとしては SiB$_3$（440 mAhg^{-1}）や SiO（670 mAhg^{-1}）などがある．シリコンはモル質量がスズより小さいのでエネルギー密度的に有利であり，SiO に限らず，種々の元素との化合物の負極特性が調べられている．また，多様な形状の物質とさまざまなコンポジット材料も作製されている．

例えば，体積変化によって割れないよう粒径を 1 μm 以下としたシリコンと，MCMB とのコンポジットをスチレンブタジエンゴムバインダーとカルボキシメチルセルロースナトリウム（CMC-Na，繊維素グリコール酸ナトリウム）を用いて電極化すると，すぐれたサイクル特性を持もち，充電容量が 500 mAhg^{-1} という一定値に保って行った充放電試験により，初期の 1～2 サイクルを除いてクーロン効率がほぼ 1 のまま 400 回のサイクルが可能であることが報告されている[20]．

7.4　コンバージョン反応系負極材料

コンバージョン（conversion）反応系とは，充電または放電に伴って活物質が別の物質に変化あるいは不均化するが，再度，放電または充電すると元の状態を回復する電極反応系をいう．鉛蓄電池の正負極反応（Pb/PbO$_2$/PbSO$_4$）はその例である．リチウム電池においても，高エネルギー密度電池の開発の一環として，例えば，

$$xLi^+ + MZ_y + xe^- \rightleftarrows Li_xZ_y + M$$

のようなコンバージョン系の電極の開発が盛んである．本書の主題のホスト・ゲスト系とは異なる範疇に属するものであるが，両者を対比することもリチウム電池全体を理解するうえで意義がある．

上記の反応が可逆性を有するには，生成相は Li$_x$Z$_y$（Z＝O, S, N, P）と金属 M がナノスケールでコンポジットとなることが要求される．しかし，図 7.13 に示すように，逆反応においてしばしば高い電位が必要となるため，負極として利用する際に，放電時に電池電圧が大きくとれず，充電時には大きな電圧が必

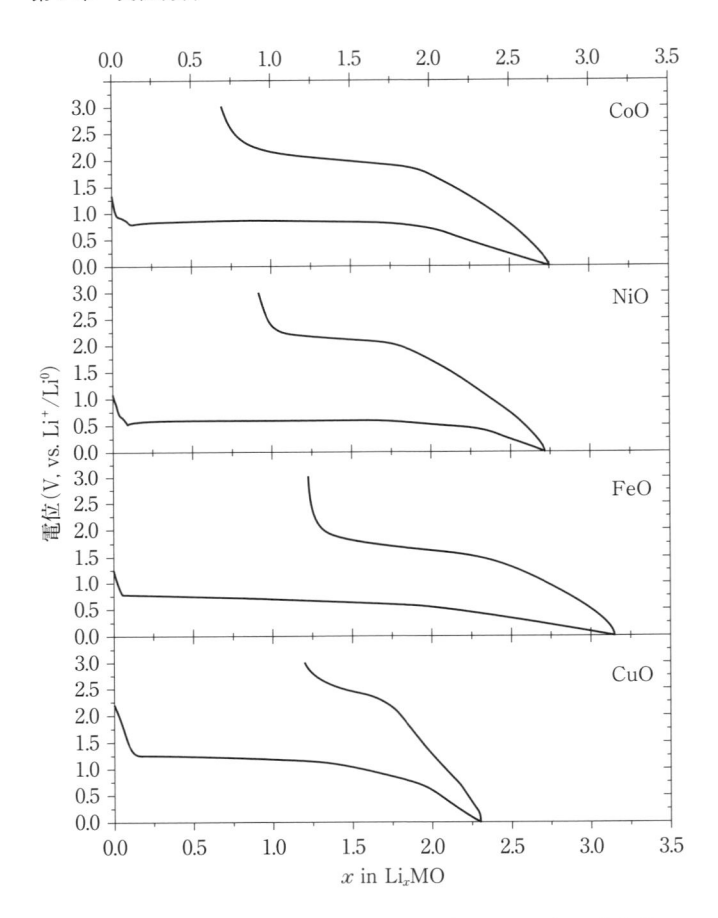

図 7.13 コンバージョン反応系の例,種々の 3d 金属酸化物の電気化学的還元と酸化

[P. Poizot, S. Laruelle, S. Grugeon and J.-M. Tarascon, J. Electrochem. Soc., **149**, A1212(2002)より]

要となってしまう[21].そのため,エネルギー効率が低くなる傾向がある.上の反応でZをOとした酸化物がよく研究されている.例えば,安価な材料の代表である鉄のさまざまな酸化物(FeO, Fe_2O_3, Fe_3O_4)と炭素との複合体で大きな容量が報告されている.γ-Fe_2O_3と炭素との複合体で 1200 mAhg^{-1} を

超える容量と高いサイクル特性が報告されている[22]。この複合体は，低い電位ではコンバージョン反応を利用した負極としてはたらくが，高い電位領域ではγ-Fe$_2$O$_3$ナノ粒子への可逆なリチウム挿入を利用した高速充放電が可能な正極としてもはたらく[23]など，さまざまな電気化学反応に適した構造となっている。一方，ZをHとして水素化物が生成するときは容量も大きく充放電の際の電位の差も小さくなる可能性があり，MgH$_2$ではリチウムに対して約0.5 Vの電位で分極の比較的小さな充放電が可能となっている[24]。

参考文献

1) J. R. Dahn, Phys. Rev. B, **44**, 9170 (1991)
2) N. Daumans and A. Herold, C. R. Acad. Sci **C268**, 373 (1969)
3) 小久見善八編著，「リチウム二次電池」，p.108 (オーム社，2008)
4) M. Winter, J. O. Besenhard, M. E. Spahr and Petr Novák, Adv. Mater., **10**, 725 (1998)
5) W. Xing, J. S. Xue and J. R. Dahn, J. Electrochem. Soc., **143**, 3046 (1996)
6) K. M. Colbow, J. R. Dahn and R. R. Haering, J. Power Sources, **26**, 397 (1989)
7) T. Ohzuku, A. Ueda and N. Yamamoto, J. Electrochem. Soc., **142**, 1431 (1995)
8) S. Sharner, W. Weppner and P. Schmid-Beurmann, J. Electrochem. Soc., **146**, 857 (1999)
9) L. Kavan et al., J. Electrochem. Soc., **150**, A1000 (2003)
10) W. J. H. Borghols, M. Wagemaker, U. Lafont, E. M. Kelder and F. M. Mulder, J. Am. Chem. Soc., **131**, 17786 (2009)
11) M. V. Koudriachova, N. M. Harruson and S. W. de Leeuw, Solid State Ionics, **152/153**, 189 (2002)
12) K. Kavan, M. Graetzel, J. Rathouski and A. Zukal, J. Electrochem. Soc., **143**, 394 (1996)
13) A. R. Atmstrong, G. Armstrong, J. Canales and P. G. Bruce, Angew. Chem. Int. Ed., **43**, 2286 (2004)
14) C. J. Wen, B. A. Baukamp, R. A. Huggins and W. Weppner, J. Electrochem. Soc., **126**, 2258 (1979)
15) J. R. Willhite, N. Karnezos, P. Cristea and J. O. Britan, J. Phys. Chem. Solids, **37**,

1073 (1976)
16) J. R. Dahn, I. A. Courtney and O. Mao, Solid State Ionics, **111**, 289 (1998)
17) Y. Idota, T. Kubota, A. Matsufuji, Y. Maekawa and T. Miyasaka, Science, **276**, 1395 (1997)
18) J. Yang, M. Wachtler, M. Winter and J. O. Besenhard, Electrochem. Solid-State Lett., **2**, 161 (1999), M. Wachtler, J. O. Besenhard and M. Winter, J. Power Sources, **94**, 189 (2001)
19) O. Mao, R. A. Dunlap and J. R. Dahn, J. Electrochem. Soc., **146**, 405 (1999), O. Mao and J. R. Dahn, J. Electrochem. Soc., **146**, 414 (1999)
20) M. Yoshio, T. Tsumura, snd N. Dimov, J. Power Sources, **163**, 215 (2006)
21) P. Poizot, S. Laruelle, S. Grugeon, L. Dupont and J.-M. Tarascon, J. Power Sources, **97-98**, 235 (2001), P. Poizot, S. Laruelle, S. Grugeon and J.-M. Tarascon, J. Electrochem. Soc., **149**, A1212 (2002)
22) 端野 優，日比野光宏，八尾　健，今井義博，2009 年電気化学秋季大会講演要旨集，p. 4
23) M. Hibino, J. Terashima and T. Yao, J. Electrochem. Soc., **154**, A1107 (2007)
24) Y. Oumellal, A. Rougier, G. A. Nazri, J.-M. Tarascon and L. Aymard, Nature Mat., **7**, 916 (2008)

8 正極材料

　現在，実用に供されているリチウムイオン電池の正極活物質は，層状（二次元）のホスト・ゲスト系である $LiCoO_2$，あるいはこれに少量の異種元素をドーピングしてモディファイした化合物である．しかし，Coは資源的に希少で高価であるばかりでなく，高酸化状態では安全性の面でも万全でない．このため，ニッケル，マンガン，鉄などの豊富な遷移金属をベースとする数多くのホスト・ゲスト系正極活物質が研究されており，その中でオリビン（カンラン石）型結晶構造を有する $LiFePO_4$ など，実用フェーズに入っているものもある．本章では，これまでの研究により基本的な特性が明らかとなっている代表的な正極材料について紹介する．

8.1　$LiCoO_2$ を中心とする層状岩塩型酸化物

8.1.1　$LiCoO_2$

　2章で述べたように，岩塩（NaCl）は立方最密充填（ccp；cubic close packing）したClのつくる八面体6配位の隙間のすべてをNaが占める構造で，その立方格子の(111)方向から見れば，ClとNaの層が交互に積層している．$LiCoO_2$ は，NaClにおけるClをOで，Naを一層おきにLiとCoで置き換えたものである．このため「層状岩塩型」と呼ばれる．見方を変えれば，Coを中心とする CoO_6 の八面体が稜を共有して連なることによってできあがる CoO_2 無限層の層間における酸素6配位の位置にLiが入った構造とも見ることができる（図2.3参照）．$LiCoO_2$ の結晶は菱面体晶系（空間群 $R\bar{3}m$）に属し，六方晶の格子定数は $a=0.282$ nm, $c=1.406$ nm である．

　Coの位置をNiが占める $LiNiO_2$ やCoの一部を他の金属元素で置き換えた

151

化合物（例えば $Li(Co_{1/3}Ni_{1/3}Mn_{1/3})O_2$ など）も同様な構造をとり，層状岩塩型酸化物と総称される．なお，この構造をもつ物質として α-$NaFeO_2$ が古くから知られていたことから，「α-$NaFeO_2$ 型」酸化物とも呼ばれる．

$LiCoO_2$ における Co および Li の形式酸化数は $+3$ および $+1$ であるから，[$Co^{III}O_2$]$^-$ 層と [Li]$^+$ 層が主として静電引力で積層しているものと考えられる．CoO_2 層の化学結合は主として共有結合である．層間の Li は，化学的あるいは電気化学的手段によって引き抜くことができる．これによって生じる Li_xCoO_2 では静電的な層間結合力が減少するので，$1>x>0.5$ の範囲では層間距離が広がる．x がさらに小さくなると，層間距離が減少に転じるが，これは Co^{4+} の増加により Co の平均イオン半径が小さくなることも一因であるが，$x=0.5$ 付近で単斜晶への構造相転移が起きるので事情は単純ではない．すべて引き抜いた CoO_2 では中性の [$Co^{IV}O_2$] 層が分子間力（ファンデアワールス力）で積層する．ただし，この場合は酸素の積層様式が立方最密から六方最密充填（hcp; hexagonal close packing）に変化し CdI_2 型になると報告されている[1]．

層間の Li$^+$ は図8.1で示すように酸素の四面体4配位の位置(T)を介して隣の空いている八面体6配位の位置(O)に比較的容易に移動できる．移動の活性化エネルギー E_a はそれぞれの位置における Li$^+$ のエネルギー差（$E_{Li(T)}-E_{Li(O)}$）と考えられる．ab initio 計算により求められる E_a は Li 組成 (x) により多少異なるが，0.3～0.4 eV の値が報告されている[2,3]．$E_a=0.4$ eV とすれば，隣接する O 位置間の距離が $d=0.282$ nm，移動方向数（隣接位置数）は $\alpha=6$ であるから，酔歩する Li イオンの拡散係数（4.4節参照）は室温において

$$D_0 = \left(\frac{d^2}{\alpha}\right)\nu_0 \exp\left(-\frac{E_a}{k_B T}\right) = 3\times 10^{-10}\ cm^2\ s^{-1}$$

の程度と推定される．（ただし，有効振動数は $\nu_0=10^{13}\ s^{-1}$ とした）．この値は室温における固体中のイオンの拡散ではかなり大きい部類に属する．一方，実験的に求められた化学拡散係数（$\tilde{D}=LD_0$，L：熱力学因子）も多数の報告がある．それらは 10^{-10}～$10^{-13}\ cm^2 s^{-1}$ の広い範囲でばらついているが，一例として Levi ら[4]が PITT 法で求めたものを図8.2に示す．

後述するように，このホスト・ゲスト系は多くの相変化や相転移があり組

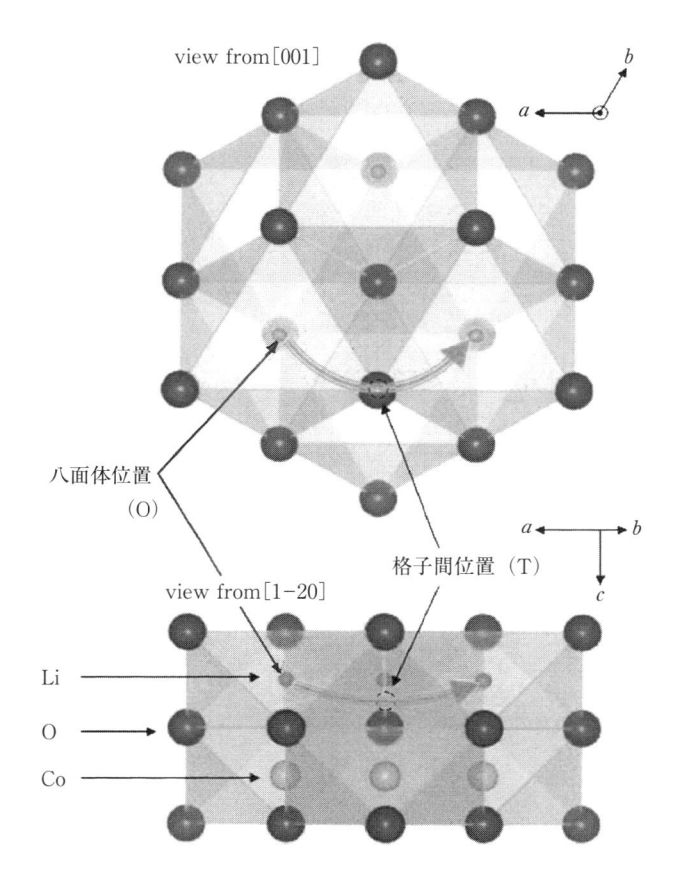

8.1 LiCoO₂ を中心とする層状岩塩型酸化物

図 8.1 LiCoO₂ 中の Li⁺ の拡散径路
[M. Okubo, Y. Tanaka, H.-S. Zhou, T. Kudo and I. Honma, J. Phys. Chem. B, **113**, 2840 (2009) より]

成-電位 (x-E) 曲線が複雑であるため，熱力学因子の算出が難しいが，印加した電位ステップに対応する組成範囲における平均的な $|dE/dx|$ が $k_{B}T/e$ のオーダーにあるとすれば，D_0 は上の値と概ね同じオーダーになる．なお，図 8.2 において，電位 3.9～4.0 V の区間で $\tilde{D}$ が 2 桁近くも小さくなっているのは，この電位付近で二相共存状態が出現して組成-電位曲線が平坦になる（つ

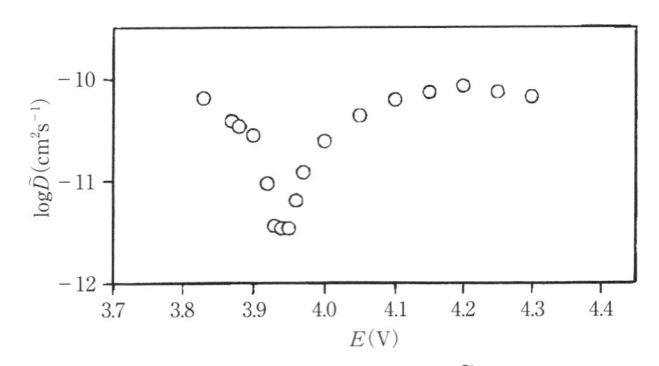

図 8.2 LiCoO$_2$ 中の Li の化学拡散係数($\widetilde{D}$)と電位の関係
[M. D. Levi, G. Salitra, B. Markovsky, H. Teller, D. Aurbach, U. Heider and L. Heider, J. Electrochem. Soc., **146**, 1279(1999)より]

まり，|dE/dx|～0）ことによる．このような場合，リチウムの拡散はホッピングサイト間の障壁によってではなく，相境界の移動に要するエネルギーによって支配されると考えるのが妥当である．

図 8.3 に Li$_x$CoO$_2$ の組成-電位曲線を組成変化に伴う結晶相の変化とともに示す．充電電位を 4.7 V にまで高めれば Li を完全に引き抜くことができるので，このホスト・ゲスト系の容量は 1 Fmol^{-1}，つまり，274 mAhg^{-1} となる．しかし，実際の電池ではサイクル特性や安全性などを考慮する必要があり，充電のカットオフ電位をこのように高い値に設定することはできない．そのため，実用電池のリチウム組成 x の下限は 0.4 以上に制限され，相当する容量はたかだか 160 mAhg^{-1} である．組成-電位曲線は多くの屈曲点があり複雑であるが，これは組成とともに構造が複雑に変化するためである．以下，Li の引き抜き過程（充電方向）で説明する．x=1.0 から 0.9 付近までは LiCoO$_2$ (=hex I 相）から単相反応で Li が引き抜かれるので電位の上昇が見られる．x=0.9 になると，c 軸がやや長い第 2 の六方晶相（=hex II, a=2.81, c=1.42 nm）が生じ，0.9＞x＞0.75 の範囲では hex I および hex II が共存する．そのため，この範囲で電位は一定に保たれる（3.7 節参照）．x=0.75 付近で hex I は消滅し，単層の hex II 相から Li が脱離してゆくが，x=0.55 付近で単相のまま六方晶から単斜晶系に歪む．しかし，単斜晶の範囲は狭く，x=0.45 より小さ

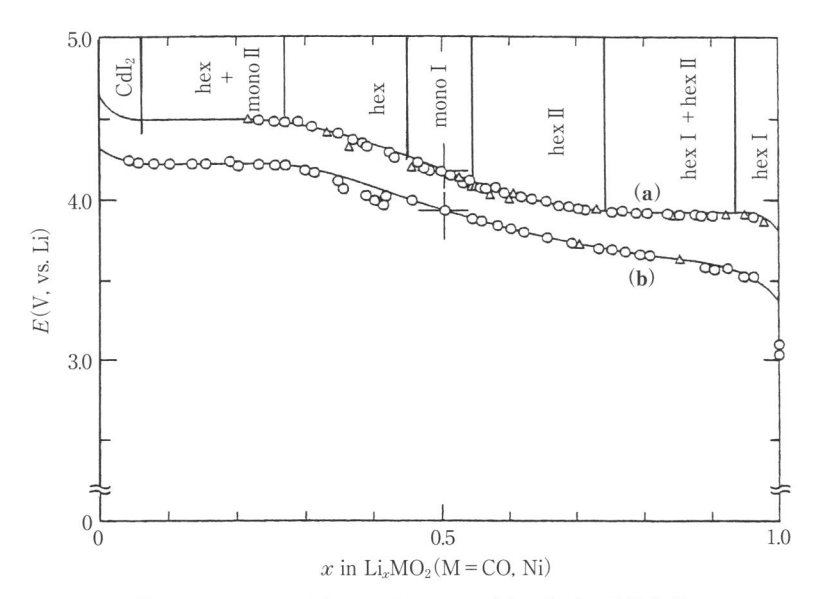

図 8.3 Li$_x$CoO$_2$(a)およびLi$_x$NiO$_2$(b)の組成-電位曲線
(a)については組成変化に伴う相変化も示す
[「電池便覧」第3版, p.329(丸善, 2001)の図を参考に作成]

くなると再び六方晶に戻る．$x=0.5$付近の組成-電位曲線の複雑な挙動はこのような構造変化を反映している．さらにLiを引き抜くと，この六方晶相のc軸の急激な短縮に引き続き，新たな単斜晶相との二相共存状態を経てCdI$_2$型のCoO$_2$($x=0$)になるという[1]．このようにLiCoO$_2$正極の挙動は複雑であるが，そこで起こっていることは基本的にホスト・ゲスト系のトポタクティックな反応であり，組成-電位曲線を均してみれば，Li間に比較的弱い相互作用が働くホスト・ゲスト系に期待される関係（式(3-21)あるいは式(3-30)）から大きく逸脱するものではない．

LiCoO$_2$は，CoCO$_3$などのコバルト源とLiOH H$_2$Oなどのリチウム源の均質な混合物を空気中（酸化性雰囲気），800℃位の高温で焼成することにより容易に合成される．比較的低温（～400℃）で焼成する固相反応では，CoO$_2$層のCoの一部がLi層に，その分LiがCoO$_2$層に移り，層状の規則構造の乱

れた LiCoO₂ が生じる．これは LiCoO₂ の低温相とみなせるので LT-LiCoO₂ と呼ばれる（これに呼応して，層状規則性の正しい LiCoO₂ を HT-LiCoO₂ と呼ぶこともある）．LT-LiCoO₂ では Li 層に入った Co が Li の拡散を妨げるため正極材料としての特性はよくない．構造的に特性の優れた HT-LiCoO₂ は高温における固相反応で合成されるので，粒子サイズは一般に 1～10 μm 程度と大きい．ハイパワー用のリチウムイオン電池（PHEV，EV 用など）には粒子サイズのより小さい HT-LiCoO₂ が必要なため，ゾルゲル法，水熱法などさまざまな低温合成法が研究され，近年ではナノメートル級の微粒子も得られようになっている[5,6]．

例えば，CoOOH（=HCoO₂，LiCoO₂ と同じ層状 $R\bar{3}m$ 構造）を LiOH 水溶液に加えて 120～170℃ で水熱処理することにより，積層方向（c 軸方向）の厚さが 6～32 nm（層方向のサイズは 30～60 nm）の HT-LiCoO₂ 平板微粒子が合成される[7]．この方法で合成される 17 nm のサンプルは，50 C というハイレートの放電でも 90 mAhg⁻¹ の容量を維持する（図 10.1 参照）．一方で，粒子サイズが小さくなるに伴って放電曲線の 4 V 付近の平坦部の容量が減少し，図 8.4 に示すように，放電後期の電位が直線的に低下するという実用上好ましくない現象も生じる．これは，粒子の表層近傍における Li のサイトエネルギー ε が低エネルギー側に分布をもつためと考えられる（3.6 節参照）．

バルクではサイトはすべて等価であるからそのサイトエネルギー ε_b は一定で，LiCoO₂ では約 -4 eV である．表層において ε_b から ε_s（最表面）まで直線的に増加するとすれば，エネルギーあたりのサイト数 g（$=dN/d\varepsilon$）は図 8.5 のようになる．この分布を式(3.39)に入れて式(3-40)と同様に計算すれば，

$$x = \frac{n}{N_t} = \int_{-\infty}^{\infty} \left(\frac{g}{1+\exp\left(\frac{\varepsilon-\mu}{k_B T}\right)} \right) d\varepsilon$$

$$= \frac{1-p}{1+\exp\left(\frac{\varepsilon_b-\mu}{k_B T}\right)} + p + \left(\frac{pk_B T}{\varepsilon_s-\varepsilon_b}\right)\ln\left(\frac{1+\exp\left(\frac{\varepsilon_b-\mu}{k_B T}\right)}{1+\exp\left(\frac{\varepsilon_s-\mu}{k_B T}\right)}\right) \quad (8\text{-}1)$$

である．ここで，n は挿入された Li 数，N_t は総サイト数，p は $p = N_s/N_t$（N_s は表層のサイト数）である．パラメーターを $p=1/3$，$\delta = \varepsilon_s - \varepsilon_b = 40\, k_B T$

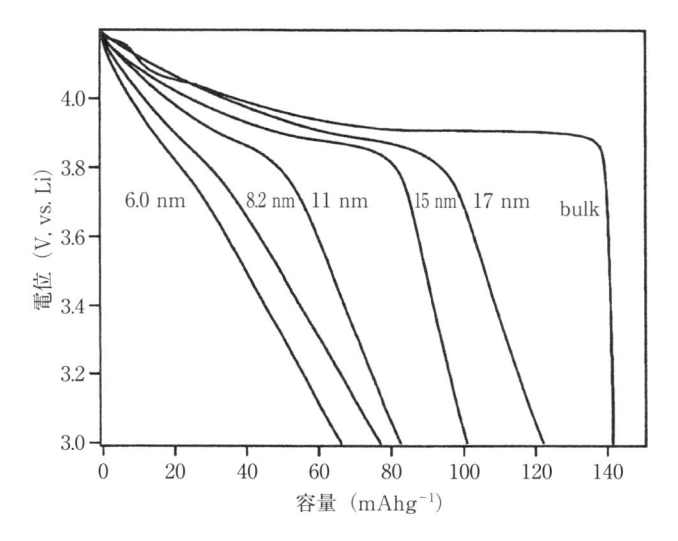

8.1 LiCoO₂ を中心とする層状岩塩型酸化物　*157*

図 8.4 種々の粒子サイズの LiCoO₂ の放電曲線（放電レートが小さいので OCV 曲線とみなせる）
[M. Okubo, E. Hosono, J. Kim, M. Enomoto, N. Kojima, T. Kudo, H.-S. Zhou and I. Honma, J. Am. Chem. Soc., **129**, 7444 (2007)]

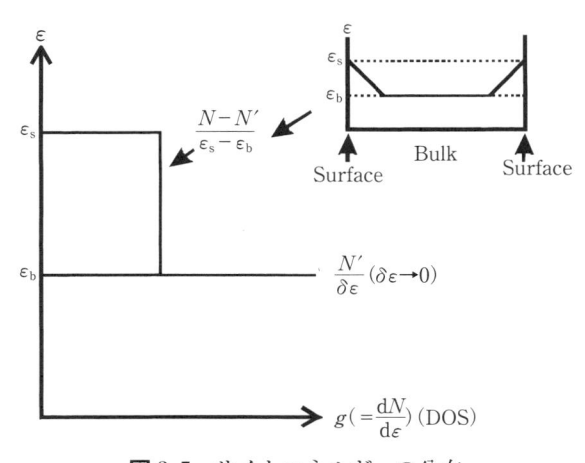

図 8.5 サイトエネルギーの分布

($T=298$ K), $\varepsilon_b=-3.9$ eV として式(8-1)により計算した OCV ($=-\mu/e$) 曲線は,図8.4 の 17 nm の板状ナノ結晶の放電曲線(電流密度が小さいので OCV とみなせる)にフィットすることができる.厚さ 17 nm の結晶は 36 層の CoO_2 層から成る.したがって,$p=1/3$ は表面付近の 5～6 層の層間で ε が 1 eV 程度上昇していることを意味する.他のサイズの粒子も表層が 5～6 層の CoO_2 であるとすればプラトー部の容量が計算値とほぼ一致する.表面付近のサイトエネルギーがバルクより高くなる原因はさまざま考えられるが定量的は議論は今後の課題である.

ナノサイズ化に伴うもう一つの問題点は,通常のサイズの粒子に比べて充放電サイクル特性が低下することである.原因の詳細は明らかでないが,微粒子化に伴い表面積が増大するので電解液との反応が進行しやすくなるなど,化学的あるいは電気化学的安定性が損なわれるためと思われる.レート特性,放電曲線の平坦性,サイクル特性考慮して最適なサイズを選ぶ必要がある.

8.1.2 $LiNiO_2$

この物質は,$LiCoO_2$ と同じ菱面体 $R\bar{3}m$ の構造で,充電して Li を引き抜くと,この場合も六方(菱面体)晶→単斜晶→六方晶の構造変化を示し,最終的に NiO_2 を生成する.この NiO_2 は CoO_2 とは異なり,酸素原子が立方最密の $CdCl_2$ 型である.すなわち,この系では両端組成間で酸素は基本的に立方最密充填構造を保ったままである.

組成-電位曲線の形状は,図8.3 に示すように Li_xCoO_2 とよく似ているが,電位は全組成にわたって 0.25 V ほど低い.$LiNiO_2$ 系は充電のカットオフ電位を 4.2 V という実用上問題のない電位に設定しても,200 mAhg^{-1} 程度の容量が得られることとともに,ニッケルがコバルトより安価であるために,大きな期待が寄せられた.しかしながら,Ni は高酸化状態において Co より不安定で酸素を放出しやすいので,安全性の点で問題がある.そのため,$LiNiO_2$ 自体を実用電池に使うことは困難であるとされる[8].

$LiNiO_2$ も成分金属源の混合物の固相反応によって合成されるが,Ni^{3+} が Co^{3+} に比べて不安定なため,平均酸化数の低い不定比組成の $Li_{1-x}Ni_{1+x}O_2$ が生じやすい.この不定比化合物では,Ni の一部が Li 相を占めるので,LT-

LiCoO₂ と同じ理由で電極特性が劣る．定比組成の LiNiO₂ を得るには，温度（700 ℃付近）と酸素分圧を精密に制御する必要がある．合成が LiCoO₂ に比べて難しいのもこの系の欠点である．

8.1.3　LiNi$_{1/2}$Mn$_{1/2}$O$_2$ および LiCo$_{1/3}$Ni$_{1/3}$Mn$_{1/3}$O$_2$

上記の LiCoO₂ と LiNiO₂ の欠点を解決するため，さまざまな層状酸化物が検討されているが，そのなかで，Ohzuku ら[9,10]によって合成されたこれら化合物がとくに注目されている．両者とも基本的には層状岩塩構造（a-NaFeO₂型構造）をとるが，MO₂ 層の遷移金属 M（Ni, Mn, Co）は平面三角格子をランダムに占めるのではなく，一定の規則配列をしている[11]．

LiNi$_{1/2}$Mn$_{1/2}$O$_2$ における遷移金属は Ni^{2+} および Mn^{4+} の酸化状態にあり，リチウムを引き抜くと Ni のみが 3＋ ないし 4＋ に酸化され，マンガンは 4＋ に留まると考えられている．したがって，Jahn-Teller 効果（歪み）の原因となる Mn^{3+}（d^4）が生じないので，構造的に安定であり良好なサイクル特性を示す．低レートにおける充放電曲線は比較的平坦で，平均電位は 4.0 V（vs. Li）である．カットオフ電位 2.5～4.3 V 間の容量は約 150 mAhg^{-1} である．電位，容量，サイクル特性とも LiCoO₂ に匹敵しつつ，高価なコバルトを含まないことからその代替正極材料として期待される．

LiCo$_{1/3}$Ni$_{1/3}$Mn$_{1/3}$O$_2$ における遷移金属の酸化状態は Co^{3+}，Ni^{2+} および Mn^{4+} であり，充放電に伴って酸化数を変えるのはコバルトとニッケルで，マンガンはこの場合も 4＋ の状態を保つものと思われている．図 8.6 はカットオフ電位を 2.5～4.2 V として測定した定電流充放電曲線である．この場合の容量は 150 mAhg^{-1} であるが，充電のカットオフ電位を 5 V に高めれば，比較的安定したサイクル特性を維持しつつ 200 mAhg^{-1} という高容量を示す．コスト的に LiCoO より有利であり，また熱安定性も LiNiO₂ に勝るので，有望な実用正極材料の候補である．

これらの化合物は，遷移金属水酸化物の共沈物に Li 源（LiOH H₂O）を加えて 1000 ℃ で焼成するという固相反応法によって得られる．より低温で合成すると電気化学的特性が低下するので，粒子サイズを小さくすることが難しい．この点も含めてレート特性の改善が課題であるといわれている．

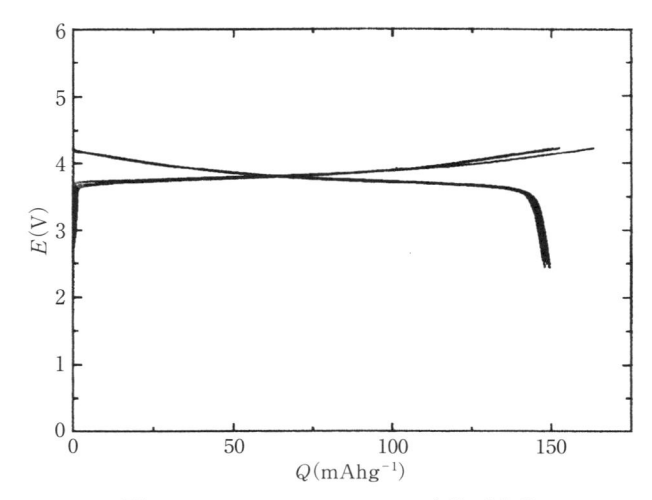

図 8.6 LiCo$_{1/3}$Ni$_{1/3}$Mn$_{1/3}$O$_2$ の充放電曲線
[T. Ohzuku and Y. Makimura, Chem. Lett., **642**(2001) より]

8.2 スピネル型 LiMn$_2$O$_4$ および関連化合物

　スピネル（尖晶石）とは，MgAl$_2$O$_4$ の鉱物名で，きわめて多くの AB$_2$X$_4$ 型の化合物がこれと同じ結晶構造をとる．スピネル構造は，多少，複雑ではあるが，LiCoO$_2$ と同じく，陰イオンの ccp 構造が基本となっている．しかし，LiCoO$_2$ ではすべての陽イオンは陰イオン（酸素）の八面体 6 配位の隙間を占め，そのすべてを埋めているのに対し，MgAl$_2$O$_4$ では Mg(＝A) は酸素の四面体 4 配位の隙間の 1/8 を，Al(＝B) は八面体の隙間の 1/2 を占める．Mg の占める隙間はダイヤモンド型の格子をなし，結晶学においては 8a サイトと呼ばれる．Al の占める隙間は，酸素の八面体の隙間のうち 8a サイトに隣接しない方の半分で 16d サイトと呼ばれる．残りの半分の八面体の隙間（＝16c サイト）は，図 8.7 のように隣接する 8a サイトを結ぶ直線の中点に位置する．図 8.7 は Mg を原点に置いた単位格子で，立方晶系($Fd3m$)に属し MgAl$_2$O$_4$ を 8 個含む（$z=8$）．同じスピネル構造の化合物でも二つの B のうちの一つが

8.2 スピネル型 LiMn₂O₄ および関連化合物　161

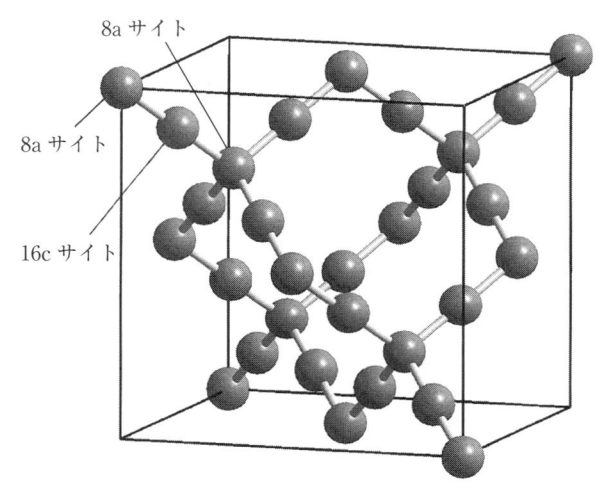

図 8.7 スピネル構造中のリチウム輸送ネットワーク
（見やすくするため一部を省略してある）

8a サイトを占め，残りの B と A が 16d サイトをランダムに占めるものもある．フェリ磁性体のマグネタイト $Fe_3O_4(=Fe^{3+}_{8a}(Fe^{3+}, Fe^{2+})_{16d}O_4)$ がその一例で，逆スピネルと呼ばれる．これと区別して，$MgAl_2O_4$ と同じ陽イオン配置のものを正スピネルと呼ぶ．

8.2.1　LiMn₂O₄

　このスピネルは正スピネルで，格子定数は $a=0.824$ nm である．マンガンの平均形式酸化数は +3.5 であり，Mn^{3+} と Mn^{4+} が 16d サイトをランダムに占めているものとみなせる．充電すると，スピネル構造を保ったまま 8a サイトの Li が引き抜かれるとともに Mn^{3+} が Mn^{4+} に酸化され，4 V 級のホスト・ゲスト系正極として働く．また，$LiMn_2O_4$ に Li を電気化学的に注入することも可能であるが，この場合は，歪んだ岩塩型構造の $LiMnO_2(=Li_2Mn_2O_4)$ が生じ，二相共存系の 3 V 級正極として働く（図 8.8 参照）．

　これまで多くの研究がなされ，実用段階に達しているのは 4 V スピネル領域であるので，まずこの領域について述べる．

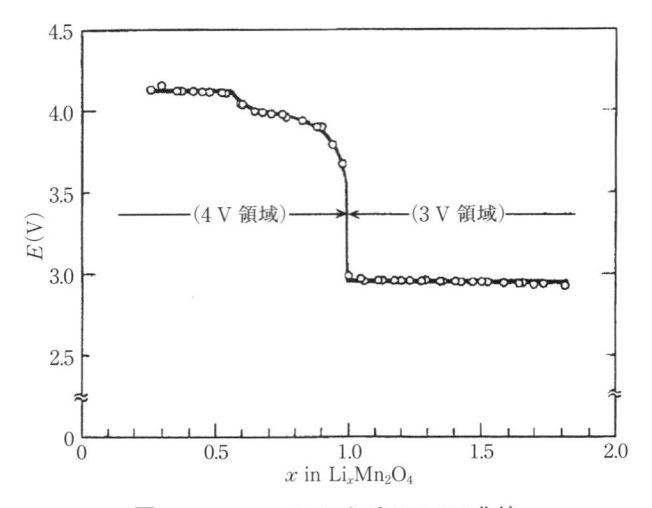

図 8.8 $Li_xMn_2O_4$ における OCV 曲線
[T. Ohzuku, M. Kitagawa and T. Hirai, J. Electrochem. Soc., **137**, 769 (1990) より]

$LiMn_2O_4$ 中の Li は，MnO_6 八面体が連結してできる比較的強固な三次元的骨格の隙間にあるので，CoO_2 層の間にゆるく閉じ込められている $LiCoO_2$ 中の Li に比べると移動が困難と思える．それにもかかわらず，容易に Li を引き抜くことができるのは，8a サイトの間にある空位の 16c サイトを介して Li が移動できるからである．しかも，図 8.7 に見られるように，8a-16c-8a の Li 輸送経路が三次元的ネットワークであることも Li の拡散に有利で，層状物質に劣らぬ充放電レート特性を示す．

スピネル相（$Li_xMn_2O_4$）の組成-電位曲線（OCV 曲線）は，図 8.8 における $x<1$ の範囲である．組成が $1>x>0.4$ ではスピネル単相における Li の脱挿入で電位の変化が認められる．$x=0.4$ の付近で新たな立方晶相（$=\lambda\text{-}MnO_2$，空間群は同じ $Fd3m$）が生じ，$0.4>x>0.2$ ではこの二相が共存するため電位は平坦となる．Li を含まない端組成（$x=0$）の $\lambda\text{-}MnO_2$（$a=0.805$ nm[12]）まで充電できれば容量は 148 mAhg^{-1} となるが，実際の電気化学系でここまで引き抜くのは難しく，実用的な容量は 130 mAhg^{-1} 程度である．

この系のOCV曲線でとくに注目されるのは，$x=0.5$における電位の急峻な変化である．しかも，$x=0.5$は変曲点にもなっている．このホスト・ゲスト系が単相領域にある $x=1\sim 0.4$ の範囲で何故このような挙動を示すのかについて，多くの議論がなされている．

Dahnら[13]は，最近接Li間に約40 meVの斥力相互作用が，第二近接Li間に5 meVの引力相互作用が働くものとして，平均場近似モデルにより室温における組成・電位曲線を計算した．それが実測曲線をある程度再現することを示すとともに，8aサイトのダイヤモンド格子を構成する二つの面心立方(fcc)副格子間で，Liのオーダリング（規則・不規則転移）が起こるのが原因であると述べている．しかし，平均場近似より近似度の高いベーテ近似（3.4節参照）において，近接Li間に50 meV($=1.92\,k_B T$, $T=298$ K)という比較的大きな相互作用が働くとして計算すると，規則・不規則転移を伴わず，（不規則相のまま）$x=0.5$に屈曲をもつOCV曲線を得ることができる（図3.6参照）．

このような議論に関連してOCV曲線の温度変化も観測され，図8.9に示す結果が報告されている[14]．これを見ると273 KにおいてOCV曲線の形状が劇的に変わり，電位は$x=0.5$で階段状に変化しその前後では平坦になることがわかる．したがって，273 KにおいてはじめてLiの規則相が生じ，室温では全領域において不規則相であると考えるのが自然である．しかし，$LiMn_2O_4$はJahn-Tellerイオン（Mn^{3+}）を含むので，構造相転移と関連する可能性もあり議論に決着はついていない．

$LiMn_2O_4$の4 V領域の実用容量は$LiCoO_2$のそれに比べてやや小さいが，資源的に豊富なマンガンをベースとするので，コスト面の問題が少なく，また安全性にも優れているので，EV用など大型のリチウムイオン電池の正極材料の候補として有望視されている．しかしサイクル特性が十分でなく，実用化の障害になっている．この主な原因は，放電状態でMn^{3+}リッチになると電解液に対し多少の溶解性を示すためである．溶解を防ぐため，Mn^{3+}濃度の低いリチウム過剰の組成のスピネル $Li_{1+x}Mn_{2-x}O_4 (= Li_{8a}(Li_x, Mn^{III}_{1-3x}, Mn^{IV}_{1+2x})_{16d}O_4)$ の利用が検討されている．ただし，この場合は充電時に酸化されるべきMn^{III}が$1-3x$に減少するので，その分だけ容量が低くなる．また，Mnの一部をCoやCrで置換するとサイクル特性が向上する[15]が，やはり容量の犠牲を伴う．

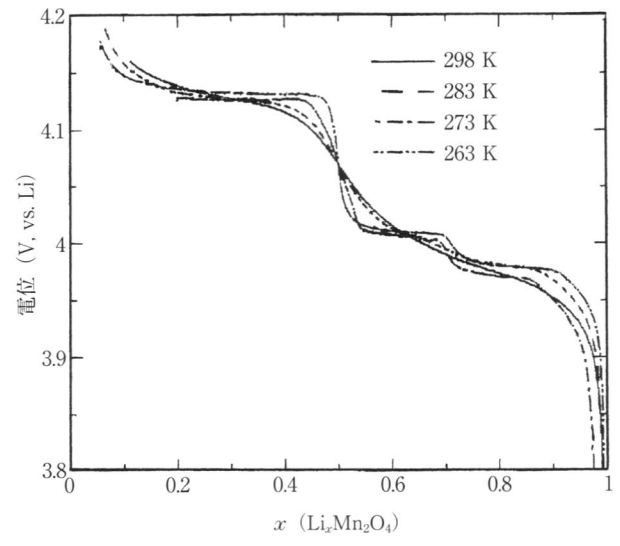

図 8.9 LiMn$_2$O$_4$ の OCV 曲線の温度依存症
[H. Abiko, M. Hibino and T. Kudo, Electrochemical and Solid-State Letters, **1** 114(1998) より]

次に 3 V 領域（図 8.8 において $1<x<2$）について述べる．4 V 領域の容量は理論値でも 148 mAhg^{-1} であるが，3 V 領域まで含めると理論容量がほぼ倍増して 285 mAhg^{-1} になるので，両領域にわたってこの正極材料を使いこなそうとする研究も盛んである．LiMn$_2$O$_4$ に Li を注入すると，まずは空いている 16c サイトに入るであろう．しかし，8a-16c の距離は（$\sqrt{3/8}$）a=0.178 nm と短いので，両サイト間の Li には強い静電的な反発相互作用が働く．そのため Li が挿入されたスピネル相は不安定で，すぐに LiMn$_2$O$_4$ と正方晶に歪んだ岩塩型構造の LiMn^{III}O$_2$ に相分離を起こし，この二相が共存することになる．図 8.7 の 3 V 領域において，組成に関係なく電位が一定なのはこの反映である．

4 V と 3 V 領域をまたぐ変化は原子の再配置と体積変化を伴うので，実用的な速度（= 電流密度）で Li の挿入・脱離を行うのは容易ではない．実際，粒子径が 1 μm 級の LiMn$_2$O$_4$ を 4 V 領域から 1C 程度の電流密度で放電しても，

3V領域の容量はほとんど得られない．粒子サイズを小さくするとこの変化が円滑になり，10 nm級の微粒子ではC/4レートで100 mAhg^{-1}を超える3V領域の容量を示し，ヒステリシスを伴うものの4V領域への再充電も可能となる[16,17]．しかし，3V領域を利用するには，6%にも及ぶ体積変化とMn^{3+}の溶解の問題に対処する必要がある．

8.2.2 LiNi$_{1/2}$Mn$_{3/2}$O$_4$など5V級正極材料

LiMn$_2$O$_4$のMnの一部を，CrやNiで置換したスピネル型LiM$_x$Mn$_{2-x}$O$_4$（M＝Cr, Ni）は，置換量xに応じて4V領域の容量が減少するが，充電終止電位を高めると5Vに近い高電位に新たな電位平坦部を生じ，その容量はxと共に増加する現象が見出され，5V級正極材料として多くの研究がなされている．5V領域の容量は置換量とともに増加するのであるから，その領域の容量はCrやMnの酸化還元が担っているものと考えられる．

5V級正極材料の代表的組成は，LiNi$_{1/2}$Mn$_{3/2}$O$_4$（x＝1/2）であり，固相反応法やゾルゲル法で合成される．固相法は合成温度が高い（800℃）ので，Mnの一部が還元されて，少量の不純物相（Li$_{0.2}$Ni$_{0.8}$O）を含むが，低温合成（～600℃）が可能なゾルゲル法による試料は単一相となる[18]．正規組成のLiNi$_{1/2}$Mn$_{3/2}$O$_4$におけるNiおよびMnの酸化数は＋2および＋4と考えられる．図8.10にゾルゲルおよび固相法で合成したサンプルの充放電曲線を示す．前者の充電曲線は高電位（～4.7 V）のみのプラトー（＝電位平坦部）を示し，みかけの容量は約160 mAhg^{-1}である．これはLiがすべて引き抜かれたとするときの理論値（146 mAhg^{-1}）を上回る．一方，放電容量は充電容量よりはるかに小さく，100 mAhg^{-1}程度である．充電と放電でこのように大きな容量の差が生じるのは高電位で電解液の電解酸化が起こり，そのために電流の一部が消費されるためである．"みかけの"といったのはそのためで，Liの脱挿入に関わる実際の容量は120～130 mAhg^{-1}程度と推定される．

これに対して，固相法で合成したサンプルの充電曲線は4V領域の狭いプラトーを示した後，高電位プラトー領域に移行する．全容量は同じく160 mAhg^{-1}近辺である．低電位（4V）領域のプラトーは高温合成で生じたMn^{3+}に由来するものと思われる．放電容量は130 mAhg^{-1}で，充電容量と放

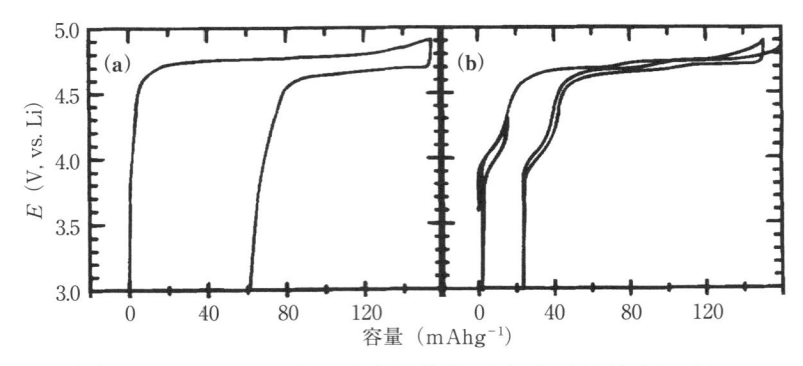

図 8.10 LiNi$_{1/2}$Mn$_{3/2}$O$_4$ の充放電曲線，(a)ゾルゲル法サンプル，(b)固相反応法サンプル
[Q. Zhong, A. Banakdarpour, M. Zhong, Y. Gao and J. R. Dahn, J. Electrochem. Soc., **144**, 205(1997)より]

電容量の差はゾルゲル法サンプルよりはるかに小さい．これは高温で合成されたこのサンプルの表面積がゾルゲルサンプルより小さいため，電解液の電気化学的酸化が抑制されたものと理解できる．

これらの充放電曲線は，電解液の電解酸化を伴いながら測定されたものであるから正確な値を知ることはできないが，高電位 4.7 V 領域の容量は少なく見積もっても 100 mAhg^{-1} であり，LiNi$_{1/2}$Mn$_{3/2}$O$_4$ から半分の Li が脱挿入されるときの理論量（73 mAhg^{-1}）を超えるのは確かである．これは充電時に Ni^{2+} の一部は Ni^{4+} まで酸化されることを意味する．そうであれば，高電位領域において Ni^{2+}/Ni^{3+} および Ni^{3+}/Ni^{4+} に対応する二段のプラトーが生ずると考えるのが自然であるが，そのような現象は報告されていない．

LiNi$_{1/2}$Mn$_{3/2}$O$_4$ はサイクル特性も比較的よく，高電圧・高エネルギー密度の正極材料として期待できるが，その実用化のためには耐酸化性の電解質の開発が必要である．

8.3 LiFePO$_4$ を中心とする酸素酸塩正極材料

酸素酸（= オキソ酸，oxoacid）とは中心原子（主として，非金属）X と酸

素の共有結合でできたXO_nの酸素に水素が結合し，その水素が水溶液中でH^+に解離して酸性を示すものをいう．H_2SO_4やH_3PO_4がその代表例である．酸素酸塩はその塩であり独立したアニオンXO_n^{m-}と陽イオン（金属）からなるイオン結合性の結晶なので絶縁性で，たとえそれが遷移金属を含むものでも電気化学的には不活性と考えられていた．ところが，1997年，層状岩塩型$LiCoO_2$を見出したのと同じGoodenoughのグループは，オリビン構造をもつ酸素酸塩$LiFePO_4$が電気化学的なLiの引き抜きと再挿入の可能な電極活物質であることを明らかにした[19]．以降，この周辺の物質も含めて夥しい数の研究が行われ，$LiFePO_4$を正極とするリチウムイオン電池は一部で実用に供されるまでに至っている．これまでのリチウムイオン電池の正極材料の開発がJ. B. Goodenoughの掌の上で動いてきたという感を禁じえない．

8.3.1 LiFePO$_4$

　この化合物は，カンラン石（＝オリビン，olivine）と同じ結晶構造をとる酸素酸塩の一種である．カンラン石とは，組成M_2SiO_4（Mは Mg，Fe^{II}などの2価金属）をもつ斜方晶に属する鉱物の総称である．この構造を配位多面体モデルで見れば，図8.11(a)で示すように，XO_4（＝PO_4）四面体と，MO_6（＝FeO_6）八面体が連なり，隙間の空間にリチウム原子が一次元方向に並んでいる[19]．しかし，PO_4はsp^3混成の共有結合でできる孤立した原子団であるから，酸素原子で規則正しく空間を満たしておいて，4配位位置や6配位位置に金属原子を配置していくという方法ではイメージしにくい構造である．XO_4四面体は，すべての頂点をMO_6八面体と共有しており，一つの稜のみMO_6八面体と共有している．したがってXO_4四面体は，お互いには連結しておらず，五つのMO_6八面体に取り囲まれている．一方，MO_6八面体から見ると，一つの稜をXO_4四面体と共有し，すべての頂点はXO_4四面体と頂点共有で結合している．

　$LiFePO_4$では，リチウムを引き抜いていくと，四面体と八面体の骨格を維持したままリチウムが抜けた構造の$FePO_4$（図8.11(b)）が生成し，基本的には$LiFePO_4$と$FePO_4$の二相共存状態で反応が進行する．両者の対称性が変わらず充放電の繰り返しによる劣化が小さい．遷移金属のd軌道と酸素の2p軌

168　第 8 章　正極材料

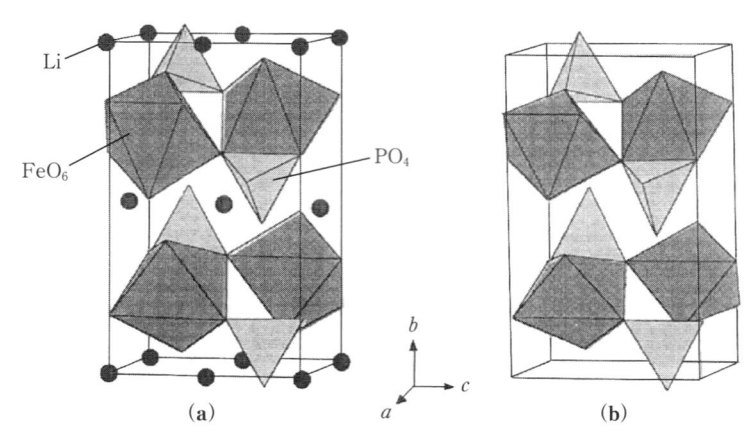

図 8.11　カンラン石型の(a)LiFePO$_4$ および(b)FePO$_4$ の構造
[A. K. Padhi, K. S. Nanjundaswamy and J. B. Goodenough,
J. Electrochem. Soc., **144** 1188(1997)より]

道によってバンドが形成される他の正極材料とは異なり，局在電子系であることから，本質的に電子伝導性が低いという特徴をもつ．この局在系はイオン結合的といいかえることができる．電極電位は電極材料中のリチウムの化学ポテンシャルで決まるが，反応に関与する鉄の d 電子のエネルギーは，鉄と酸素の共有結合性が小さいため，非局在系の鉄酸化物におけるエネルギーと比較して結合性軌道は上がり，反結合性軌道は下がる．反応に寄与する反結合性軌道の電子のエネルギーの低下は，活物質と電解質の界面での平衡の式 Li$^+$＋e$^-$＝Li における電子の化学ポテンシャルの低下となる．電解質中のリチウムイオンの化学ポテンシャルは変化しないので，リチウムの化学ポテンシャルが低くなることがわかる．したがって，金属リチウムとの間のリチウムの化学ポテンシャルの差は広がるから，この反応における電位は高くなる．実際，LiFePO$_4$ では，Fe^{2+}/Fe^{3+} レドックスを利用する非局在系電子軌道をもつ材料よりも高い電極電位（約 3.5 V（vs. Li/Li$^+$））をもつ．リチウムの 2s 軌道から LiFePO$_4$ の鉄の反結合性軌道に移る際の電子のエネルギーの利得分が大きくなるため，リチウムとの電位差が大きいと見てもよい．このことから，鉄の二価と三価のレドックスであっても，遍歴電子系の材料と比べて高電位の材料と

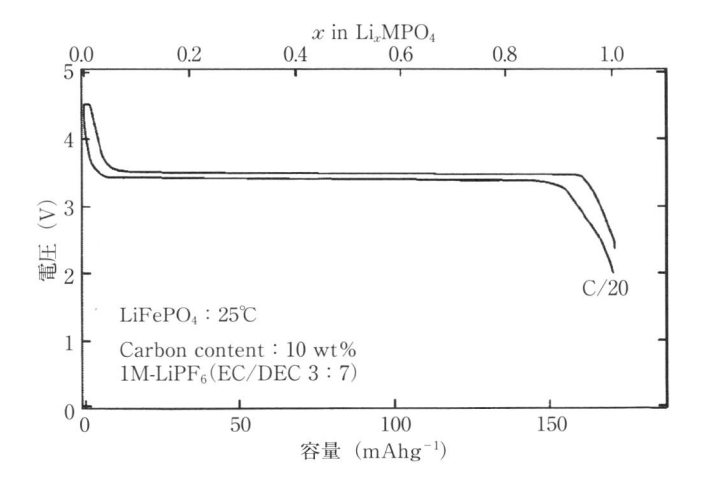

図 8.12 LiFePO$_4$充放電曲線
[M. Yonemura, A. Yamada, Y. Takei, N. Sonoyama and R. Kanno, J. Electrochem. Soc., **151**, A1352(2004)より]

なっている.

OCV曲線に近い低レート（C/20）の充放電曲線の典型例を図8.12に示した[20]．このようなレートでは理論容量（170 mAhg^{-1}）に近い150 mAhg^{-1}を超える容量が得られる．両端部を除き，二相共存系特有の平坦性の高いふるまいを示す．

LiFePO$_4$は，上述の電子構造のため電子伝導性がきわめて低いことに加えて，両エンドメンバー（LiFePO$_4$/FePO$_4$）に近い組成領域を除いて電極反応が二相系で進むので，当初は高レートの充放電は難しいと考えられていた．しかし，この活物質粒子の表面を炭素系の電子導電体でコーティングすると，粒子径が1 μmを少し下回る程度のものでもかなりハイレート（〜10 C）の充放電が可能なことが実証されている．絶縁性の二相系が，なぜ，高いレート特性を示すことができるのかを説明するいくつかのモデルが提案されている．Delmas[21]らよると，原子配置の乱れのある二相の境界領域（幅，数 nm）は比較的高い電子伝導性を有し，そこからリチウムが挿入（あるいは脱離）されると同時に相境界の移動が起こり，その結果として，図8.13のようなスキー

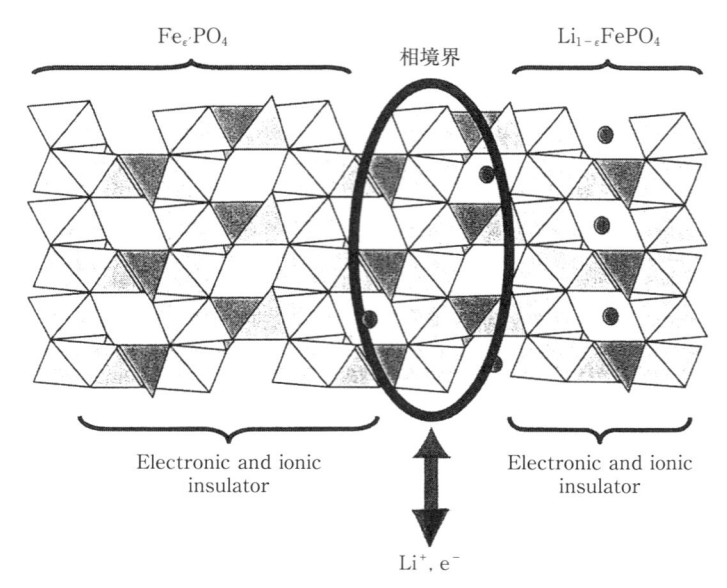

図 8.13 LiFePO₄ の二相境界の乱れた領域で Li の脱挿入するモデル（Delmas モデル）
[C. Delmas, M. Maccario, L. Croguennec, F. Le Cras and F. Weil, Nature Materials, **71**, 665 (2008) より作成]

ムでリチウムの実質的な輸送が粒子内の一方向に高速で起こるためとされる．しかし，これは一つの仮説に過ぎず，LiFePO₄ の動特性の理解には，今後の研究に待たれるところが多い．

8.3.2 LiMnPO₄

　この物質は同じくオリビン構造をとる酸素酸塩であり，電極反応が二相共存で進行するのも同じであるが，酸化還元電位は LiFePO₄ より高い 4.1 V（vs. Li）である．これは LiCoO₂ とほぼ同じ電位で，現状の有機電解液中で使うことのできる高電位正極活物質として期待される．しかし，Li の引き抜き・挿入が LiFePO₄ に比べてはるかに困難で，充放電のレート特性に問題がある．これは電子電導性とリチウムの拡散性（相境界の移動性）が低いためと考えら

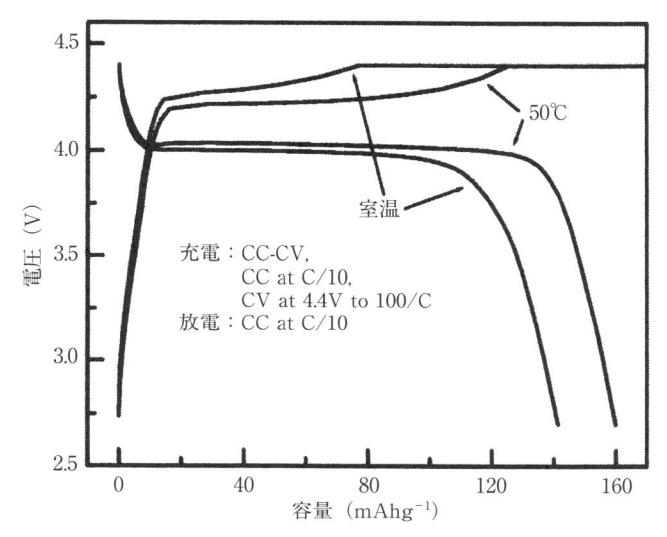

図 8.14 LiMnPO₄/炭素系ナノコンポジットの充放電曲線
（温度：室温および50℃）
[D. Wang et al., J. Power Sources, **189**, 624(2009) より]

れている．この問題を解決するため，ナノサイズ微粒子の合成法や炭素による表面被覆法などが研究され，数 C のレートでの充放電が可能となっている．

図 8.14 は，ジエチレングリコール/水系溶媒中で酢酸マンガンと LiH₂PO₄ を反応させて得られる LiMnPO₄ の板状微粒子（厚さ〜30 nm）にミリング法でアセチレンブラックの被覆処理を施したサンプルの充放電曲線である[22]（放電レート：C/10）．レートは大きくないが，50℃では理論容量（170 mAhg⁻¹）に近い動的容量を示している．図 8.15 は，同じサンプルについて測定された動的容量のレート依存性であるが，2 C というかなり高いレートでも 100 mAhg⁻¹ の容量が維持される．このような良好な特性を示すのは，単に粒子サイズが小さいことのためばかりではなく，その薄い平板状の形状（モルフォロジー）にも関係すると思われる．もし，図 8.13 のように，Li の脱挿入が ab 面内の相境界領域で起こり，それが b 方向にのみ速く移動できるとすれば，この形状は都合がよいからである．

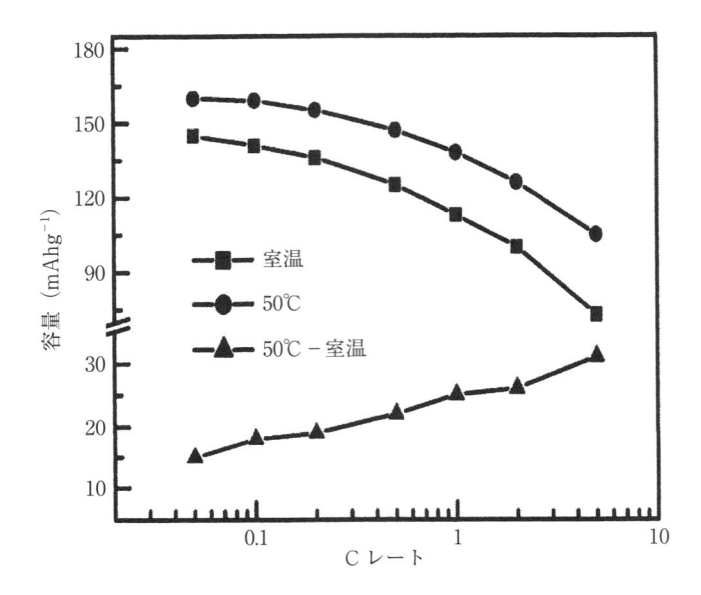

図 8.15 LiMnPO$_4$/炭素ナノコンポジットのレート特性
[D. Wang et al., J. Power Sources, **189**, 624(2009)より]

この系はJahn-Teller(J-T)イオンMn^{3+}(d^4)を含むのでLiMn$_2$O$_4$の場合と同様，充放電のサイクル安定性が危惧されるが，実際は，室温ではもとより50℃においてもよいサイクル特性を示す．J-T効果（歪み）は配位子場中でのJ-Tイオンの示す現象であるが，この物質では配位子である酸素がPO$_4$として強く共有結合しているので，歪みを起こさず安定に存在するものと考えられる．

8.3.3 Li$_2$FeSiO$_4$

この酸素酸(SiO$_4$$^{4-}$)塩が電気化学的なリチウムの脱挿入反応(Li$_2$FeSiO$_4$=LiFeSiO$_4$+Li$^+$+e$^-$，理論容量：166 mAhg^{-1})に活性であることはUppsala大学（スウェーデン）のJ. O. Thomasのグループによって，初めて示された[23,24]．電位は2.8 V（vs. Li）でLiFePO$_4$に比べてやや低いが，地球表層に二番目に多く存在するSiを成分とするので資源的にも魅力ある正極材料である．

電位が低いのは，Si の電気陰性度が P より小さく，SiO$_4$ の酸基としての強度が PO$_4$ に比して弱いからである．

Li$_2$FeSiO$_4$ は Li$_2$SiO$_3$ とシュウ酸鉄（Fe^{II}）の混合物を還元性雰囲気中，700 ℃で焼成するなど固相反応で合成される．その構造はかなり複雑であるが，Li$^+$ イオン導電性固体電解質として有名な LISICON の基本形である γ-Li$_3$PO$_4$ の構造から導かれる[25]．酸素は基本的に hcp のパッキングをとり，Si はもとより，Fe も Li もその四面体 4 配位隙間に入っている．充放電反応の詳細については完全に明らかとはいえないが，Li$_2$FeSiO$_4$/LiFeSiO$_4$ の二相共存で進行

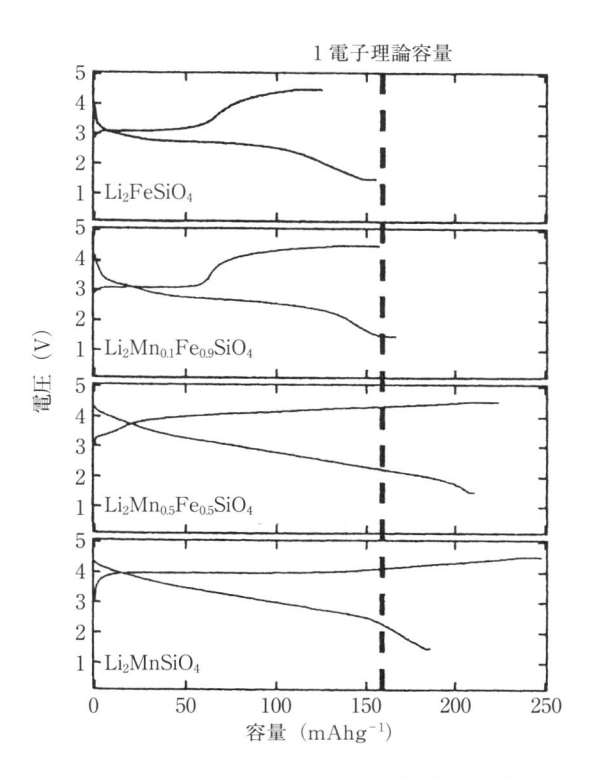

図 8.16 Li$_2$Mn$_x$Fe$_{1-x}$SiO$_4$ の初期充放電特性
［山田淳夫，第 68 回新電池構想部会講演会，p. 1
（電気化学会電池技術役員会，2009）より］

すると思われている．現状では，低レート（C/25）においても，動的容量は理論値の75％，125 mAg^{-1}程度にとどまっている．

この酸素酸塩 Li$_2$FeSiO$_4$ の魅力は資源面にとどまらない．むしろ，これから2個のLiの引き抜き，再挿入が可能であれば 300 mAhg^{-1} を超える高容量の正極材料が実現されるという期待の方が大きい．しかし，これはなかなか難問である．図 8.16 に，Fe の一部を Mn で置き換えた Li$_2$Fe$_{1-x}$Mn$_x$SiO$_4$ の充放電曲線を示す[26]．Li$_2$FeSiO$_4$ 単独では1電子（1個のLi）に相当する容量しか得られないが，Mn の置換量を増やすとそれ以上の容量も認められるようになり，2電子目の反応が示唆される．しかし，充放電を数回繰り返すとその容量は消滅する．2電子目の反応が原理的に可能か否かの理論的な考究も待たれるところである．

この他の酸素酸塩系ではホウ酸ベースの LiMBO$_3$（M：Mn, Fe）[27]などが研究されているが，未だ基礎的な段階である．

8.4　充電状態として合成される正極ホスト

1章でも述べたように，今日のリチウムイオン電池が成功した一因は負極，正極とも放電状態のホスト・ゲスト系（C および LiCoO$_2$）を組み合わせて放電状態の電池をつくり，それを充電してから使いはじめるところにあった．しかし，LiCoO$_2$ の先駆けとなったのは，TiS$_2$ など Li を含まない充電状態の層状金属カルコーゲンホストである．充電状態のホストも，今後，金属 Li が負極に利用できるようになったり，充電状態で安定な負極が開発されたりすれば，再び登場することもあろう．簡潔にではあるが，TiS$_2$，MoS$_2$，WO$_3$ については2章で触れたので，ここでは合成時にリチウムを含まず，充電状態にある正極ホストとして最もよく研究されてきた酸化バナジウム系ついて紹介する．

8.4.1　結晶質 V$_2$O$_5$

五酸化バナジウム V$_2$O$_5$ は，ピラミッド型の VO$_5$ 多面体を基本構造と見ることができる．一つの上向き VO$_5$ ピラミッドは，底面の4本の稜のうちの2

本を下向きの VO₅ ピラミッドと共有し，底面で一つだけ稜共有にあずからない酸素を上向きの VO₅ ピラミッドと頂点共有する．稜共有で連なる VO₅ ピラミッドはジグザグ鎖になっており，隣のジグザグ鎖と連結する．こうしてできた基本面が積み重なって斜方晶となっている．上の層の VO₅ ピラミッドの真下には，下の層の中で同じ向きの VO₅ ピラミッドが存在し，上の層のバナジウムと下の層の頂点酸素は約 0.273 nm 離れている．したがって，この離れた頂点酸素もカウントすれば各バナジウム原子は 6 個の酸素原子に囲まれているが，正八面体からの歪みは大きく，通常は 5 配位とみなされる．ピラミッドの頂点の酸素とバナジウムとの結合距離は約 0.158 nm と短く，二重結合性が強い．

リチウムを挿入していくときの放電曲線は図 8.17 に示されている[28]．図からわかるように室温では，$Li_xV_2O_5$ には複数の結晶相があり，$x=0〜0.1$ で α 相，$0.33〜0.64$ で ε 相，$0.7〜1.0$ で δ 相となる．この境界の値は報告により違いがあるが，これらの共存領域では電位曲線は平坦となる．ε 相はさらに，格

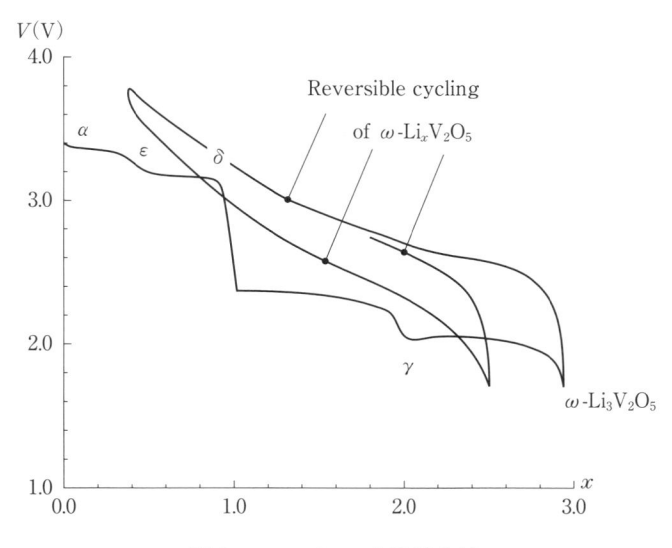

図 8.17 V_2O_5 の充放電曲線
[C. Delmas, H. Cognac-Auradou, J. M. Cocciantelli, M. Menetrier, J. P. Doumerc, Solid State Ionics, **69**, 257 (1994) より]

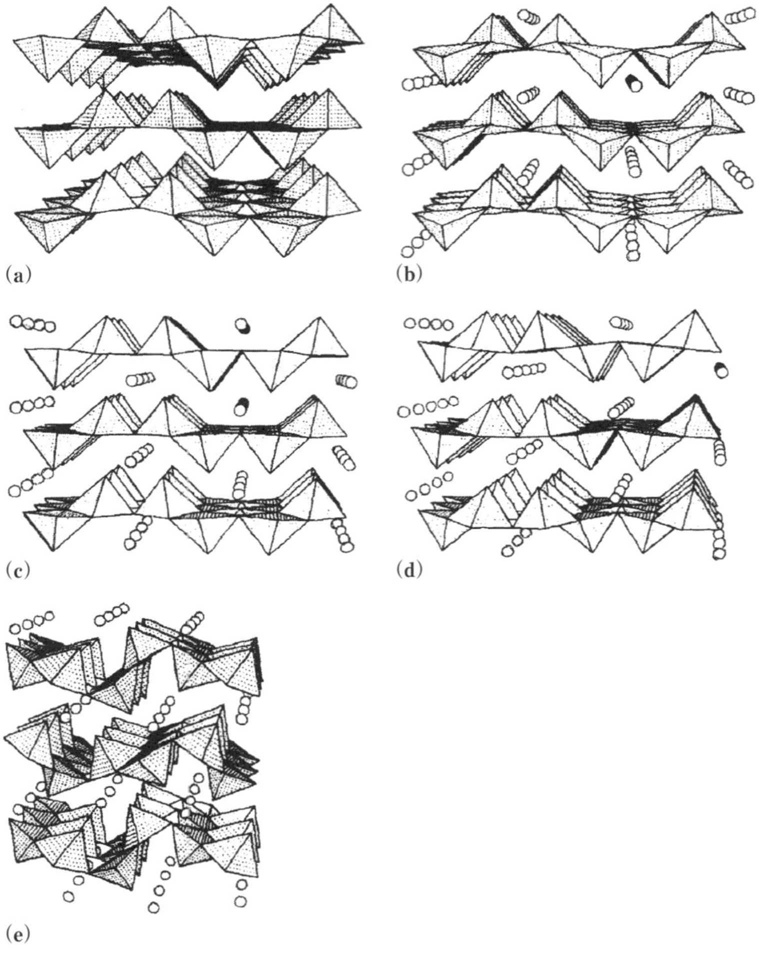

図 8.18 V$_2$O$_5$ の Li 挿入による構造変化
(a) V$_2$O$_5$, (b) α 相, (c) ε 相, (d) δ 相, (e) γ 相
[J. M. Cocciantelli, J. P. Doumerc, M. Pouchard, M. Broussely and J. J. Labat, J. Power Sources, **34**, 103 (1991) より]

子の周期と整合性のないリチウム配列周期のため x の小さな領域と大きな領域とで二種類あると報告されている[29]．

$x>1$ では γ 相が現れる．図8.18に示したように，リチウム量とともに変化するこれらの構造は，α 相から ε 相へは変化が小さく，δ 相で各面が面方向に $b/2$ だけスライドし，リチウムをより多く収容できる構造となる．また，γ 相では V_2O_5 の基本面が大きく折れ曲がる[30]．$0<x<1$ では各相間での構造変化が小さく，可逆に変化するためサイクル特性は良好である[31]．一方，$x=1$ を横切るようにサイクルを繰り返すと，δ 相から γ 相への不可逆な反応（VO_2^+ イオンの放出[32]）によりサイクル特性は低下する[33]．さらにリチウムを入れていくと，$x=3$ で，以後の充放電でリチウムが可逆に出入りし，大きな傾きの電位曲線をもつ立方晶の ω 相 $Li_3V_2O_5$ への変化が報告されている[28]．しかし，$x>1$ では，バナジウムの不均化反応（$2V^{4+} \rightarrow V^{5+}+V^{3+}$）とともに Li_3VO_4 や $LiVO_3$ などのバナジン酸リチウムと V_6O_{13} や V_2O_3 などの酸化バナジウムが生成しており，ω 相は存在せず，スピネル構造の $Li_xV_2O_4$ と Li_3VO_4 の混合物となるという報告もある[34]．

また，高温で合成された γ-LiV_2O_5 は可逆なリチウム脱挿入が可能であり，挿入過程では $x>1.4$ で ζ 相の $Li_2V_2O_5$ が現れる．一方，引き抜き過程では $x<0.4$ で γ' 相が生成しはじめ，リチウムをすべて引き抜くと，単相の γ'-V_2O_5 が得られると報告されている[35]．

8.4.2 非晶質酸化バナジウム（V_2O_5 ゲル）

これまで述べたのは結晶性の酸化バナジウムであるが，溶液反応などにより低温で合成される非晶質の酸化バナジウムも可逆的な Li のホストとして優れた特性を示す[36,37]．水溶液から生じる非晶質酸化バナジウム（a-V_2O_5）は，水を含む組成（$V_2O_5 \cdot nH_2O$）なので，V_2O_5 キセロゲルとも呼ばれる．その構造は，$Ag_{0.5}V_2O_5$ や ε-$Cu_{0.85}V_2O_5$ で見られる基本層が，層間に H_2O（構造水）を含みつつ，ランダムに積層した細長いリボン状クラスターが絡み合い，リボンの隙間を沸石水が占めているものと考えられる[38]．電池に使用される a-V_2O_5 は熱処理により沸石水を除去したもので，層間の構造水のみを含む．

金属 V を H_2O_2 水溶液に溶解して生じるゾルを乾燥，120℃で熱処理して得

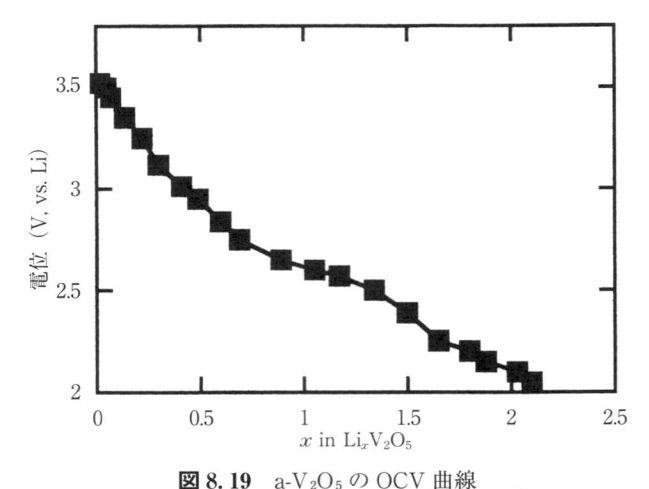

図 8.19 a-V$_2$O$_5$ の OCV 曲線
[T. Kudo, Y. Ikeda, T. Watanabe, M. Hibino, M. Miyayama, H. Abe and K. Kajita, Solid State Ionics, **152-153**, 833(2002) より]

られた a-V$_2$O$_5$ の OCV 曲線を図 8.19 に示す[39]．電位 3.5 V～2 V（vs. Li）間で，V$_2$O$_5$ あたり約 2 個のリチウムを収容するので，水分量を $n=1$ とすれば理論容量は 300 mAhg^{-1} 程度である．これは LiCoO$_2$ など実用化されている正極材料の 2 倍の高容量である．OCV 曲線は組成とともに電位が大きく変化する非晶質特有の振る舞い（3.6 節参照）を示し，平均電位は 2.7 V 近辺である．2.7 V 付近で電位がやや平坦になっているが，これは a-V$_2$O$_5$ にはサイトエネルギーの分布をもつ 2 種類の Li 収容サイトがあり，それらがこのエネルギー領域でオーバーラップしているためと考えられる．

ゾルを単純に乾燥して熱処理した a-V$_2$O$_5$ のレート特性は EV 用などハイレートを要求される場合には十分でない．これは脱水過程で空隙の大きいゲル構造が崩壊して表面積が低下するためである．構造崩壊を防ぐため超臨界液体中での脱水処理なども試みられているが，実用的な面からは問題が多い．より現実的な方法として，ゾルを高表面積の導体微粒子（アセチレンブラックなどの炭素）の表面にコーティング，熱処理してナノメートル級の a-V$_2$O$_5$ 薄膜を

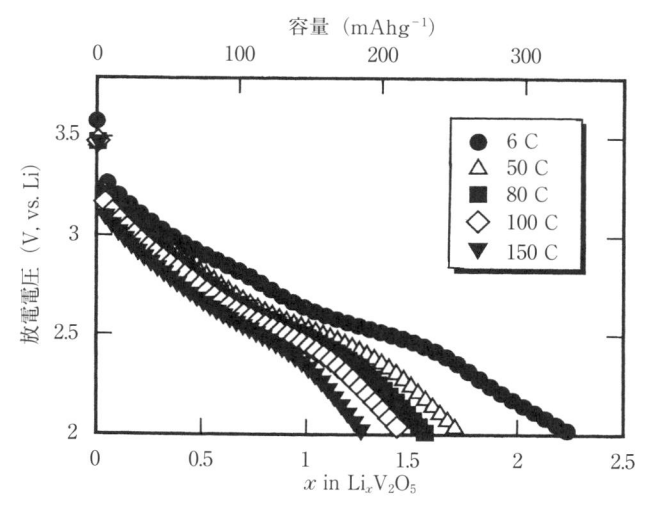

図 8.20 a-V$_2$O$_5$/炭素系コンポジットの放電曲線（放電レート：6 C〜150 C）
[T. Kudo, Y. Ikeda, T. Watanabe, M. Hibino, M. Miyayama, H. Abe and K. Kajita, Solid State Ionics, **152-153**, 833 (2002) より]

形成する複合体（composite）電極が提案されている[39].

図 8.20 は，アセチレンブラック（＝AB，比表面積 60 m^2 g^{-1}）の表面に 50 nm 程度の厚さの a-V$_2$O$_5$ を形成した電極サンプルの放電曲線であるが，150 C（54 Ag^{-1}）というハイレートでも理論容量の 50％ 以上を維持している．なお，50 nm という厚さは，$\tilde{D}=10^{-12}$ cm^2 s^{-1} として拡散モデルによって計算（シミュレーション）される放電曲線（4.6 節参照）と実測結果（図 8.20）の比較から求められたものである．AB の表面を a-V$_2$O$_5$ が均一に被覆している場合の厚さを AB/a-V$_2$O$_5$ 混合比，AB の比表面積，a-V$_2$O$_5$ の密度から計算すると約 5 nm となるから，被覆状態がきわめて不均一であることがわかる．添着法を改良し，より均質な被覆状態にすれば，さらに高いレート特性が得られるものと思われる．

参考文献

1) G. M. Amatucci, J. M. Tarascon and L. C. Klein, J. Electrochem. Soc., **143**, 1114 (1996)
2) A. Van der Ven and G. Ceder, Electrochemical and Solid-State Letters, **3**, 301 (2000)
3) M. Okubo, Y. Tanaka, H.-S. Zhou, T. Kudo and I. Honma, J. Phys. Chem. B, **113**, 2840 (2009)
4) M. D. Levi, G. Salitra, B. Markovsky, H. Teller, D. Aurbach, U. Heider and L. Heider, J. Electrochem. Soc., **146**, 1279 (1999)
5) M. Tabuchi, R. Kanno et al., J. Mater. Chem., **9**, 199 (1999)
6) A. Burukhin, O. Brylev, P. Hany and B. R. Churagulov, Solid State Ionics, **151**, 259 (2002)
7) M. Okubo, E. Hosono, J. Kim, M. Enomoto, N. Kojima, T. Kudo, H.-S. Zhou and I. Honma, J. Am. Chem. Soc., **129**, 7444 (2007)
8) 小久見善八編著,「リチウム二次電池」, p.81 (オーム社, 2008)
9) T. Ohzuku and Y. Makimura, Chem. Lett., **744** (2001)
10) T. Ohzuku and Y. Makimura, Chem. Lett., **642** (2001)
11) Y. Koyama, Y. Makimura, I. Tanaka, H. Adachi and T. Ohzuku, J. Electrochem. Soc., **151**, A1499 (2004)
12) B. Ammundsen, J. Roziere and M. S. Islam, J. Phys. Chem. B, **101**, 8156 (1997)
13) Y. Gao, J. N. Reimer and J. R. Dahn, Phys. Rev. B, **54**, 3878 (1996)
14) H. Abiko, M. Hibino and T. Kudo, Electrochemical and Solid-State Letters, **1**, 114 (1998)
15) L. Guohua, H. Ikuta, T. Uchida and M. Wakihara, J. Electrochem. Soc., **143**, 178 (1996)
16) C. J. Curtis, J. Wang and D. L. Schulz, J. Electrochem. Soc., **A590** (2004)
17) M. Okubo et al., ACS Nano, **4**, 741 (2010)
18) Q. Zhong, A. Banakdarpour, M. Zhong, Y. Gao and J. R. Dahn, J. Electrochem. Soc., **144**, 205 (1997)
19) A. K. Padhi, K. S. Nanjundaswamy and J. B. Goodenough, J. Electrochem. Soc.,

144, 1188 (1997).
20) M. Yonemura, A. Yamada, Y. Takei, N. Sonoyama and R. Kanno, J. Electrochem. Soc., **151**, A1352 (2004)
21) C. Delmas, M. Maccario, L. Croguennec, F. Le Cras and F. Weil, Nature Materials, **71**, 665 (2008)
22) D. Wang et al., J. Power Sources, **189**, 624 (2009)
23) A. Nyten, A. Abouimrane, M. Amand, T. Gustafsson and J. O. Thomas, Electrochem. Commun., **7**, 156 (2005)
24) A. Nyten, S. Kamali, L. Haeggstroem, T. Gustaffson and J. O. Thomas, J. Mater. Chem., **16**, 2266 (2006)
25) S. Nishimura, S. Hayase, R. Kanno, M. Yashima, N. Nakayama and A. Yamada, J. Am. Chem. Soc., **130**, 13212 (2008)
26) 山田　淳夫，第68回新電池構想部会講演会，p.1 (電気化学会電池技術委員会，2009)
27) Y. Z. Dong et al., Electrochim. Acta, **53**, 2339 (2008)
28) C. Delmas, H. Cognac-Auradou, J. M. Cocciantelli, M. Menetrier and J. P. Doumerc, Solid State Ionics, **69**, 257 (1994)
29) H. Katzke, W. Depmeier, and S. Smaalen, Philos. Mag., B, **75**, 757-767 (1997)
30) J. M. Cocciantelli, J. P. Doumerc, M. Piuchard, M. Broussely and J. Labat, J. Power Sources, **34**, 103 (1991)
31) K. West, B. Zachau-Christiansen, T. Jacobsen and S. Skaarup, Solid State Ionics, **76**, 15-21 (1995)
32) D. Gourier, A. Tranchant and R. Messina, Electrochim. Acta, **37**, 133 (1992)
33) J. M. Cocciantelli, M. Ménétrier, C. Delmas, J. P. Doumerc, M. Pouchard, M. Broussely and J. Labat, Solid State Ionics, **78** 143-150 (1995)
34) R. Rozier, J. M. Savariault and J. Galy, Solid State Ionics, **98**, 133 (1997)
35) J. M. Cocciantelli, M. Ménétrier, C. Delmas, J. P. Doumerc, M. Pouchard and P. Hagenmuller, Solid State Ionics, **50**, 99-105 (1992), J. M. Cocciantelli, P. Gravereau, J. P. Doumerc, M. Pouchard and P. Hagenmuller, J. Solid State Chem., **93**, 497-502 (1991)
36) M. J. Parent, S. Passerini, B. B. Owens and W. H. Smyrl, J. Electrochem. Soc., **146**, 1346 (1999)

37) M. Ugaji, M. Hibino and T. Kudo, J. Electrochem. Soc., **142**, 3664(1995)
38) T. Yao, Y. Oka and N. Yamamoto, Mat. Res. Bull., **27**, 669(1992), V. Patkov et al., J. Am. Chem. Soc., **124**, 10157(2002)
39) T. Kudo, Y. Ikeda, T. Watanabe, M. Hibino, M. Miyayama, H. Abe and K. Kajita, Solid State Ionics, **152-153**, 833(2002)

9 電解質材料

　ここでいう電解質材料とは，電池において使われるイオン伝導性の液体あるいは固体のことで，極性溶媒に解離性の塩（通常の意味での電解質）を溶解したものを電解液，固体でありながら電解液に匹敵するイオン伝導性を示すものを固体電解質という．電解質の役割は，電極反応に必要な物質（イオンなど）を供給したり，電極反応によって電極界面近傍に生じる電荷のアンバランスをいち早く中和してそれを持続的に（スムーズに）進行させたりするものであるから，それに要求される最も重要な特性はイオン導電率である．しかし，イオン導電率がいかに高くとも，反応に関与するイオン（リチウムイオン電池ではLi^+）の輸率が小さければ，大きな電流密度での充放電は持続できない（5.3節参照）．したがって，導電率とともにイオン（Li^+）の輸率も重要な特性である．リチウムイオン電池の特色は高い作動電圧であるから，その電解質材料には高電位で酸化されず，低電位で還元されないという広い電位窓を有することも求められる．さらに，安全性の観点からは電解質材料の難燃性も重要な評価基準になっている．

　本章では現在のリチウムイオン電池に用いられる代表的な電解液（有機電解液）をはじめ，その安全性を高めるものとして期待されている固体電解質やイオン液体について紹介する．固体電解質やイオン液体は電解液に比べて高い温度で使えるので，安全性の向上のみならず，高温作動の次世代リチウム電池の開発にもつながるものである．

9.1　有機電解液

　リチウムイオン電池の電解質としては，通常，リチウム塩の有機溶媒溶液を

184 第9章 電解質材料

表9.1 各種電解質溶媒

略称	PC	EC	DMC	DEC	DME	AN	THF	γ-BL
	propylene carbonate 炭酸プロピレン	ethylene carbonate 炭酸エチレン	dimethyl carbonate 炭酸ジメチル	diethyl carbonate 炭酸ジエチル	1,2-dimethoxyethane ジメトキシエタン	acetonitrile アセトニトリル	tetrahydrofuran テトラヒドロフラン	γ-buthyrolactone γ-ブチロラクトン
構造式	(構造式)	(構造式)	(構造式)	(構造式)	(構造式)	(構造式)	(構造式)	(構造式)
沸点(℃)	242	248	90	126	84	81	66	206
融点(℃)	−48	39	4	−43	−58	−46	−108	−43
密度	1.21	1.86(40℃)	1.07	0.97	0.87	0.78	0.89	1.13
粘度(cP)	2.5	1.86(40℃)	0.59	0.75	0.455	0.34	0.48	1.75
誘電率	64.4	89.6(40℃)	3.12	2.82	7.2	38.8	7.75	39
分子量	102.1	88.1	90.1	118.1	90.1	41.0	72.1	86.1

9.1 有機電解液

セパレータ（多くは高分子膜）に含浸して使用する．リチウム塩としては，過塩素酸リチウム（LiClO$_4$），六フッ化リン酸リチウム（LiPF$_6$），四フッ化ホウ酸リチウム（LiBF$_4$），三フッ化メタンスルホン酸リチウム（LiCF$_3$SO$_3$）などがあるが，10^{-3} Scm^{-1}以上の高い導電性と$t_{Li^+}=0.35$という比較的高いリチウムイオン輸率を示すとともに，広い電位窓をもつLiPF$_6$がよく用いられる．

溶媒には，高濃度溶液が得られるためキャリア濃度が上げられる，炭酸プロピレン（PC）や炭酸エチレン（EC）などの環状エステルである高誘電性物質と，粘度を低下させてイオンの移動度の向上を促す，鎖状エステルの炭酸ジメチル（DMC），あるいは炭酸ジエチル（DEC）などの混合溶媒が用いられる．主要な有機電解質の溶媒を表9.1に示す[1]．

PCは層間のLi濃度の高い黒鉛上では分解し，また，リチウムイオンと共挿入し，グラフェン層の剥離を促す[2]ので，通常，黒鉛負極とともに用いることはできない[3]．このためECがよく用いられている．ECも共挿入するが，分解して安定なSEI（Solid Electrolyte Interface）を形成し，以後の可逆なリチウム挿入脱離を可能とする[3]．しかし，ECは室温で固体のため，上で述べたように融点が低く粘性の小さな他の溶媒と混合して用いられる．

例えば，ECをDMCあるいはDECと体積比で1:1で混合した溶媒において，電解質LiPF$_6$の濃度を変えると，1M程度で最大の導電率となる．20℃での値はそれぞれ，10および7 mScm^{-1}である．導電率の向上や使用温度範囲の拡張のために3種類以上の混合溶媒が使われることもある．電解液溶媒の選択には，導電率以外にも，凝固点，沸点も使用条件に適するかどうか調べておく必要がある．また，リチウムイオン電池の電解質には，正極，負極に用いる電極反応によっては，リチウムに対して4Vを超える高い電位や0Vという低い電位に耐えることが要求される．しかし，現在使用されている電解質では，リチウムや黒鉛を負極として用いたときに要求される0V付近では熱力学的に不安定である．幸いなことに，いくつかの電解質では，負極表面に不動態を生成し，継続的な分解が抑えられるとともに，この不動態がリチウムイオン導電性であるため，これらの負極反応が利用できている．このようなリチウムイオン電池の安定作動に重要な寄与をしている不動態のSEIは，一方で生成時にリチウムを取り込むため初期の不可逆容量の原因となっている．

9.2 ポリマーゲル電解質

単に，ゲル電解質とも呼ばれ，高分子の網目の中に有機電解液を閉じ込めたものである．ゲルの代表例である蒟蒻や豆腐のように，多量の液体（電解液）を含みながら，一定の形状を保つので，有機電解液とあまり変わらぬイオン導電率を示すとともに，漏液を起こしにくいという利点がある．すでに実用に供されており，これを電解質に用いるリチウムイオン電池は"ポリマー電池"と称されている．

ゲル電解質に用いられるポリマーには，ポリエチレンオキシド（PEO；$[CH_2-CH_2-O]_n$），ポリメタクリル酸メチル（PMMA；$[CH_2-C(CO_2CH_3)(CH_3)]$），ポリアクリルニトリル（PAN；$[CH_2(CN)-CH_2]_n$），ポリフッ化ビリニデン（PVDF；$[CH_2-CF_2]_n$）などがある．PEOは単独でも固体電解質のマトリックスとなるが，有機溶媒により可塑化され，高いイオン導電率のゲル電解質を与える．

9.3 イオン液体

イオン液体（ionic liquid）は溶融塩（molten salt）のことであるが，とくに常温で液体状態にあるものを指すので，室温イオン液体（Room Temperature Ionic Liquid, RTIL）とていねいに呼ばれることもある．溶融塩はイオン伝導性の液体であるから，電池の分野では古くからおなじみの材料である．アルカリ金属の炭酸塩（とくに，共融組成の混合物）は比較的低温（～500℃）で融解し溶融塩となる．これを電解質（＋電極反応物のCO_3^-の供給源）として用いる燃料電池は溶融炭酸塩型燃料電池（MCFC）と呼ばれ，実用に近い段階にまで達している．リチウム電池においても，LiCl/KCl系などのなどの溶融塩を用いてその活物質材料（LiAlなど）の400℃近辺の挙動が調べられている[4]．

昨今，イオン液体が注目を集めているのは，それが不揮発性，難燃性であるので，イオン液体を利用することによりリチウムイオン電池の安全性が向上で

9.3 イオン液体

カチオン種

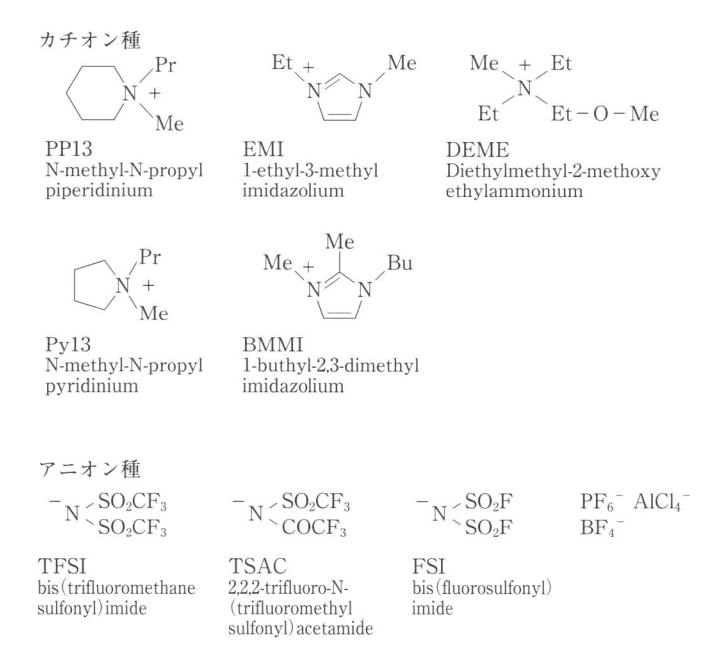

PP13
N-methyl-N-propyl piperidinium

EMI
1-ethyl-3-methyl imidazolium

DEME
Diethylmethyl-2-methoxy ethylammonium

Py13
N-methyl-N-propyl pyridinium

BMMI
1-buthyl-2,3-dimethyl imidazolium

アニオン種

TFSI
bis(trifluoromethane sulfonyl)imide

TSAC
2,2,2-trifluoro-N-(trifluoromethyl sulfonyl)acetamide

FSI
bis(fluorosulfonyl)imide

PF_6^- $AlCl_4^-$
BF_4^-

図9.1 電池への適用が試みられた代表的なイオン液体のイオン種
[「リチウム二次電池部材の高容量・高出力化と安全性向上」p.138（技術情報協会，2008）より]

きると考えられているからである．室温付近で作動することが要求される携帯電話用などの電池には，上記の高温溶融塩を用いることはできないが，図9.1[5)]にあるような嵩高いアニオンとカチオンからなる塩は融点が低く，RTILとなる．しかし，カチオン種はリチウムイオン電池の電極反応に欠かせないLi^+ではないので，これを含む支持電解質（例えば，Li^+TFSI^-）を添加して使われる．したがって，リチウムイオン電池に使われる"イオン液体"は，極性の有機溶媒に換えてRTILを溶媒とする有機電解液に他ならない（LiTFSI自体の融点は200℃以上である）．

代表的なリチウムイオン電池用のRTILは，LiTFSI（支持塩）/EMI-TFSI系やLiTFSI/PP13-TFSI系などである（TFSI，EMIなどで略記される物質は

図 9.1 を参照).1M LiTFSI/EMI-TFSI の 25℃における導電率および粘度は 2 mScm^{-1} および 300 cp と報告されている[6].後者の特性も同じようなオーダーである.一般に,現状の RTIL 系電解質の導電率は有機電解液(〜10 mScm^{-1})に比べて低く,粘度はかなり高い.そのため,これらを用いて高出力の電池を構成するのは困難である.また,EMI を含むものは電位窓が十分ではなく,充電時に EMI が炭素負極に挿入されるという好ましくない副反応が起こるといわれる.

一方,RTIL 系電解液は,通常の有機電解液に比べてはるかに高い熱安定性を有する.図 9.2 は 4 V 級リチウムイオン電池の環境下におけるイオン液体(LiTFSI/PP13-TFSI)と有機電解液(LiPF$_6$/EC-DME)との熱安定性を DSC

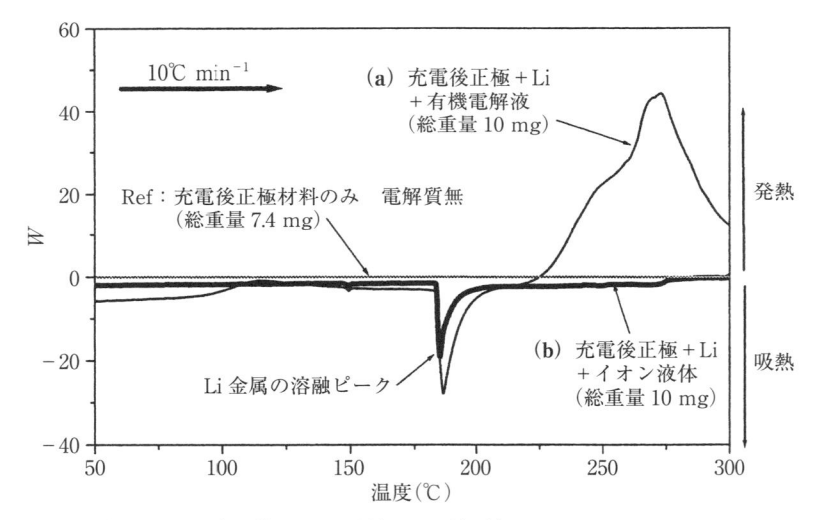

図 9.2 電池を模擬した環境での電解質の DSC プロファイル
(a) 1.0 mol・dm^{-3} LiPF$_6$/EC-DMC+Li+Li$_{1-x}$CoO$_2$
(b) 0.32 mol kg^{-1} LiTFSI in PP13[TFSI]+Li+Li$_{1-x}$CoO$_2$,Reference data:Li$_{1-x}$CoO$_2$ のみ(電解質なし)
(GF/A グラスフィルターを短絡防止のため Li と Li$_{1-x}$CoO$_2$ 間に挿入した.正極材料の充電状態(x)は 0.45 付近になるように試料を調整した)
[「リチウム二次電池部材の高容量・高出力化と安全性向上」,p.140(技術情報協会,2008)より]

（示差走査熱量測定）法で調べた結果である[5]．有機電解液は 200 ℃ を過ぎると顕著な発熱ピークを示す．これは溶媒が充電状態の正極および負極と発熱反応で分解するためである．これに対して，イオン液体は 300 ℃ まで顕著な発熱が見られず，高い熱安定性があることがわかる．その導電率をもう少し高めることができれば，比較的低出力用途のリチウムイオン電池の有機電解液を置き換えることができ，より安全な電池が実現されるものと期待されている．

イオン液体の利用は，電池の安全性の向上のみに目を向けられがちであるが，最近，中温タイプの溶融塩を用いることにより，リチウムイオン電池の作動温度を高め，その出力密度を高めようとする動きもある[7]．携帯電話などポータブル機器の電池とは異なり，EV 用などの大型電池の作動温度は必ずしも室温近辺でなくともよい．充放電に伴うジュール熱などの放出を考慮すると，むしろ多少高温の方が望ましい．先に述べたように LiTFSI の融点は 200

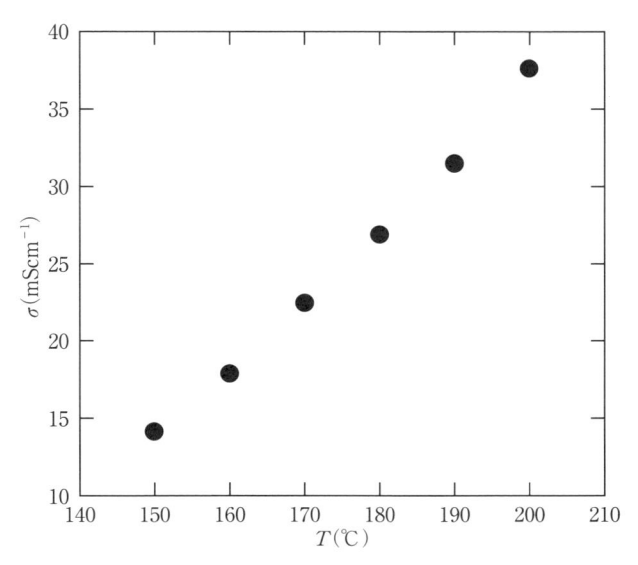

図 9.3 (Li, K, Cs) TFSI 系イオン液体の導電率と温度の関係 (Li : K : Cs＝2 : 1 : 7)
[A. Watarai et al., J. Power Sources, **183**, 724 (2008) より]

℃以上であるが，他のアルカリ金属の TFSI 塩を混合すると融点が低下し，Li：K：CS＝20：10：70 の混合 TFSI 塩は，140℃付近で融解する．

図 9.3 にこの溶融塩の導電率と温度の関係を示す．融点直上の 150℃でも，15 mScm^{-1} という RTIL より 1 桁近く高い導電率を有する．温度が高ければ電極反応速度や電極中の Li の拡散も速くなるので，このような中温タイプの溶融塩電解質の利用が，高出力リチウムイオン電池の開発のブレークスルーになるかも知れない．

9.4 高分子固体電解質

1975 年，Wright によって，ポリエチレンオキシド（PEO）のようなエーテル結合の酸素を含む高分子と，LiCF$_3$SO$_3$ のような Li 塩の複合体が Li$^+$ イオン伝導性を示すことが報告された．これを契機に，多くの高分子/Li 塩系の固体電解質（＝高分子固体電解質）の研究がなされた．高分子固体電解質は溶媒成分を含まない正真の固体なので，ゲル電解質と区別して"ドライポリマー電解質"ともいわれる．

ゲル電解質中のイオン輸送現象は，電解液中のそれと同じであるが，高分子固体電解質においては，ポリマー鎖の熱運動（セグメント運動）に伴って Li$^+$ がポリマー上の電気的に陰性な部分（PEO では酸素）との会合，脱会合を繰り返して輸送されるという別のメカニズムである．したがってポリマーには，高濃度の Li$^+$（キャリア）を受け入れることとともに，柔軟でガラス転移温度の低いことが要求される．

図 9.4 に，代表的な高分子固体電解質である PEO-LiClO$_4$ 系のイオン導電率の温度依存性を示す[8]．このアレニウスプロット（$\log \sigma$-1/T）は直線関係ではなく，上に凸な曲線となっている．リチウムイオンが高分子鎖の熱運動で輸送されるものとして，自由体積モデルを適用するとこのような温度依存性が導かれる（VTF 式あるいは WLF 式）．この系の室温における導電率は 10^{-6} Scm^{-1} 程度であるが，高分子鎖間を架橋したり，高分子主鎖に熱運動しやすい側鎖を導入したりする工夫がなされ，10^{-4} Scm^{-1} を超えるものも得られている．しかし，有機電解液はもとよりゲル電解質に比べても 1 桁導電率が低

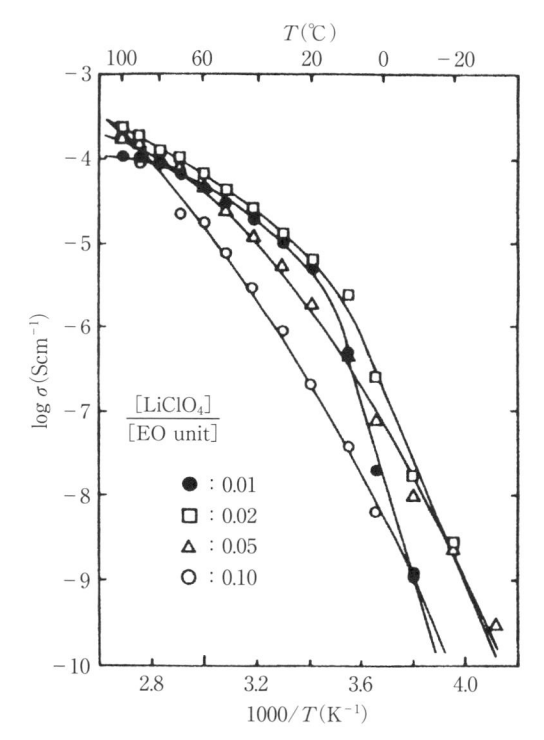

図 9.4 PEO-LiClO$_4$ 系高分子固体電解質の導電率と温度の関係
（"EO unit" は "エチレンオキシド単位" あたりを意味する）
[M. Watanabe, S. Nagano, K. Sanui and N. Ogata, Solid State Ionics, **18-19**, 338 (1986) より]

く，室温で作動する電池で使用するのは難しい．

9.5 無機固体電解質

　無機固体電解質は究極の難燃性電解質であるとともに，固体骨格中をリチウムイオンのみが輸送されるシングル Li$^+$ 伝導体（$t_{Li^+} \sim 1$）であるから，将来のリチウムイオン電池の電解質として期待される．しかし，現状の無機固体電解質の多くは，導電率が有機電解液に及ばない，あるいは分解電圧（電位窓）が

十分でないなどの問題がある．また，高出力用の電池に使うには，電極活物質，電子導電体，固体電解質の高表面積界面をいかに形成するかの課題も残されている．

9.5.1 酸化物固体電解質

1970年代にHongによって合成されたLi$^+$導電体LISICONは，8.3.3項で述べた正極材料Li$_2$FeSiO$_4$と同じく，γ-Li$_3$PO$_4$の構造を基本とする酸素酸塩化合物である．その組成は，Li$_{3.5}$Zn$_{0.25}$GeO$_4$（＝Li$_{14}$Zn(GeO$_4$)$_4$＝0.75 Li$_4$GeO$_4$-0.25Li$_2$ZnGeO$_4$）であり，300℃で0.13 Scm^{-1}の高い導電率を示すが，室温では安定相でない[9]．

ケイ酸塩系のLi$_4$SiO$_4$-Zn$_2$SiO$_4$固溶体も$\gamma_{\rm II}$相と類似な構造[10]をとるLISICONファミリーの固体電解質である．γ-Li$_3$PO$_4$ではLiは四面体位置にのみ存在するが，LISICONでは格子間位置（酸素の6配位八面体位置）にもリチウムイオンが入っており，これが高いイオン導電性をもたらしている．Li$_4$SiO$_4$-Zn$_2$SiO$_4$固溶系では$\gamma_{\rm II}$相は温度を下げると$\gamma_{\rm I}$相となり，Li$_4$SiO$_4$側ではさらにγ_0相が現れる．これらの構造は互いによく似ているが，前二者は斜方晶に，後者は単斜晶に歪んでいる．LISICONでは，$\gamma_{\rm I}$やγ_0相は見られない．これらのγ相の構造は，六方最密に積層した酸素に四面体4配位となるよう金属イオンが配置したウルツ鉱構造と類似な構造である．隣り合った四面体位置には金属イオンは入らないため，金属イオンの入った四面体同士は孤立している．LISICONでは，金属イオンの入った四面体と面を共有する6配位八面体位置に格子間リチウムが入る．LISICONを含むLi$_{2+2x}$Zn$_{1-x}$GeO$_4$は，格子間にリチウムを含むLi$_4$GeO$_4$-Li$_2$ZnGeO$_4$系およびリチウムに欠損のあるLi$_2$ZnGeO$_4$-Zn$_2$GeO$_4$系のいずれにおいても$\gamma_{\rm II}$構造となる組成領域があるが，格子間リチウムイオン量が増大するとリチウムイオン電導率が増大する．

桑野らによって見出されたLi$_4$GeO$_4$-Li$_3$VO$_4$固溶系のLi$_{3.6}$Ge$_{0.6}$V$_{0.4}$O$_4$は，室温でも$\gamma_{\rm II}$構造が安定で，化学的にも安定であり，リチウムイオン導電率は4×10^{-5} Scm^{-1}（18℃）であると報告されている[11]．

LISICONに先立って同じ研究グループ（つまりLiCoO$_2$やLiFePO$_4$正極材料を発見したGoodenoughのグループ）によって合成された，高Na$^+$導電体

NASICON（Na Ion Super Ionic Conductor）は，$Na_{1+x}Zr_2(P_{1-x}Si_xO_4)_3$ の組成の酸素酸塩であるが，その後，多くの周辺組成の化合物が検討され NASICON 属固体電解質を形成している．その Na^+ を Li^+ で置換することにより，Li^+ 伝導性の固体電解質が得られる．$Li_{1+x}M^{IV}_{2-x}M'^{III}_x(PO_4)_3$ 系（$M^{IV}=Ti$, Zr など，$M'^{III}=Al$, Ge など）がその例であり，$Li_{1.3}Al_{0.3}Ti_{1.7}(PO_4)_3$ や $Li_{1.6}Al_{0.6}Ge_{0.8}Ti_{0.6}(PO_4)_3$ は，ともに室温で $10^{-3}\,Scm^{-1}$ 程度の高いリチウムイオン導電率を示す[12]．しかし，この系では粒界抵抗（$\rho=1/\sigma$）がバルクよりかなり高い．例えば，$Li_{1.6}Al_{0.6}Ge_{0.8}Ti_{0.6}(PO_4)_3$ のバルク導電率は $7\times10^{-4}\,Scm^{-1}$ であるのに対し，粒界のそれは $1.1\times10^{-4}\,Scm^{-1}$ である[12]．

酸化物系 Li^+ 固体電解質で最も高い導電率を示すのは，中村，稲熊らによって見出された，$(Li, La)TiO_3$ 系のペロブスカイト型化合物である．これは，母体のペロブスカイト型 $La_{2/3}TiO_3$ の A サイト La の一部を Li で置換したもので，□を A サイトの空孔とすれば，$Li_{3x}La_{2/3-x}\square_{1/3-2x}TiO_3$ と表される．Li^+ はこの空孔を介して伝導するので，単純に考えれば $x=1/12$ が最適であるが，実際にはこれより少し Li 過剰の組成で導電率の極大を示す．$x=0.11$ に相当する $Li_{0.35}La_{0.55}TiO_3$ の 300 K における導電率は，有機電解液にも匹敵する $1\times10^{-3}\,Scm^{-1}$ に達する[13]．ところが，Ti^{4+} が Ti^{3+} に還元されやすいため，リチウムイオン電池の電解質としては負極側の電位に対応できない．また，粒界抵抗が高いため利用形態に制限がある．$Li_{3x}La_{2/3-x}\square_{1/3-2x}TiO_3$ のバルク導電率は 300K で $10^{-3}\,Scm^{-1}$ レベルであるが，粒界ではこれより 1 桁小さい $7.5\times10^{-5}\,Scm^{-1}$ となってしまう[13]．

近年，ガーネット（ザクロ石）型構造の酸化物（$Li_5La_3M_2O_{12}$, $M=Nb$, Ta）が，比較的高い Li^+ 導電性（$\sim10^{-6}\,Scm^{-1}$, 25℃）を示すことが発見され注目される[14]．ガーネット型酸化物の代表例は，YAG レーザーに用いられるイットリウムアルミニウムガーネット（=YAG, $Y_3Al_5O_{12}$）であろう．これは，[AlO_4]四面体と，[AlO_6]八面体が連結してできる骨格中の酸素 8 配位（十二面体）の隙間を Y が占める複雑な構造である．金属/酸素比が大きい $Li_5La_3M_2O_{12}$ では，Li は四面体位置のみではなく空いている八面体位置をも部分的に占め，そのリチウムがイオン伝導に寄与するものと考えられている．Zr を含む同様なガーネット $Li_7La_3Zr_2O_{12}$ は $5.1\times10^{-4}\,Scm^{-1}$（バルク）という

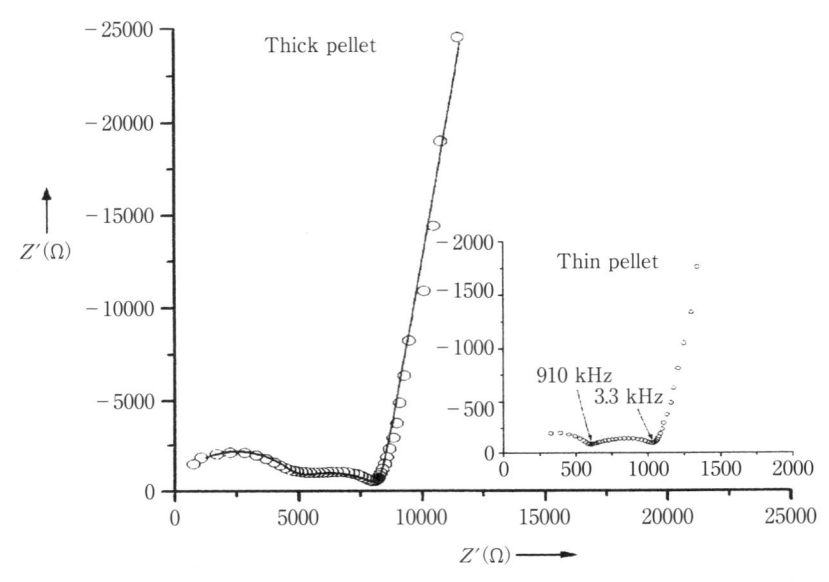

図 9.5 Li$_7$La$_3$Zr$_2$O$_7$の焼結体ペレットのインピーダンスダイヤグラム（18 ℃）．高周波側半円の径がバルク抵抗R_b，低周波側半円の径が粒界抵抗R_{gb}に相当（$R_{gb}/(R_{gb}+R_b)\sim0.4$）．
[R. Murugan, V. Thangadurai and W. Weppner, Angew. Chem. Int. Ed., **46**, 7778 (2007)より]

さらに高いリチウムイオン伝導性を示す[15]．

図9.5のインピーダンスプロットからもわかるように，粒界抵抗もバルク抵抗と同程度である．また，この化合物は金属リチウムに対しても安定であると報告されており，リチウムイオン電池電解質の酸化物材料として期待できる．

酸化物ではないが，層状構造のLi$_3$Nは古くから知られるLi$^+$伝導体である．Li$_2$N層の層間でLiが高速移動し，層方向では室温で10^{-3} Scm^{-1}ほどの導電率を示す．しかし，分解電圧が0.45 Vと低く，リチウムイオン電池のような高起電力の電池には使えない．同じく窒素を含むものでもLIPON[16]と呼ばれる酸化窒化物系固体電解質Li$_{2.9}$PO$_{3.3}$N$_{0.46}$は5 Vとい高い分解電圧を有する．導電率は3×10^{-6} Scm^{-1}（室温）程度で大きくないが，スパッタリング法などで良質の薄膜が形成できるので，薄膜リチウムイオン電池の電解質として

9.5.2 硫化物固体電解質

硫化物固体電解質には硫化リチウムを主成分とした結晶，ガラス，結晶化ガラスがある．固体電解質の特質上，リチウムイオン輸率が高く（t_{Li^+}～1），導電率も酸化物系より一般に高い．さらに，電位窓が広いため実際の全固体型リチウムイオン電池の実現に向けて期待されている．

（1） チオリシコン

上で述べたように，LISICON は Li_4GeO_4-Li_2ZnGeO_4 固溶系に属するが，他にも Li_3SiO_4 や Li_3PO_4，Li_3VO_4 を成分とする固溶体で高いリチウムイオン導電性が見られている．これらの酸素を分極率の高い硫黄に置き換えた化合物は，リチウムイオンの束縛力が弱まることで，さらに高いリチウムイオン伝導性が期待できる．2001 年に初めて菅野らによって硫化物結晶チオリシコン (thio-LISICON) が合成され，その高いリチウムイオン導電性が報告された[17]．

チオリシコンは，LISICON と類似の構造をもつ一連の Li_4GeS_4-Li_3PS_4 系，あるいは Li_4SiS_4-Li_3PS_4 系固溶体の総称である．Li_4GeS_4-Li_3PS_4 固溶系の $Li_{3.25}Ge_{0.25}P_{0.75}S_4$ は 2.2×10^{-3} Scm^{-1}（25 ℃）という高いリチウムイオン導電率を示す．Li_4GeS_4-Li_3PS_4 系の固溶体の組成は $Li_{4-x}Ge_{1-x}P_xS_4$ で表される．エンドメンバーの Li_4GeS_4 と Li_3PS_4 はいずれも γ_{II} 構造の斜方晶であるが，固溶系（$0<x<1$）では単斜晶に歪んでおり，組成変化すると成分比 x によって，長周期秩序の異なる領域 I（$x<0.6$），領域 II（$0.6<x<0.8$），領域 III（$0.8<x$）が現れる．それぞれ単位胞は，エンドメンバーの斜方晶の単位胞をもとにして，$a \times 3b \times 2c$，$a \times 3b \times 3c$，$a \times 3b \times 2c$ となる．これらはカチオンの配列に起因していると考えられており，領域 II でとくに高いリチウムイオン導電性が現れ，$x=0.75$ のときが上で示した $Li_{3.25}Ge_{0.25}P_{0.75}S_4$ である．また，Li_4SiS_4-Li_3PS_4 固溶系では $Li_{3.4}Si_{0.4}P_{0.6}S_4$ のとき 6.4×10^{-4} Scm^{-1}（27 ℃）[18] の導電率を示す．Si や Ge を含まない Li_3PS_4-Li_2S 系でも $Li_{3.325}P_{0.935}S_4$ で 1.5×10^{-4} Scm^{-1}（27 ℃）[19] という導伝率が報告されている．これらの系では，Li_4GeS_4-Li_3PS_4 系のように，成分比に依存した複数の長周期構造は見られず，Li_4SiS_4-Li_3PS_4 系では

$2a \times 3b \times 2c$ の長周期構造，Li_3PS_4-Li_2S 系では $a \times 3b \times 2c$ の長周期構造のみが現れるとされる．

（2） サルファイドガラス

通常ガラス材料は溶融体を急冷することで得られる．蒸気圧の高い硫化物は，通常，石英管中に封入した原料を溶融してから急冷する．そのような溶融法で Li_2S-P_2S_5 系の $(1-x)(0.67Li_2S$-$0.33P_2S_5)$-$xLiI$, $x=0.45 : \sigma_{Li^+} = 1 \times 10^{-3}$ Scm^{-1} $(25℃)$[20] や Li_2S-SiS_2 系の $(1-x)(0.6Li_2S$-$0.4SiS_2)$-$xLiI$, $x=0.4 :$ 1.8×10^{-3} Scm^{-1} $(25℃)$[21] が得られている．このようなイオン伝導性ガラスの成分は，物質系をガラスとして安定に存在させるための SiS_2 や P_2S_5 などの網目形成成分（ガラスフォーマー）と，硫化物イオンによる架橋を寸断しながら，キャリアであるリチウムイオンを導入する Li_2S などの網目修飾成分（モディファイヤー）とからなる．高速急冷により修飾成分の割合の高いガラスができることもある．上述のガラスでは，それらに加えて LiI を添加している．LiI を添加しない $0.67\,Li_2S$-$0.33\,P_2S_5$ や $0.6\,Li_2S$-$0.4\,SiS_2$ ガラスの Li^+ 導電率は，それぞれ室温で 1×10^{-4} Scm^{-1} および 5.3×10^{-4} Scm^{-1} である．これからわかるように，添加物質は導電率向上に大きく寄与する．LiI は微結晶として存在しており，ガラス骨格の修飾には関与していない．したがって，キャリアドーパントと位置づけられる．このときも，ヨウ化物イオンは伝導に寄与せず，リチウムイオン輸率はほぼ 1 である．一方，遊星型ボールミルなどを利用したメカノケミカル法でも，溶融法から得られたガラスと局所構造の等しい硫化物ガラスが得られており，例えば，$0.6\,Li_2S$-$0.4SiS_2$ では 1.5×10^{-4} Scm^{-1} が得られている[22]．メカノケミカル法を用いることで蒸気圧の高い硫化物を室温で合成でき，また合成過程が粉砕過程を兼ねるといった点も実際に応用する際の利点とされている．

近年，いったん物質系をガラス状態にして，それから微細結晶を析出させるという方法で合成される結晶化ガラス（あるいはガラスセラミックス）においても，高いリチウムイオン導電性を示す物質が報告されている．例えば，酸化物では，NASICON 型結晶を析出させる酸化物ガラスセラミックスが数多く報告されている[23]．一方，硫化物では，xLi_2S-$(1-x)P_2S_5(x=0.7)$ ガラスから析

出する $Li_7P_3S_{11}$ 結晶は，室温で $3.2\times10^{-3}\,Scm^{-1}$ という，高いリチウムイオン導電性を示す．$Li_7P_3S_{11}$ 結晶中には，$P_2S_7^{4-}$ という架橋硫化物イオンが PS_4^{3-} イオンと同じ割合で含まれており，架橋硫化物イオンをもたないチオリシコンとは異なった構造となっている[24]．Li_2S 量を高くした $x=0.8$ のガラスからは，$Li_7P_3S_{11}$ とは異なるガラスセラミックスが得られる．その XRD プロファイルは，Li_4GeS_4-Li_3PS_4 系チオリシコンの領域 II の $a\times3b\times3c$ 長周期構造に類似している．この物質も，$1.3\times10^{-3}\,Scm^{-1}$ という，高いリチウムイオン導電率を示す．

以上のように，結晶やガラスセラミックスにおいて高いリチウムイオン導電率が得られてきたことから，無機固体電解質を利用した全固体リチウムイオン電池の実現が期待される．固体電解質を電池に利用する際には，電極との界面の面積を大きくするため，電極と電解質を合剤化して用いることが必要であるが，この際，硫化物系では一つの問題が生じる．硫化物と酸化物電極の界面では硫化物側に空間電荷効果によりリチウムが欠乏層が生じ，界面での電気抵抗が著しく増大する現象である．これを解決するため，電極材料の表面を酸化物の電解質でコートしておいて硫化物と複合化する方法が提案され，出力特性の大幅な向上が実証されている[25]（詳細は 10 章参照）．

参考文献

1) G. M. Ehrlich, "Lithium-ion batteries", Ch. 35, in Handbook of Batteries, 3rd ed. edited by D. Linden and T. B. Reddy (McGraw-Hill, 2001)

2) J. O. Besenhard, M. Winter, J. Yang and W. Biberacher, J. Power Sources, **54**, 228 (1995)

3) M. Inaba, Z. Siroma, Y. Kawatate, A. Funabiki and Z. Ogumi, J. Power Sources, **68**, 221 (1997)

4) C. J. Wen, B. A. Baukamp, R. A. Huggins and W. Weppner, J. Electrochem. Soc., **126**, 2258 (1979)

5) 「リチウム二次電池部材の高容量・高出力化と安全性向上」，p. 138 および 140（技術情報協会，2008），H. Sakaebe, H. Matsumoto and K. Tatsumi, Electrochim. Acta, **53**, 1048 (2007)

6) B. Garcia, S. Lavallee, G. Perron, C. Michot and M. Amand, Electrochim. Acta, **49**, 4583(2003)
7) A. Watarai et al., J. Power Sources, **183**, 724(2008)
8) M. Watanabe, S. Nagano, K. Sanui and N. Ogata, Solid State Ionics, **18-19**, 338 (1986)
9) H. Y-P. Hong, Mat. Res. Bul., **13**, 117(1978)
10) A. R. West, F. P. Glasser, J. Mat. Sci., **5**, 557(1970)
11) J. Kuwano and A. R. West, Mat. Res. Bull., **15**, 1661(1980)
12) P. Maldonado-Manso, E. R. Losilla, M. Martínez-Lara, M. A. G. Aranda, S. Bruque, F. E. Mouahid and M. Zahir, Chem. Mater., **15**, 1879-1885(2003)
13) Y. Inaguma, C. Liquan, M. Itoh and T. Nakamura, Solid State Comm., **86**, 689-693 (1993)
14) V. Thangadurai, H. Kaack and W. Weppner, J. Am. Ceram. Soc., **86**, 437(2003)
15) R. Murugan, V. Thangadurai and W. Weppner, Angew. Chem. Int. Ed., **46**, 7778 (2007)
16) J. B. Bates et al., J. Power Sources, **43-44**, 103(1993)
17) R. Kanno and M. Murayama, J. Electrochem. Soc., **148**, A742-A746(2001)
18) M. Murayama, R. Kanno, M. Irie, S. Ito, T. Hata, N. Sonoyama and Y. Kawamoto, J. Solid State Chem., **168**, 140(2002)
19) M. Murayama, N. Sonoyama, A. Yamada and R. Kanno, Solid State Ionics, **170**, 173-180(2004)
20) R. Mercier, J. P. Malugani, B. Fahys and G. Robert, Solid State Ionics, **5**, 663 (1981)
21) J. H. Kennedy and Y. Yang, J. Solid State Chem., **69**, 252(1987)
22) H. Morimoto, H. Yamashita, M. Tatsumisago and T. Minami, J. Am. Ceram. Soc., **82**, 1352(1999)
23) 例えば，B. Kumar, D. Thomas and J. Kumar, J. Electrochem. Soc., **156**, A506 (2009)
24) H. Yamane, M. Shibata, Y. Shimane, T. Junke, Y. Seino, S. Adams, K. Minami, A. Hayashi and M. Tatsumisago, Solid State Ionics, **178**, 1163-1167(2007)
25) K. Takada, N. Ohta, L. Zhang, K. Fukuda, I. Sakaguchi, R. Ma, M. Osada and T. Sasaki, Solid State Ionics, **179**, 1333(2008)

ナノテクノロジーを利用した
リチウムイオン電池の高性能化

10

　近年，産業の各分野におけるイノベーションを目指して，ナノサイエンス，ナノテクノロジーが大きく進展している．機能材料の作製技術や評価技術が劇的に進歩する中で，物質のサイズや集合状態を精密に制御する化学技術が進歩したため，従来にない優れた物性を有する新素材が生まれている．エレクトロニクス，素材や化学産業でナノテクノロジーを用いた革新的な技術開発が行われている中で，電気化学におけるナノサイズ効果に関して議論する．

　電池を中心とする電気化学的エネルギー変換デバイスは，電極界面における電荷移動過程や電極内のイオン拡散過程がエネルギー密度や出力密度を決める．このため，電気化学系に対するナノ効果を明らかにすることは革新的なデバイスを創製するのに重要である．

　電気化学分野において電極や電解質がナノ化した際のサイズ効果を整理すると，

　①量子サイズ効果：活物質内の電子状態の変化
　②拡散長の低減：イオン拡散長の低減による高出力化
　③熱力学的効果：固溶限の増大，二相共存領域の変化
　④力学的効果：相境界エネルギーの低減
　⑤電気化学効果：電気二重層構造の変化，サイクル特性の向上

などであり，これらにより実用的に重要な機能発現が期待できる．

　リチウム電池などの電気化学デバイスにおいて，ナノサイズ効果を用いてバルクの性能を凌駕する革新的な物性を示す物質が出現すれば，従来にない高性能の電池デバイスの実現が可能となる．とくに環境問題への関心の高まりから，電気自動車用リチウム二次電池などの研究開発が，世界各国で激しく繰り広げられている中で，ナノテクを用いた高性能蓄電池開発に対する期待は非常

に高いものと考えられる.

　本章ではこれらの電気化学デバイスにおけるナノサイズ効果の実例を示すとともに，それらを利用してどのような蓄電メカニズムが働けば高容量・高出力化が可能になるのかについて考察したい.

10.1　電極活物質におけるナノサイズ効果

　ホスト・ゲスト系において電極サイズがナノ化してくると，ゲストイオンの拡散長が短縮化し，一般的に，それらの拡散の時定数（$\tau=L^2/D$）が小さくなるのできわめて短時間での充放電が可能になる（5.2 節参照）．これは，高出力型電極を設計するうえで有効な材料制御の指針を与える．またインターカレーション型ではなく，二相共存型電極においてもナノサイズ効果により熱力学的状態が変化して，相変化の速度や可逆性が向上することなどが期待される．これらはナノ化により相変化の活性化エネルギーが低減することにより，バルク材料では電気化学的に不活性であった化合物が，活性な電極材料になり得ることなどに現れる．

　それでは，電極反応の異なる二つのケースでどのようにナノサイズ効果が現れるのかについて説明する．

10.1.1　インターカレーション系電極のナノサイズ効果

　まず，インターカレーション系電極のナノサイズ効果として期待されるのは，イオン拡散長の短縮化による高速充放電特性である．ホスト中のゲストの拡散は一般に遅いので，多くの場合充放電特性は拡散（物質輸送）によって支配される．固体内のリチウムイオンの拡散係数を D_{Li}，拡散時間を τ とすると，この時間内での拡散長 L は $L=(D_{Li}\tau)^{1/2}$ で与えられる.

　活物質内におけるリチウムイオンの拡散係数を $10^{-13}\,\mathrm{cm^2 s^{-1}}$ 程度と見積もると，厚さ 5 nm の活物質をイオンが拡散する時間 τ は 2〜3 秒と計算される．電極反応の律速段階は，電解液中のイオン拡散，活物質表面の電荷移動過程，活物質内イオン拡散と活物質の電子伝導など，複数の過程が存在するが，表面の電荷移動速度が十分速ければ，律速段階は活物質内の固体内イオン拡散と考

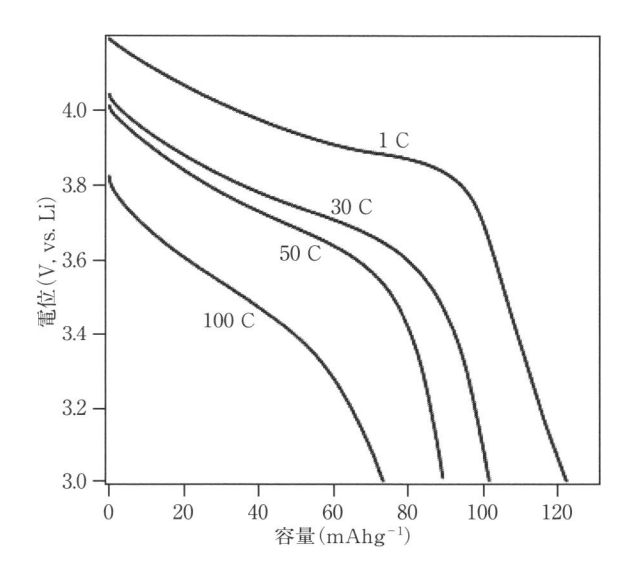

図 10.1 ナノ結晶 LiCoO₂ の高速充放電特性（粒子サイズ：17 nm）
[M. Okubo et al., J. Am. Chem. Soc., **129**, 7444 (2007) より]

えることができる．実際，ナノサイズ電極できわめて高速充放電が可能な電極材料の作製が行われている．

図 10.1 は，水熱合成で作製されたナノ結晶コバルト酸リチウム（LiCoO₂）の高速充放電特性を示したものであるが，ナノ化に伴い電極電位の系統的な低下が見られる一方で，100 C という高速での充放電が可能になっていることが見出された[1]．すなわち，わずか 36 秒の時間スケールでの充放電が可能になっているが，活物質のサイズ 17 nm と，リチウムイオン拡散係数約 10^{-13} cm²s⁻¹ 前後を考慮すれば，十分想定できる高速充放電特性である（式(5-11)参照）．

他のナノサイズ活物質の例でもナノ化により高速充放電が可能になっていることから，相変化を含まないインターカレーション電極材料において，サイズ効果は拡散長の短縮から電極の高出力化にその効果が顕著に現れているものと考えられる．

10.1.2 二相共存型電極のナノサイズ効果

　二相共存型の電極反応を起こす活物質において，ナノサイズ効果はどのように現れるであろうか．上述のインターカレーション系電極とは異なり，これらの活物質においてはリチウムの濃度勾配が連続的ではなく，高濃度相と低濃度相の二つの熱力学的安定相が共存し，それらの相変化により起電反応が進行することから，ナノ化の効果は異なった形で現れることが予想される．

　図10.2に示すように，リチウム電池の次世代型活物質として注目されているLiFePO$_4$では，含リチウム相であるLiFePO$_4$と非含有FePO$_4$の間に構造的な相境界が存在し，リチウムは境界において挿入・脱離する（図10.2(a)）．そして，この境界がリチウムの電気化学的挿入に伴いFePO$_4$側に移動することにより放電反応が進む（図(b)）[2]．

　ナノサイズ化と表面のカーボンコーティングにより活物質に電子導電性が付

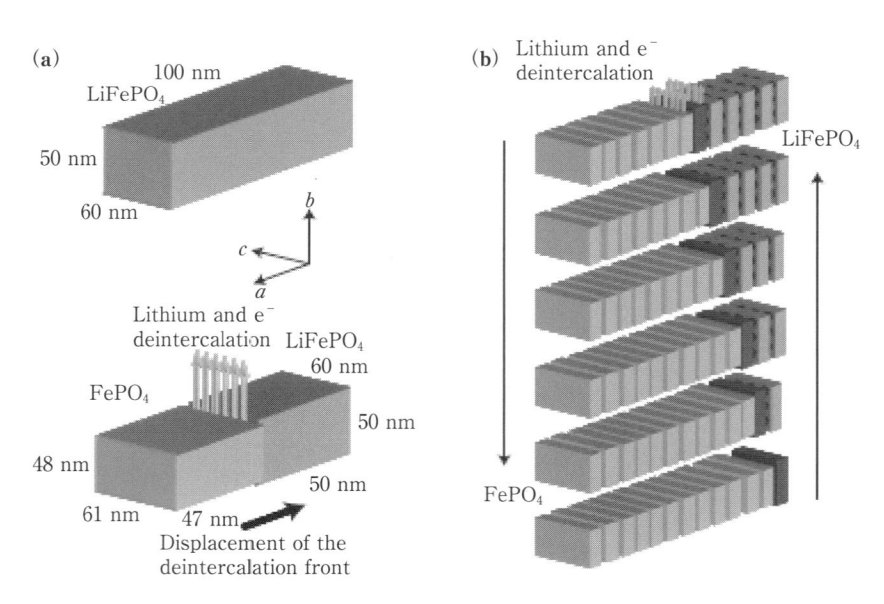

図10.2 二相共存型の電極反応スキーム（LiFePO$_4$の例）
［C. Delmas et al., Nature Mater., **7**, 665(2008)より］

与され，相境界の移動が高速化されることにより高出力型の電極活物質になることが近年の研究開発で明らかになってきた．さらに，ナノサイズ化による相境界移動の活性化エネルギーの低下も実験的に解明され，サイズと境界移動速度の関係も定量的な理解が進みつつある．また，ナノ化を進めれば二相共存型反応から単相型反応に変化して，境界が消滅する現象も見出され，高速充放電が可能な高出力型電極の設計も可能であることが示唆される[3]．

実際，これらの二相共存型反応をリチウム電池電極として用いることができるのは，電気化学的に相境界を可逆的に移動させることが可能な物質系に限られる．高出力型電極として利用する場合には，電気化学的なリチウムの挿入脱離により，この相境界を活物質中で高速に移動させなければならないが，電極反応速度が相境界移動速度で決定されるのであれば，この活性化エネルギーを低下させて室温付近でも相境界移動による相変化を高速化すればよいことになる．

例えば，リン酸鉄リチウム（$LiFePO_4$）のような物質では，ナノサイズ化により相境界移動の活性化エネルギーが低下することが明らかにされ，図10.3に示したように，それらのナノ結晶材料の大きな相変化速度を利用して高速充放電特性が得られるようになっている[4]．

この場合のナノサイズ効果は，相境界移動の活性化エネルギー低下などの結晶の相変化速度に現れることになるので，前記のインターカレーション型電極

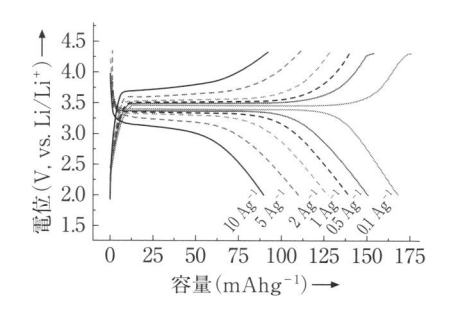

図 10.3 ナノ結晶 $LiFePO_4$ の高速充放電特性
[Y. Wang et al., Angew. Chem. Int. Ed., **47**, 7461 (2008) より]

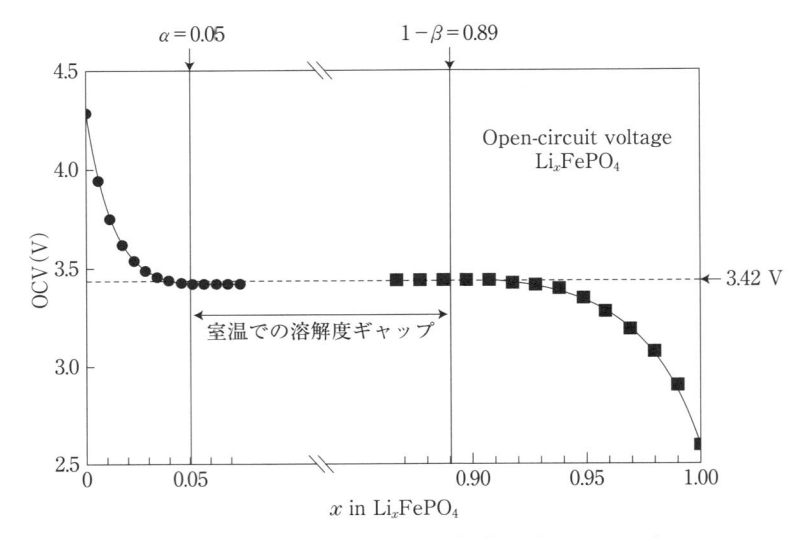

図 10.4 LiFePO$_4$ の OCV 曲線（粒子径：100 nm）
[A. Yamada et al., Nature Mater., **5**, 357 (2006) より]

のように，リチウムイオンの固体内拡散の時間に現れるのとは異なる形でナノサイズ効果が理解されるべきである．

　山田ら[5]は，LiFePO$_4$ について，平衡電位測定と平行して熱測定を行い，二相共存型電極反応における充放電機構を検討した．充放電時に熱測定を同時に行うことにより，電極反応のエントロピー変化を評価できる．エントロピーの組成変化（dS/dx）は二相共存型電極反応ではゼロまたは一定であるので，溶解度ギャップを正確に評価することができる．

　図 10.4 に示したように，100 nm サイズで LiFePO$_4$ では Li の固溶限が広がり（Li$_\alpha$FePO$_4$(α=0.05), Li$_{1-\beta}$FePO$_4$(1−β=0.89)），バルクと異なる熱力学的状態に変化している[5]．

　溶解度ギャップの活物質サイズ依存性を評価した結果，図 10.5 に示すとおり，粒子径の減少とともに溶解度ギャップが縮小して両端の固溶領域 α, β が拡大することが判明した[6]．

　これは二相共存型電極反応が起きる系で，活物質サイズが大きい場合は，相

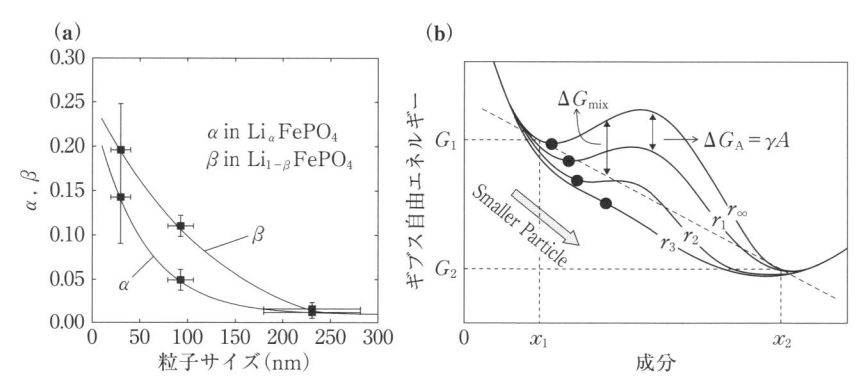

図 10.5 Li$_x$FePO$_4$ の充放電時に誘引される両端組成における不定比性の粒子サイズ効果の傾向(a)と，対応する自由エネルギー変化の概念図(b)
［山田淳夫, 電池技術, **19**, 34 (2007) より］

境界エネルギーが存在しても二相分離に伴う自由エネルギー減少の方が大きく，系は Fe$_\alpha$PO$_4$ と Li$_{1-\beta}$FePO$_4$ の二つの安定相に分離する．しかし活物質サイズが小さくなるに従い，系全体に対する相境界エネルギーの寄与が大きくなるため，二つの相の固溶限界 (α, β) を広げることにより，Li$_\alpha$FePO$_4$/Li$_{1-\beta}$FePO$_4$ 界面を形成して格子ミスマッチを減少させ，この相境界の形成エネルギーを下げて二相共存状態を安定化させている．図 10.5(b) において ΔG_{mix} は二相共存状態をとらずに固溶体を形成したときの自由エネルギーの増加量を，ΔG_A は界面エネルギー，γ は歪みに伴う単位面積あたりの界面エネルギー，A は活物質の単位体積あたりの界面面積を示している．粒子径 (r) が小さくなるほど ΔG_A が増大するため，二相共存状態は不安定化する．さらに ΔG_A が増大して ΔG_{mix} と同じになった組成では，系は二相共存状態から完全固溶体に変化する．

すなわち，ナノ化により相境界のミスマッチが低減して境界エネルギーが低下し，これにより相境界移動の活性化エネルギーが低下して充放電特性が向上しているものと考えられる．ナノ化の効果が電極材料の自由エネルギー状態を変化させ，より境界移動がしやすい二相共存状態をとることにより，低温での可逆的相変化の容易化と充放電特性の向上を実現しているものと考えられる．

これらの二相共存型反応に基づく次世代電極材料におけるナノサイズ効果が

どのように現れるか詳しく究明することは，今後とも基礎・応用の双方の観点から重要な研究課題であると考えられる．

10.1.3 TiO₂結晶のナノサイズ効果

活物質のサイズがナノ化したときの相図や相変化などの熱力学的特性がどのように変化するかは，電極の高容量化・高出力化に対するナノサイズ効果を議論するうえで，実用的な観点からも興味深いテーマである．

TiO₂（アナターゼ）の電極特性については7.2.2項で述べたが，Mulderらは TiO₂のナノ結晶のリチウム貯蔵容量やリチウム固溶限界を詳細に調べ，この二相共存型電極活物質においてはナノサイズ化により容量や固溶限界が系統的に増大することを明らかにした[7]．すなわち，二相共存系において活物質サイズが小さくなると，図 10.6 のように，固溶限界の拡大とバルクでは速度論的に転移できない高容量相への相変化も可能になる．

図 10.6 は中性子回折から得られた TiO₂の相図であるが，50 nm 以上のサイズの TiO₂粒子では二相共存状態($\alpha+\beta$)であるものの，α 相（TiO₂）および

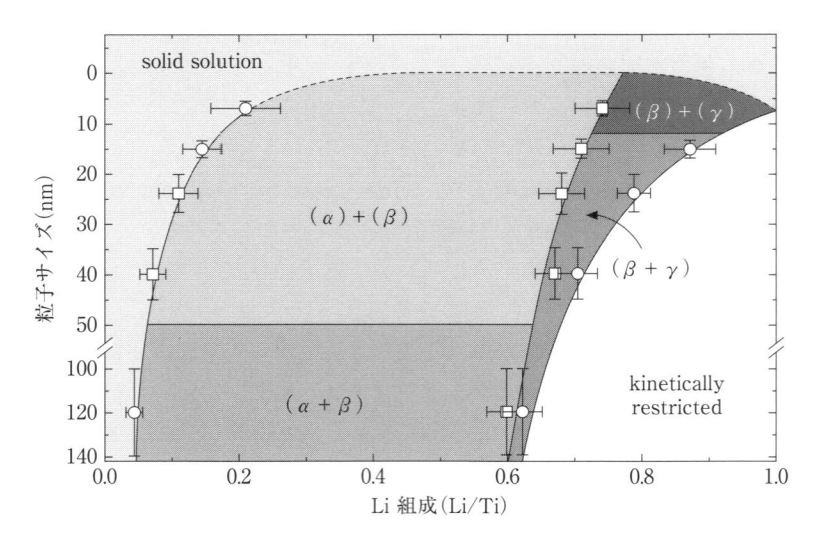

図 10.6 ナノサイズチタニア(Li_xTiO_2)の相図
[M. Wagemaker et al., J. Am. Chem. Soc., **129**, 4323 (2007) より]

β相（$Li_{0.5}TiO_2$）のリチウム固溶限界が活物質のナノサイズ化により増大している．すなわち，二相共存型電極反応におけるナノサイズ効果の大きな特徴として，固溶限界の増大が明らかとなった．50 nm以下のサイズになると境界形成エネルギーの寄与が非常に大きくなるため，一つの活物質粒子内で二相共存状態をとらずに，シングルドメインのα相およびβ相の混合粒子状態（(α)＋(β)）となる．

また，さらにサイズを小さくして10 nm前後にすると，バルク平衡相に比べてリチウム容量が2倍である$LiTiO_2$相（γ）への相変化が可能となり，大きなリチウム貯蔵容量が実現することも明らかになった．これは，酸素の八面体の隙間がすべて占有される$LiTiO_2$相は，リチウムイオンの拡散係数が小さいことから速度論的に形成できない構造であるが，例えば，7 nmレベルの活物質サイズの粒子では，リチウムイオンは表面からわずか4 nm侵入するだけで粒子全体が$LiTiO_2$に変化できるために，この高Li含有相への相変化が可能になったと考えられる．

10.2　電極/固体電解質界面におけるナノサイズ効果

近年，リチウム電池の安全性の向上，蓄電エネルギー密度の向上，セルの大型化などの観点から，全固体型電池の研究が活発である．固体電解質の多くはシングルイオン伝導性を有しており，電解質材料としての本質的優位性がありながらそのイオン導電率は液体系電解質に比して小さく，実用からは距離のある開発状態におかれていたが，最近の研究により液系に匹敵する10^{-3} Scm^{-1}レベルのイオン導電率を有する$LiTi_2(PO_4)_3$, (Li, La)TiO$_3$, 硫化物系（例えばLi_4GeS_4-Li_3PS_4（thio-LISICON））などの固体電解質材料の開発が進み，電池の全固体化に向けた研究が加速している．

しかしながら，このような固体電解質を用いる場合において，新たな問題点も明らかとなってきた．すなわち電解質の導電率から期待されるほどの電池性能は実際には得られず，電荷移動過程を阻害する他の要因が存在することが指摘された．

高田らは，全固体デバイスでは電解質と電極の固体接合面に大きな抵抗が存

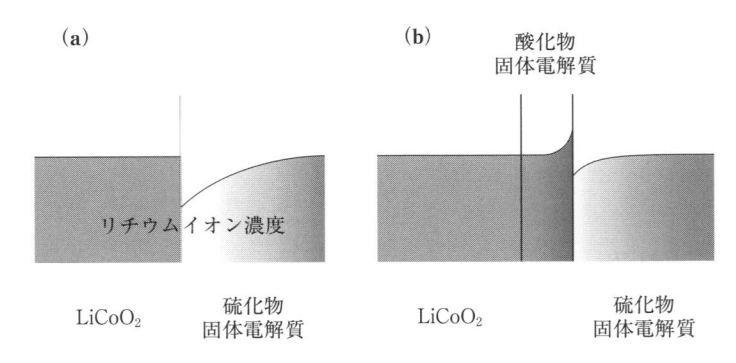

図 10.7 LiCoO$_2$/硫化物固体電解質の界面モデル
[高田和典, セラミックス, **45**, 163(2010) より]

在することを見出し, その原因を固体接合界面での空間電荷層の存在に起因すると考えた.

例えば, 正極材料に LiCoO$_2$, 硫化物固体電解質に thio-LISICON を選び, これらの接合界面を作製すると, 図 10.7(a)にあるように, 電解質側に大きく空間電荷層が発達したヘテロ界面が形成される[8].

リチウムイオンに対する化学ポテンシャルの異なる固体界面が形成された場合, リチウムイオンはそのポテンシャルの低い LiCoO$_2$ 側に移動することになる. このとき電解質側には大きな空間電荷層領域が形成され, リチウムイオンの濃度勾配が形成されつつ電気化学ポテンシャルが平衡した界面が形成される. この場合, 電解質側では, リチウム濃度の低下から化合物組成が変化して導電率の最大を与える最適組成からのズレが生じる. これは, 大きな界面抵抗成分として電極/電解質界面に存在して, 電荷移動を妨げる要因となっている.

これらの化学ポテンシャルの異なる固体界面における空間電荷層の存在と, それによる高抵抗化や逆にイオン導電率の向上する現象などは, 近年のナノイオニクスの課題として基礎研究が盛んになってきている領域である. もしも, 空間電荷層の存在が界面の高抵抗化の原因であるならば, 緩衝層を電極/電解質界面に挿入することにより低抵抗化を図ることができるであろう.

高田らは, LiCoO$_2$ 表面に緩衝層として Li$_4$Ti$_5$O$_{12}$ のナノメータオーダーの薄層を形成して界面抵抗の変化を系統的に調べた. この場合, 図 10.7(b)に示さ

10.2 電極/固体電解質界面におけるナノサイズ効果

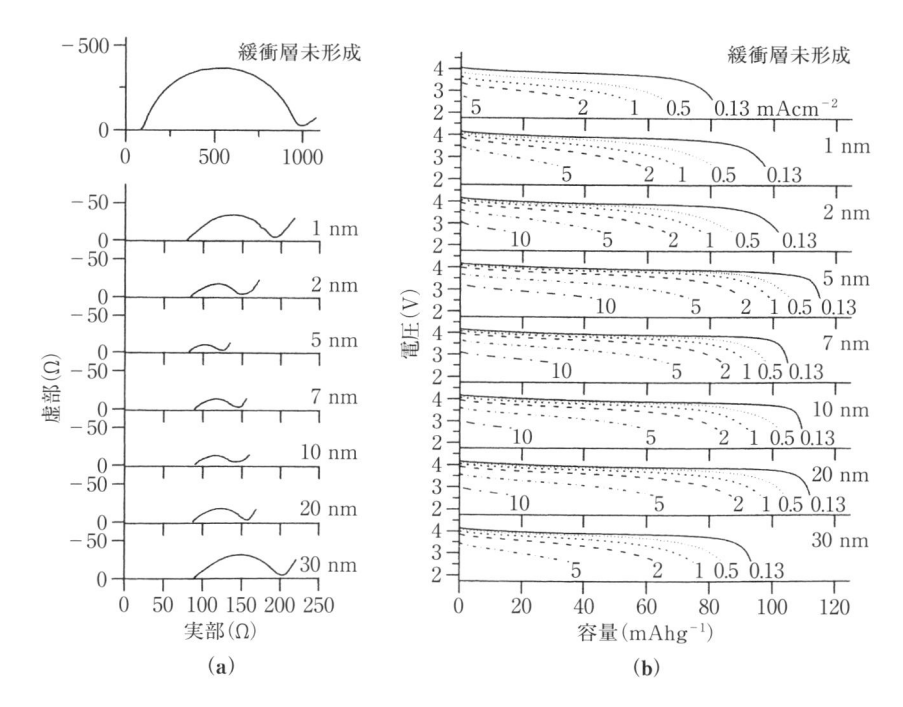

図 10.8 Li$_4$Ti$_5$O$_{12}$を緩衝層として用いることによる電極特性の変化
[高田和典, セラミックス, **45**, 163 (2010) より]

れているように，硫化物電解質は正極材料の LiCoO$_2$ ではなく酸化物電解質と接合しているため，リチウムイオンの化学ポテンシャル差が小さいことから，空間電荷層の形成領域は緩衝層がない場合と比べて小さくなるものと考えられる．実際，緩衝層を入れて作製した電池セルの電極特性を測定した場合，図10.8 にあるように，緩衝層の Li$_4$Ti$_5$O$_{12}$ 層の厚さが 5 nm 程度になったときに界面抵抗（(a)の半円の半径）がもっとも小さく，また電極特性(b)も良好であることが判明した[9]．

これらの結果から，全固体系電池を構成する場合の大きな問題点は，電解質の導電率だけではなく，電極/電解質界面の空間電荷層に起因する抵抗成分の存在であり，化学ポテンシャルの異なるヘテロ界面におけるナノイオニクス効

果を明らかにすることが，高性能デバイスを設計するうえで重要であることがわかる．

ナノメータサイズの緩衝層を$LiCoO_2$活物質表面にコーティングすることにより，界面抵抗の低減化と電極特性の向上に成功したこれらの例は，固体界面におけるナノサイズ効果と全固体型電池の高性能化を結びつける有効な手法として，今後も広く活用されるものである．

10.3 電解質のナノサイズ効果

10.3.1 ナノ固体電解質

電解質をナノサイズ化していったときに，熱力学的な状態（相の安定性）が変化してバルク状態より高いイオン伝導性を発現することが報告されている．とくにイオン結晶と誘電体のナノ複合体では，それらのヘテロ界面に空間電荷層が形成されて，欠陥密度の増大やこれに伴うイオン導電率の向上など，界面

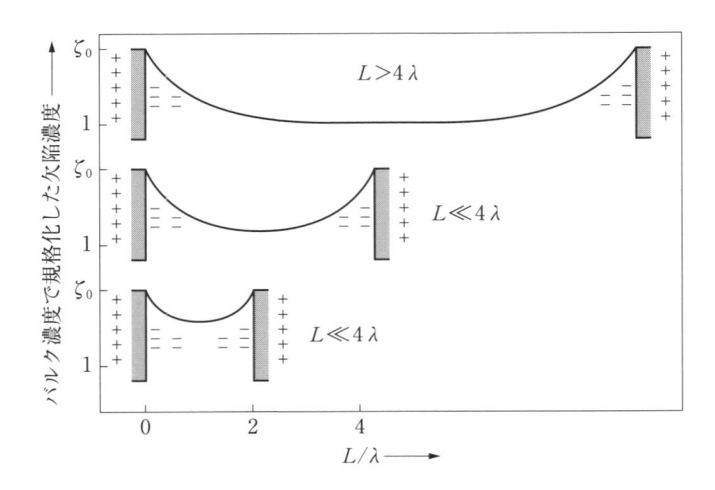

図10.9 ヘテロ界面における空間電荷効果によって生じる欠陥濃度プロファイル（L：電解質（イオン結晶粒子）のサイズ，λ：デバイ長，ζ_0：界面欠陥濃度）
[J. Maier, Solid State Ionics, **23**, 59(1987)より]

のナノ領域特有の伝導現象が生じる．

　図 10.9 は，界面に形成される空間電荷層の様子を示している[10]．化学ポテンシャルの違いによりイオンが界面を移動して電気二重層が形成されるとともに，ヘテロ界面近傍に静電ポテンシャルプロファイルが形成されることが理解できる．また，電解質がナノサイズ化して，これらの空間電荷層の厚さ（つまり，デバイ長 λ）と同程度になると，電解質全体に渡って静電ポテンシャルが上昇して，例えば荷電欠陥密度が増大することなどの界面特有のナノサイズ効果が顕著になる．これらのナノイオニクス効果は，空間電荷層領域での欠陥密度の増大とそれに伴うイオン導電率の著しい向上をもたらすので，新しい高導電性電解質の設計を可能とする．そのため，さまざまな物質系で研究がなされている[10]．古くはヨウ化リチウムにアルミナを混合するとイオン導電率が増大することを示した先駆的な研究[11]があるが，最近では山田らが AgI，AgBr とアルミナの複合型電解質でイオン導電率の大きな増大を見出している[12]．

　以下，これらの界面効果に起因する固体電解質の特性の変化を紹介する．

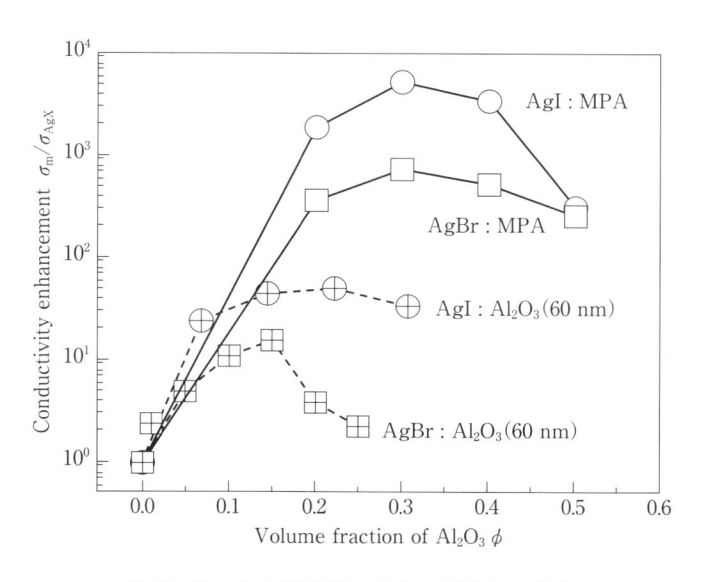

図 10.10 ナノ電解質のイオン導電率の増大
[H. Yamada et al., Adv. Func. Mater., **16**, 525 (2006) より]

図10.10は，AgIおよびAgBrをアルミナ粒子（60 nm）またはメソポーラスアルミナ（MPA，ポア径約6.8 nm，比表面積276 m^{2}g^{-1}，空孔率70％）とコンポジットにした固体電解質の25℃でのイオン導電率をアルミナの体積率に対してプロットしたデータである．

図からわかるように，体積率にしてアルミナ粒子を10〜30％程度加えるとイオン導電率が大きく増大することが明らかとなった．例えば単純にアルミナ粒子を加えた場合でも，AgIのイオン伝導度は40倍程度増大する．他方，これらのイオン伝導体をメソポーラスアルミナと複合させた場合，その伝導度はさらに増大して約3桁ほど大きくなる．とくにAgIとメソポーラスアルミナの場合は，数千倍以上の導電率向上が見出された．いずれの場合もナノサイズの粒子または多孔体とコンポジット材料を形成しており，大きな固体界面面積を有しているため，界面特有のイオン伝導特性がバルクサイズで実現しているものと想定される．メソポーラスアルミナの空孔率は70％であるため，アルミナの添加量が30％で導電率の最大値をとることも，ポア内に電解質が含ま

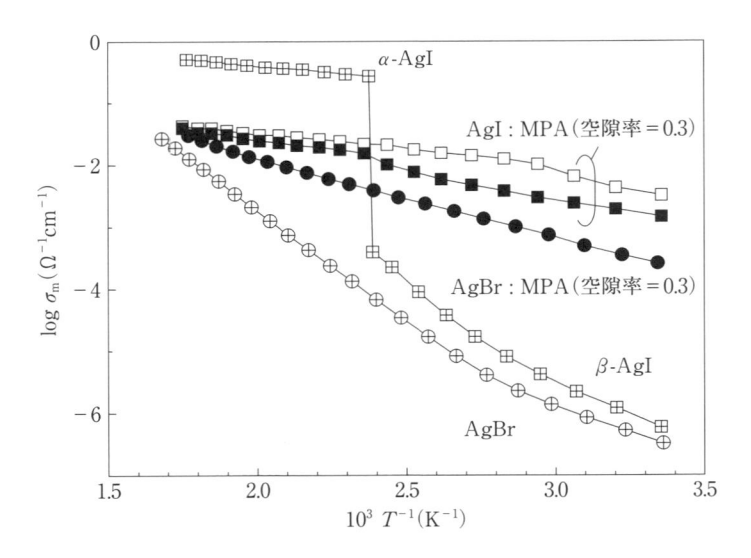

図10.11 ナノ固体電解質のイオン導電率のアレニウスプロット
［H. Yamada et al., Adv. Func. Mater., **16**, 525(2006)より］

れていることを仮定すれば妥当であろう．ナノサイズの固体電解質に現れる優れたイオン伝導現象は近年のナノイオニクスの興味深い研究対象となっている．

図 10.11 は，メソポーラスアルミナとコンポジットにした AgI および AgBr と，これらの単体物質のイオン導電率の温度依存性をアレニウスプロットで比較したものである．

まず AgBr に関しては，低温領域ではイオン導電率がコンポジット化することにより約 3 桁ほど向上している．アレニウスプロットから求められるイオン伝導の活性化エネルギー（0.27〜0.34 eV）は，バルクの AgBr（低温領域，$T<70\,°C$）における不純物起源の欠陥（extrinsic defects）による伝導の活性化エネルギーと同程度である．すなわち，アルミナとの複合体においても同じ欠陥（＝Ag^+ の空孔）を介したイオン伝導メカニズムが支配しているものと考えられる．これは空間電荷層モデル（図 10.9）で示されるように，アルミナ界面からデバイ長までは空間電荷効果による静電ポテンシャルプロファイルの形成に伴い，多量の荷電欠陥（Ag^+ の空孔）が生成してイオン導電率の増大を引き起こしていると考えられる．

他方，AgI とメソポーラスアルミナのコンポジットの場合は室温付近で約 4 桁の増大が見られる．その伝導メカニズムは前述の空間電荷層形成による欠陥密度増大では単純には解釈できない．バルクの AgI に見られるように，この物質は 147 °C においてウルツ型 $β$-AgI から超イオン伝導相 $α$-AgI へ相転移する．しかし，AgI アルミナコンポジットのアレニウスプロットは室温から高温まで連続的であるから，ほぼ一つの伝導メカニズムで支配されているものと考えられる．XRD 回折ピークの解析結果から，AgI の平均粒径は約 10 nm であり，メソポーラスアルミナのポア内に存在しているとするのは妥当である．温度サイクルをかけて高温状態から低温状態にシフトさせた場合，構造的には $α$-AgI, $β$-AgI が共存しており，低温領域の 50 °C まで超イオン伝導相の $α$-AgI が安定的に存在していることが判明し，これらのコンポジット電解質の高い伝導性の原因と理解できる．ポア内に存在する $α$-AgI は，$β$-AgI に相転移する際に 5.5 % の体積膨張を生じるが，ナノ空間に閉じ込められることにより，この相転移が抑えられ高温相の安定化が起き，高いイオン伝導度が低温まで実現し

ているものと考えられる．これらはヘテロ界面を利用した電解質のナノサイズ効果と考えられ，イオン伝導度の大きな向上は今後，革新的な電池デバイスなどへ応用できる期待がある．

10.3.2　ナノ液体電解質

　蓄電デバイスの安全性とエネルギー密度を向上させる観点から，電気化学窓が広く，耐熱・耐化学的特性に優れる固体電解質材料に関心が集まっている．しかし，一般的に固体中でのイオン導電率は実用性を考慮するには低い．液体系に匹敵する高いイオン伝導性を求めて材料開発が活発化している．液体系電解質では分子の回転や振動以外に並進運動性を有しているため，Grotthussおよび Vehicular メカニズムの双方のイオン伝導性機構が働き，高いイオン導電率が実現している．近年，これらの液体系の高い伝導特性を固体電解質に導入する新しい材料設計が進展している．耐熱性や耐電圧性に優れた新規電解液としてイオン液体が注目されているが，ある種のイオン液体を酸化チタニウム（TiO_2）などの酸化物ナノ界面・ナノ空間に固定化することにより，形状を保つ準固体でありながら液体と同様なイオン伝導性を有した新しい電解質の研究が発表されている[13]．すなわち固体のナノ空間に閉じ込められたイオン液体は，界面での強い相互作用の影響で準固体的な状態となるため，これらのハイブリッドは液体と固体の中間的な新しい固体電解質材料と考えることができる．

　図 10.12 は，イオン液体（BMI/HTFSI, 図 9.1 参照）の存在下でゾルゲル合成したハイブリッド電解質の TEM（透過型電子顕微鏡）観察像（図 10.12 (a)）と，その構造の模式図（図(b)）である．TEM 観察の結果から，三次元連続ネットワーク（bicontinuous network）を構成している TiO_2 のナノ空間にイオン液体が固定化されていると考えられ，また模式図にあるように，イオン液体は連続的なイオン伝導パスを形成していると考えられる．酸化物ナノ界面にイオン液体がとじ込められると，液体分子としての並進運動はなくなるが，分子の回転運動や分子間のイオン移動などのエネルギー移動過程はそのまま保存される．このような分子の回転運動と隣接分子へのイオンホッピングを利用したイオン伝導は Grotthuss メカニズムと呼ばれ，固体化した液体分子

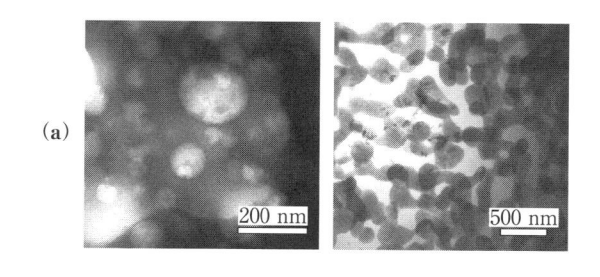

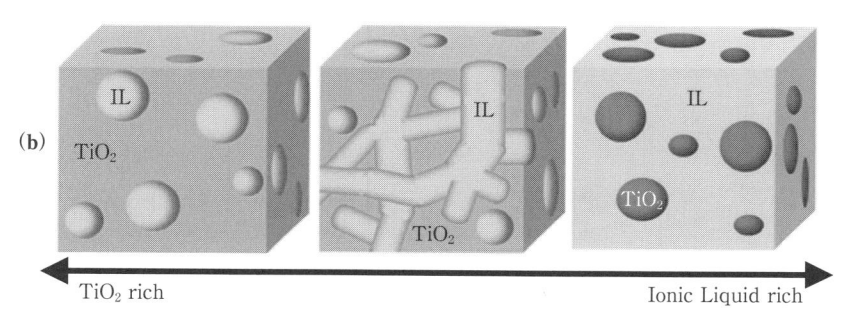

図 10.12 イオン液体(IL)/TiO$_2$・ハイブリッド電解質の構造((a)TEM写真,(b)複合体の模式図,イオン液体の三次元連続的伝導パスが形成されている)
[U-Hwang Lee et al., Chem. Commun., **3068**(2009) より]

間にも働くイオン伝導メカニズムである.イオン液体と TiO$_2$ のハイブリッド電解質ではイオン液体がナノ空間に固定化していても,Grotthuss メカニズムが働くことにより,液体に匹敵する導電率を示す.

これらのハイブリッド固体電解質のイオン伝導特性を図 10.13 に示す.イオン液体は三次元的な TiO$_2$ ネットワーク内に固定化されているため,300 ℃ の温度領域まで安定な固体状態を有している.室温～300 ℃ 程度の中温領域にかけて,固体であるにもかかわらずイオン液体の伝導特性を反映した特性を示し,とくに,200 ℃ 以上の温度領域では 10^{-2} Scm^{-1} の高い伝導度を示す.これらの導電率レベルは,燃料電池やキャパシタなどのエネルギーデバイスに利用できる実用的な導電率であり,固体電解質としては非常に高い値を示してい

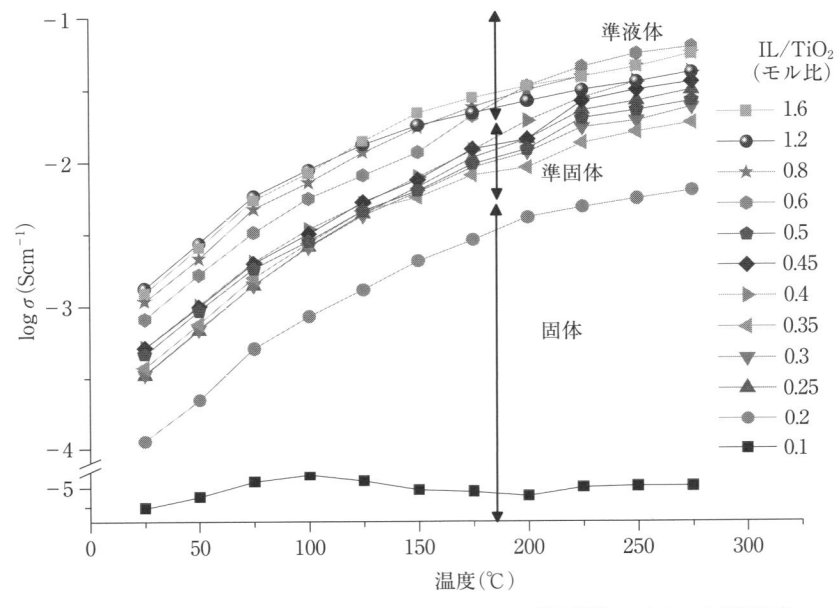

図 10.13 イオン液体(IL)/TiO$_2$・ハイブリッド電解質膜のイオン伝導特性
[U-Hwang Lee et al., Chem. Commun., **3068**(2009)より]

る．イオン液体は酸化物ネットワーク中に"固体的"に存在していながら溶液系と類似の伝導メカニズムが働くため，バルクのイオン液体と同等の導電率を有する電解質となっている．液体電解質のナノ化，すなわち酸化物の三次元的なネットワーク内に固体化して存在するナノ液体の性質を利用して，液体的な伝導メカニズムを有する高いイオン導電率を有した新しい固体電解質の研究が進展している．

10.4　ナノテクノロジーの合成技術

　高性能の電極材料の開発には，その化合物や合金の結晶構造や組成の設計のみならず，活物質の粒子径，モルフォロジーや集合状態の制御が必要になる．また実際の工業生産の観点からは，安価で省エネルギー的なプロセスも必要で

ある．正極材料の多くは遷移金属酸化物であるため，高温焼成による固相反応プロセスを用いてミクロンサイズの結晶粒子が生産されてきたが，ナノサイズの高機能性電極材料を作製するには，むしろ低温領域の化学プロセスを用いたほうがサイズやモルフォロジーなどの制御が容易である場合が多い．結晶成長を抑制する観点からも，低温反応を用いたソフトケミカル法によるナノ構造活物質の合成に注目が集まっている．これらのプロセスを用いれば，ナノ結晶粒子，メソポーラス電極，ナノチューブやナノシート電極など，高度に形態制御されたナノ電極材料の合成が可能である．

ここでは，主としてソフト化学的プロセスによるナノサイズ電極材料の合成例に関して紹介する．

10.4.1 ナノ結晶電極活物質

水熱合成は，水溶液中に金属塩などの原料を溶かし込み，オートクレーブ中で長時間保持することにより，金属酸化物などの電極活物質粒子を合成するプロセスである．これまで多くの研究が行われ，ナノからミクロンサイズの正極活物質粒子の合成例が多数報告されている．水熱合成では200℃以下の合成温度で良質なナノ結晶粒子が得られるため，省エネルギー型の活物質合成プロセスとして注目されている．

例えば，次世代正極材料として注目されている $LiFePO_4$ の合成は，初期の報告[14]では，$LiOH$，$FeSO_4$，H_3PO_4 の三つの原料を用いていた．その後プロセスの研究が進み，例えば，図 10.14 に示した研究例[15]では，$LiOH$，$FeSO_4$，$(NH_4)_2HPO_4$ の原料を用いて，水溶液中で170℃の水熱反応により，活性な $LiFePO_4$ が合成されている．合成された粒子の SEM 像から，0.5 μm 程度の板状結晶が生成しているのがわかる．また，活物質容量も 0.1 C の充放電速度で 120 mAhg^{-1} が得られており，低温合成プロセスでも十分実用レベルの容量を有する電極材料が合成できることが報告されている．さらに水熱合成ではさまざまな金属塩を前駆体として用いることが可能であるため，Fe の一部を他の遷移金属で置換した化合物の合成も容易である．実際，オリビン系 $LiFePO_4$ 材料において，$LiMn_{0.5}Fe_{0.5}PO_4$ や $LiFe_{1/3}Mn_{1/3}Co_{1/3}PO_4$ などの化合物が水熱合成により合成され，それらの電極特性が調べられている[16]．

218　第 10 章　ナノテクノロジーを利用したリチウムイオン電池の高性能化

図 10.14　水熱合成法で作製された LiFePO$_4$ 活物質粒子の SEM 像（(a)Li：Fe：P=1：1：1，(b)Li：Fe：P=2：1：1）
　　　　　［K. Dokko et al., J. Power Sources, **165**, 656(2007) より］

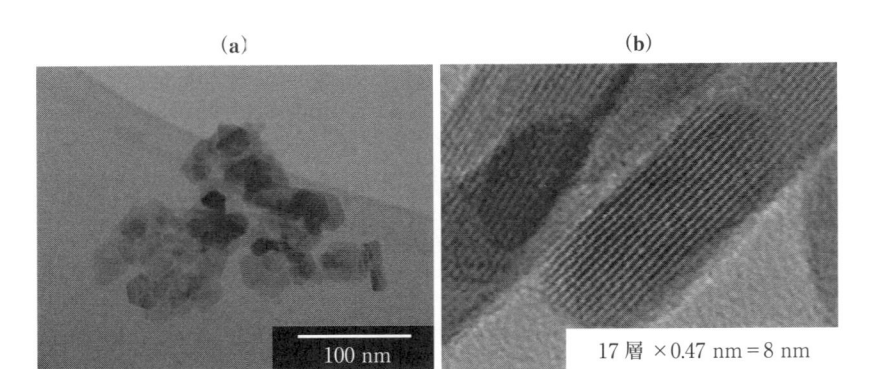

図 10.15　水熱合成法で作製された LiCoO$_2$ 板状ナノ結晶の TEM 像（(a)板面の像，(b)側面に見られる層状構造）
　　　　　［M. Okubo et al., J. Am. Chem. Soc., **129**, 7444(2007) より］

　水熱合成では，温度，pH，反応時間などを選ぶことにより，ナノ結晶サイズを精密に制御することが可能である．一例として図 10.15 に，水熱合成により得られたナノ結晶 LiCoO$_2$ 板状ナノ結晶の TEM 像を示す[1]．
　この合成例では最初に層状構造の LiCoOOH ナノ結晶を合成して，この結晶を前駆体として LiOH 水溶液中で水熱合成を行い，LiCoO$_2$ ナノ結晶を合成する 2 段階のプロセスである．水熱反応の条件を制御することにより，30 nm か

ら6nmまで精密に結晶サイズを制御することが可能である．XRD回折ピークの半値幅から求めた結晶サイズと，透過型電子顕微鏡観察により求めた結晶サイズはほぼ一致しており，ナノ結晶活物質を作製する精密化学プロセスであることが判明した．ラマンスペクトルの解析からは，このような小さな結晶サイズの$LiCoO_2$でも層状岩塩構造を保っていることも明らかとなっている．さらに水熱合成法により，スピネル構造$LiMn_2O_4$のナノ結晶の合成も行われている．水熱合成条件の制御により43nmから15nmまで結晶サイズを制御することが可能であり，これらのナノサイズ活物質において高容量特性が得られている[3]．

中温領域の熱化学反応を用いて，ナノ結晶粒子を気相から作製するプロセスにスプレー熱分解法（spray pyrolysis）がある．目的とする活物質の金属塩などの原料を溶かした溶液を調整し，これを反応管入口よりアトマイザーを用いて噴霧しつつ反応管加熱部に導入する．原料の蒸気を含む気体を用いる場合はCVD（Chemical Vapor Deposition）と呼ばれているプロセスで，溶液状前駆体を噴霧して導入することを除けば，類似の化学プロセスといえる．反応温度としては通常400℃から800℃程度の温度が用いられ，数10nmサイズの粒子状活物質が作製される．

前駆体溶液を調整することにより，さまざまな種類の活物質粒子を合成することが可能である．入山らはスプレー熱分解法を用いて，スピネル構造マンガン酸化物（$LiMn_2O_4$）のナノ結晶合成を行い，その構造解析と電気化学特性の評価を行った[17]．図10.16に合成されたナノ結晶のTEM像を示す．

この場合，原料として，酢酸マンガン（$Mn(CH_3COO)_2$）と酢酸リチウム（CH_3COOLi）の水溶液を用い，これを酸素ガスと供に反応管に導入し，800℃の反応温度の条件でナノ結晶$LiMn_2O_4$粒子を合成している．得られた粉末試料のXRD回折結果から，スピネル構造のマンガン酸化物粒子が作製されていることが確認され，また，Scherrerの式から粒子径を見積もると約18nmである．

また同様なプロセスで，酸化物系負極材料であるチタン酸リチウム（LTO＝$Li_4Ti_5O_{12}$）の合成も行われている．$Ti(OC_3H_7)_4$と$LiOC_3H_7$をイソプロパノールに溶かした溶液を調整し，これを反応温度400℃でスプレー熱分解して

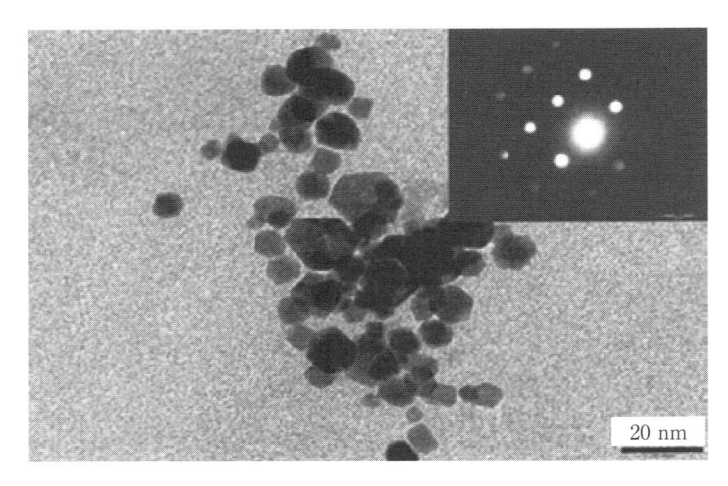

図 10.16 スプレー熱分解法で合成したナノ結晶 LiMn$_2$O$_4$ の TEM 像
[Y. Iriyama et al., J. Power Sources, **174**, 1057(2007)より]

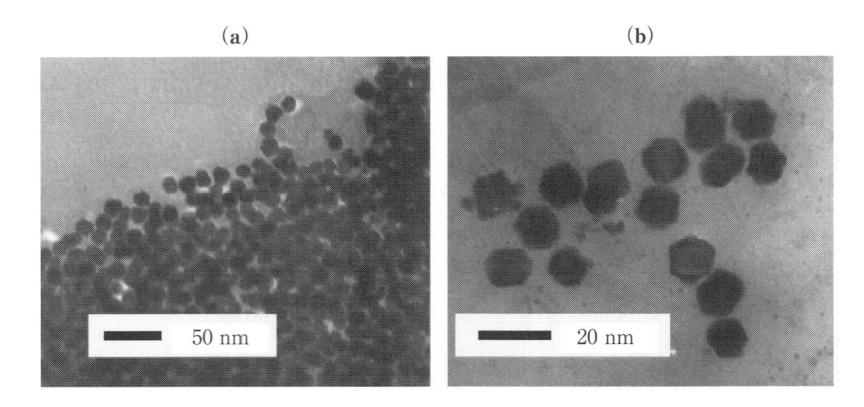

(a)　　　　　　　　　(b)

図 10.17 スプレー熱分解法で合成したナノ結晶 Li$_4$Ti$_5$O$_{12}$ の TEM 像
((a)と(b)は倍率が異なるだけでサンプルは同一)
[T. Doi et al., Chem. Mater., **17**, 1580(2005)より]

LTO ナノ結晶の合成が可能であることも報告されている[18]．このような比較的低温度でもスピネル構造の LTO ナノ結晶が合成され，TEM 観察などから単分散性で粒子径 20 nm 以下である．

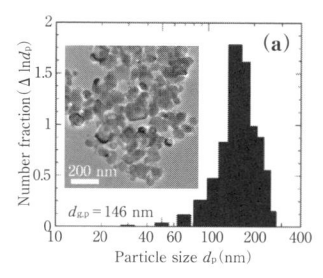

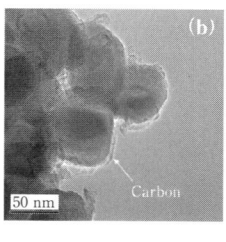

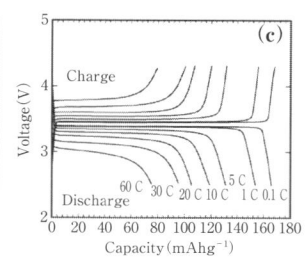

図 10.18 スプレー熱分解法で作製した LiFePO$_4$ の観察像と電極特性（(a)粒子サイズの分布，(b)炭素被覆後の粒子の TEM 像，(c)充放電特性）
[I. Taniguchi et al., J. Power Sources, **195**, 3661 (2010) より]

近年では，さらにスプレー熱分解法の研究が進み，単分散性の LiFePO$_4$ ナノ結晶の合成も報告されている[19]．適当な前駆体溶液を調整して，500 ℃前後の反応温度で良質な LiFePO$_4$ ナノ結晶の合成が可能である．図 10.18 に示したように，TEM 観察などにより粒子径は 100～200 nm 程度で比較的粒径がそろっている．カーボン材料とこれらのナノサイズ活物質を混合し，還元雰囲気中でアニール処理を行うことにより，活物質表面にカーボンコーティングを行い（図 10.18(b)）電極特性を評価している．充放電曲線（図 10.18(c)）からほぼオリビン型 LiFePO$_4$ の理論容量の 165 mAhg^{-1} が得られ，さらに 60 C の大きな充放電レートでも良好な電極特性が得られる．またサイクル特性も良好である．これらの結果は，スプレー熱分解法が，高活性な活物質ナノ結晶粒子を合成するのに適した化学プロセスであることを示すものである．

10.4.2 メソポーラス電極

ナノテクノロジーの典型的応用例として，イオンと電子の高速輸送チャネルを有する理想的な活物質構造と考えられるメソポーラス型電極の創製をあげることができる．

メソポーラス電極では，ナノサイズのポアとフレームワークが規則正しく並んだ自己組織的な構造をとるため，イオンと電子の伝導パスが最適化された高速な電極反応に適した三次元構造電極である．また比表面積が大きいため，界

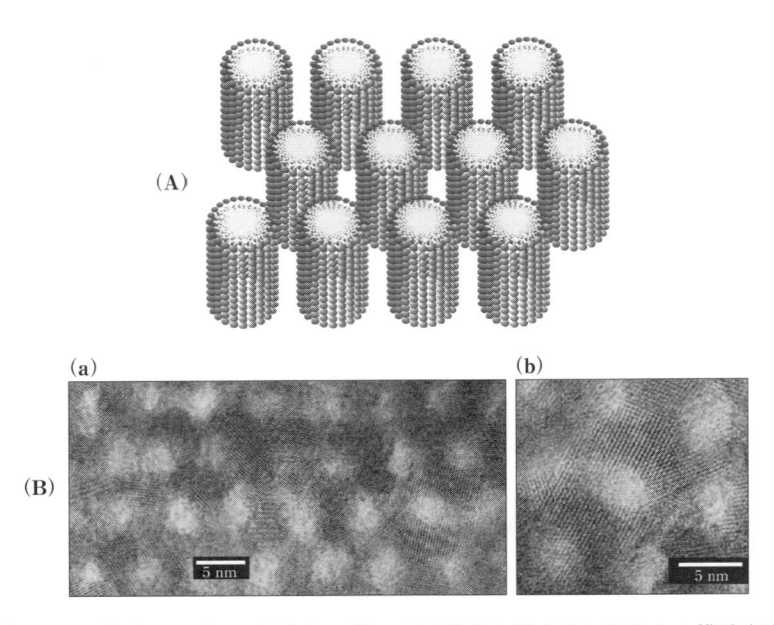

図 10.19 分子テンプレートとして用いる溶液中に形成されるミセル構造(A)とこれを用いて合成された TiO_2 の TEM 像(B)((B-a)六方格子に配列したメソポア，(B-b)B-a の高解像性イメージ)
[D. Li et al., Nature Mater., **3**, 65(2004)より]

面の電荷移動抵抗も低減化できる．これらのメソポーラス構造電極は，界面活性剤を分子鋳型（テンプレート）としてゾルゲル法などにより無機骨格を形成し，その後焼成により界面活性剤を酸化・除去することにより作製できる．

図 10.19(A)に溶液中で形成される界面活性剤のミセル構造を示したが，これを鋳型とすればナノサイズの三次元規則構造が作製できる．実際，Zhou らは，ブロックコポリマーを分子テンプレートとして電気化学的活性なメソポーラス TiO_2 の合成に成功[20]し，そのナノ構造と電気化学特性を調べている．図 10.19(B)の(a)および(b)に見られるように，作製されたメソポーラス TiO_2 は，約 4 nm のポアとフレームワークから形成されるヘキサゴナル構造を有しており，ポアは一次元の直線的構造のチャネルである．このポア内には電解液が含浸しているためイオン伝導パスとなっている．他方，フレームワークの構

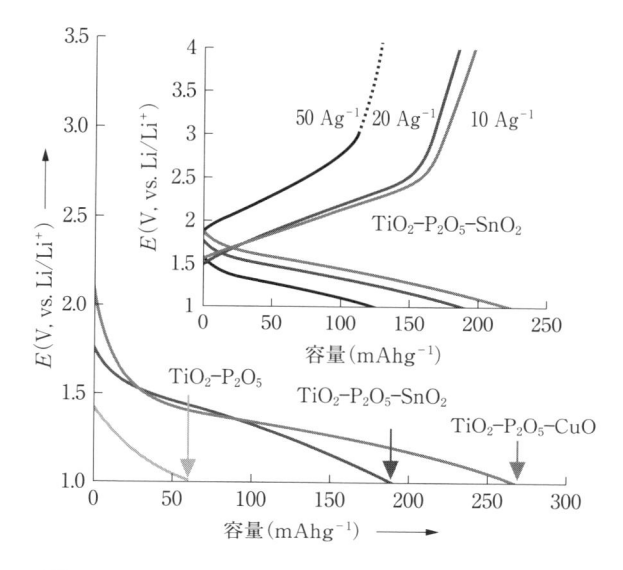

図 10.20 メソポーラス TiO$_2$ 電極の高速充放電特性
[H. S. Zhou et al., Angew. Chem. Int. Ed., **44**, 797 (2005) より]

造は三次元的に連続なヘキサゴナル構造を有しており電子伝導が起きる．したがってポア内を伝導または拡散してきたリチウムイオンとフレームワークを伝導してきた電子は，メソポーラス電極の界面で電荷移動反応を起こしてフレームワーク内部へ挿入することになる．ポア内は有機電解液で満たされているため，チャネル内のイオン輸送は非常に速く，またフレームワークの厚さはたかだか数 nm 程度であるため，この内部への固体内拡散も非常に短い時間スケールで起きることになる．

実際，メソポーラス電極の充放電特性を調べた結果，図 10.20 に示したように 100 C の高速放電も可能であった[21]．これらの結果は，メソポーラス構造の電極では活物質内に規則正しい連続構造のポアが形成されているため，フレームワークの電子伝導とポア内電解液の液体的な高速イオン伝導を利用して電極全体への高速の電極反応が実現しているものと考えられる．

10.4.3 マクロポーラス電極

　ナノからサブミクロンサイズの三次元連結した多孔構造を有するマクロポーラス型電極の研究も行われている．これらは，均一サイズのポリスチレンやシリカ粒子の規則配列したコロイド結晶をテンプレートとして基盤構造を作製した後，その隙間に目的とする電極材料を埋め込み固化させ，最後にテンプレートを除去してマクロポーラス電極構造体を得る．例えばこのプロセスにおいて，隙間に埋める物質として金属アルコキシドを用いれば，金属酸化物のフレームワークが，炭素系前駆体を用いれば，導電性カーボンのマクロポーラス構造体が作製できる．チタンのアルコキシドを用いて合成した TiO_2 と，硝酸鉄，硝酸リチウムおよびリン酸アンモニウムを原料に用いて合成した，リン酸鉄リチウム（$LiFePO_4$）のマクロポーラス型電極構造の例を図 10.21 に示した．

　サイズの異なるコロイド粒子をテンプレートとして用いれば，孔径を制御したマクロポーラス電極体を作製することが可能である．図 10.21(a) は，0.5 μm サイズのポリスチレン粒子をテンプレートに用いて作製したものであるが，マクロ孔の径はポリスチレンの径とほぼ等しくなっている．図(b)においても，$LiFePO_4$ の壁厚を含めれば，テンプレート粒子の径がマクロ孔の大きさに反映されていることがわかる．

　図 10.21 に示したように，コロイドテンプレート法を用いて作製されたマクロポーラスカーボン電極では，フレームワークもポアもサブミクロンサイズで規則的三次元連結構造を有していることがわかる．マクロポーラス型電極の利点は，ポアが三次元的連続構造になっているため，イオンの拡散パスが電極体全体に形成され高速イオン拡散が可能である点と，さらにはフレームワークも三次元連結になっているため，電子伝導パスも同様に形成されており，イオンと電子の高速移動が可能な電極構造となっていることである．これらの電極特性も調べられており，イオンと電子の輸送パスが規則制御されていることから高出力特性が得られている．

　マクロポーラス電極においては，フレームワークの電子導電性を向上させることも電極の出力向上の観点からは重要な課題であるが，森口らは，フレーム

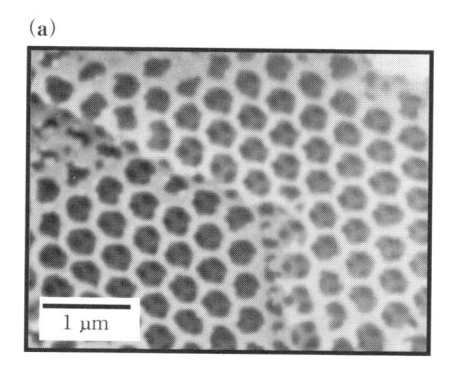

(a)

(b)

図 10.21 コロイド結晶をテンプレートとして作製したマクロポーラス型電極構造の SEM 像 ((a)TiO$_2$(ポリスチレン粒子径：0.5 μm)，(b)LiFePO$_4$ (0.2 μm))
[長崎大学工学部森口勇教授より提供]

ワークの電子伝導性を上げるため，フレームワーク中に切断したカーボンナノチューブ（CNT）を混合して TiO$_2$ とカーボンナノチューブの複合型マクロポーラス電極（TiO$_2$/cut-CNT）の作製を行っている[22]．

図 10.22(b) に示されているように，フレームワークの電子導電性が向上することから，純粋な TiO$_2$ のマクロポーラス電極（図 10.22(a)）より格段に出力特性が向上して，数 10 C の充放電レートの条件でも比較的大きな容量が得

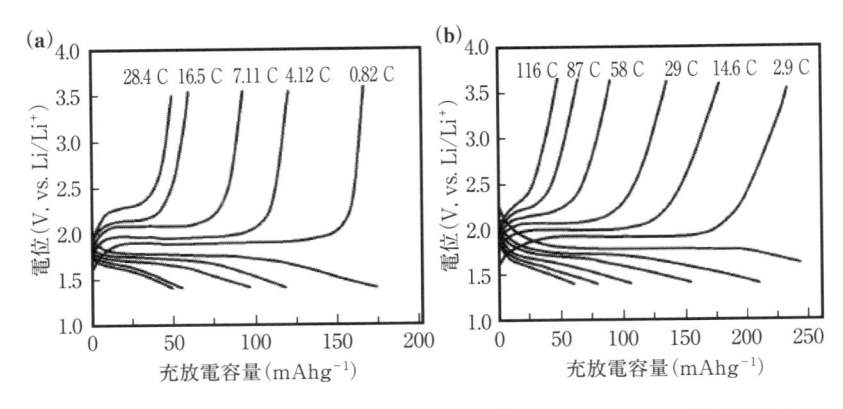

図 10.22 マクロポーラス TiO$_2$ の充放電特性（フレームワークの組成はそれぞれ，(a) TiO$_2$，(b) TiO$_2$/CNT 複合体）
[I. Moriguchi et al., J. Phys. Chem. B, **112**, 14560 (2008) より]

られている．電極反応の速度は，ポア内のイオン伝導とフレームワーク中の電子伝導および Li の拡散速度に依存するが，図 10.22 の結果から，フレームワークの低抵抗化も充放電特性を向上させるためには重要であることがわかる．

さらに山田らは，高容量・高出力型電極を目標に複合構造のマクロポーラス電極を作製した[23]．同様なコロイドテンプレートを用いたマクロポーラスカーボンを合成し，そのポア内部表面に非晶質酸化バナジウム（V$_2$O$_5$ キセロゲル）薄膜をコーティングして，これらの酸化物の容量を大きな充放電速度で利用できる三次元電極の作製に成功した．

図 10.23 に示したように，三次元連結的なカーボンフレームワークの表面に薄い V$_2$O$_5$ 層形成しているので，リチウムイオンの拡散長が短く，きわめて速い Li の脱挿入が可能である．これに加えて，カーボンフレームワークの高い電子伝導性から，電極系全体の低抵抗化が図られているので，高出力・高容量型電極として理想的な構造と考えることができる．

実際，図 10.24 に示したように，電極特性は 100 C を超える充放電電流密度の条件下でも 200 mAhg^{-1} 程度の容量が得られており，設計どおりに高速電極反応が可能な三次元電極であることが実証されている．これらの研究は高容

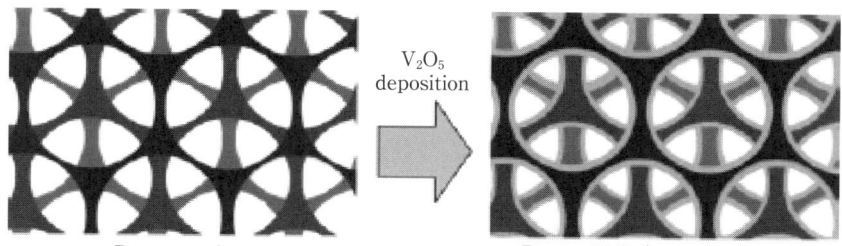

図 10.23 表面に V_2O_5 がナノコーティングされたマクロポーラス・カーボン電極（概念図）
［H. Yamada et al., J. Phys. Chem. C, **111**, 8397(2007)より］

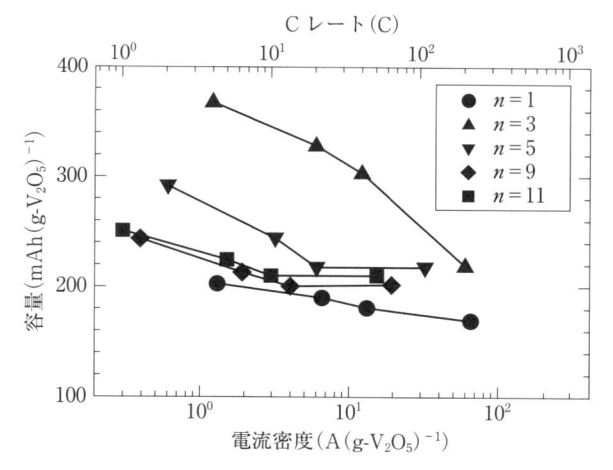

図 10.24 マクロポーラス V_2O_5/カーボン電極の高速充放電特性（n は V_2O_5 ゾルのコーティング回数で，n の増加とともに V_2O_5 層の厚さが増加する）
［H. Yamada et al., J. Phys. Chem. C, **111**, 8397(2007)より］

量・高出力型電極を実現するには，ナノスケールの活物質の厚さ，三次元的な配列・連結状態，導電性カーボンとの界面構造などを最適化することが，電極反応を高速化するために重要であることを示している．

228　第10章　ナノテクノロジーを利用したリチウムイオン電池の高性能化

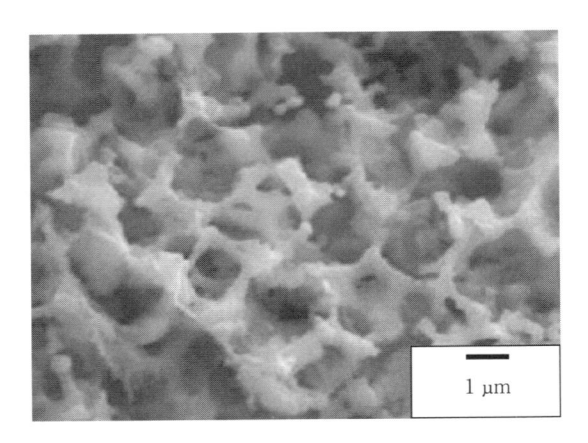

図 10.25　固体の三次元ナノ界面電極（Li$_x$La$_{1-x}$TiO$_3$/LiMn$_2$O$_4$ マクロポーラス構造）
［M. Hara et al., J. Power Sources, **189**, 485（2009）より］

　さらに近年では，電気自動車用の高エネルギー密度型電池を目指して固体電解質を利用した全固体型リチウム電池の開発に注目が集まっているが，固体の電極/電解質界面での高速電極反応を実現するために，三次元的なヘテロ界面構造を有する電極の開発も行われている．

　図 10.25 は，コロイド結晶テンプレート法を用いて，マクロポーラス構造を有する Li$^+$ 伝導性の酸化物固体電解質（Li$_x$La$_{1-x}$TiO$_3$）を作製した例である．この空隙に，マンガン酸化物などの電極活物質を埋め込めば，三次元両連結（bicontinuous）構造の固体ナノ界面電極（3DOM）を作製できる[24]．この電極系は，溶液系電解質をまったく用いず，固体界面からのみ形成される三次元電極であるにもかかわらず，大きな界面面積と良好な固体/固体界面構造をもつので，良好な電極特性を得ることができている．

10.5　将来の展望

　以上に述べたように，ナノテクノロジーの活用は電極材料や固体電解質の高性能化にきわめて有用である．しかし，それによって創製されるナノサイズ活

物質微粒子やナノ複合体電極は基礎的な学術誌を賑わすのにとどまり，実用との隔たりが大きいのが現状である．

一般に，サイズが小さければ化学的に活性な表面が増大するので，バルクの材料に比べて不安定になる．つまり，好ましくない副反応や電解液への溶解が起こりやすい．また，ナノ複合体は非常にデリケートなヘテロ界面から構築されている．一方，リチウムイオン電池のような蓄電デバイスでは，半導体デバイスと異なりそれが使用される間に何百回，何千回という物質変化（化学反応）が繰り返されなければならない．このような過酷な用途にデリケートなナノテク材料の使用が耐えるのか，という疑問は当然ある．これに答え，実用段階に飛躍するためには，界面の安定性を高めるなどのナノサイズ材料を使いこなす技術の開発を地道に進めることが求められている．

ナノテク材料のもう一つの問題点はその量産性である．バルク材料の多くは原料を混合，焼成するという単純な操作（固相合成法）で合成されるのに対し，ナノテク材料は多段階の反応や分離プロセスによって合成されるので，大量の合成が難しく，収率も低い．実験室的に一回の一連プロセスで合成可能な量は，多くの場合ミリグラムのオーダーであり，学術誌で特性の報告がなされているナノテク材料もそういう試料についてである．もちろん，反応容器を大きくして仕込み量を増やせば大量に合成できるはずであるが，スケールアップすると同じ特性のものを得られないことが多い．化学反応装置の専門家も参加し，製造技術の研究開発を進めることも必要である．

電気化学系におけるナノサイズ効果の基礎研究とともに，ナノ界面の安定化技術とナノ物質系の生産技術が進展すれば，革新的な特性の電池が実現できるものと期待される．

参考文献

1) M. Okubo et al., J. Am. Chem. Soc., **129**, 7444 (2007)
2) C. Delmas et al., Nature Mater., **7**, 665 (2008)
3) M. Okubo et al., ACS Nano, **4**, 741 (2010)
4) Y. Wang et al., Angew. Chem. Int. Ed., **47**, 7461 (2008)

5) A. Yamada et al., Nature Mater., **5**, 357(2006)
6) 山田淳夫, 電池技術, **19**, 34(2007)
7) M. Wagemaker et al., J. Am. Chem. Soc., **129**, 4323(2007)
8) 高田和典, セラミックス, **45**, 163(2010)
9) N. Ohta et al., Adv. Mater., **18**, 2226(2006)
10) J. Maier, Solid State Ionics, **23**, 59(1987)
11) C. C. Liang, J. Electrochem. Soc., **120**, 1289(1973)
12) H. Yamada et al., Adv. Func. Mater., **16**, 525(2006)
13) U-Hwang Lee et al., Chem. Commun., **3068**(2009)
14) Yang et al., Electrochem. Comm., **3**, 505(2001)
15) K. Dokko et al., J. Power Sources, **165**, 656(2007)
16) J. Chen et al., J. Power Sources, **174**, 442(2007)
17) Y. Iriyama et al., J. Power Sources, **174**, 1057(2007)
18) T. Doi et al., Chem. Mater., **17**, 1580(2005)
19) I. Taniguchi et al., J. Power Sources, **195**, 3661(2010)
20) D. Li et al., Nature Mater., **3**, 65(2004)
21) H. S. Zhou et al., Angew. Chem. Int. Ed., **44**, 797(2005)
22) I. Moriguchi et al., J. Phys. Chem. B, **112**, 14560(2008)
23) H. Yamada et al., J. Phys. Chem. C, **111**, 8397(2007)
24) M. Hara et al., J. Power Sources, **189**, 485(2009)

索　引

あ
ReO$_3$型 ……………………………… 26
RTIL ……………………………… 186
アインシュタインの関係式 …………… 69, 98
アナターゼ型 TiO$_2$ ………………… 140
アノード電流 ……………………………… 57
α-NaFeO$_2$型 …………………………… 152

い
EMI ……………………………… 187
EC ……………………………… 184
イオン液体 ……………………… 186, 214
イオン交換性ホスト ……………………… 20
易黒鉛化性炭素 …………………… 132, 136
一次元格子 ……………………………… 41
一次元ホスト ……………………………… 22
移動度 ……………………………… 70
インターカレーション ……………… 6, 20
　　　デ―― ……………………………… 20
インピーダンス測定 ……………………… 118
引力的相互作用 ……………………………… 43

え
AN ……………………………… 184
AgI ……………………………… 213
SiO ……………………………… 147
SiB$_3$ ……………………………… 147
SEI ……………………… 117, 135, 185
SnSb ……………………………… 146
HEV ……………………………… 13
HT-LiCoO$_2$ ……………………………… 156
NASICON ……………………………… 193
Nb$_2$O$_5$ ……………………………… 141
エネルギー密度 ……………………… 10, 85
FSI ……………………………… 187
MoS$_2$ ……………………………… 6, 24
MgH$_2$ ……………………………… 149

MCF ……………………………… 136
MCMB ……………………………… 136
Li$_{22}$Sn$_5$ ……………………… 145, 146
Li$_2$FeSiO$_4$ ……………………………… 172
Li$_4$Ti$_5$O$_{12}$ ……………… 138, 208, 219
Li$_5$La$_3$M$_2$O$_{12}$ ……………………… 193
Li$_7$La$_3$Zr$_2$O$_{12}$ ……………………… 193
Li/Al系 ……………………………… 142
LiAl合金 ……………………………… 28
LISICON ……………………… 173, 192
　　　thio-―― ……………… 195, 208
Li/Sn系 ……………………………… 145
LiNi$_{1/2}$Mn$_{1/2}$O$_2$ ……………… 159
LiNi$_{1/2}$Mn$_{3/2}$O$_4$ ……………… 165
LiNiO$_2$ ……………………………… 158
LiFePO$_4$ ……………… 167, 202, 217
LiMn$_2$O$_4$ ……………………… 160, 219
LiMnO$_2$ ……………………………… 161
LiMnPO$_4$ ……………………………… 170
(Li, La)TiO$_3$系 ……………………… 193
LiCo$_{1/3}$Ni$_{1/3}$Mn$_{1/3}$O$_2$ ……… 159
LiCoO$_2$ ……………………… 25, 151
LIPON ……………………………… 194
LiTFSI ……………………………… 189

お
OCP ……………………………… 115
OCV ……………………… 9, 34, 115
　　　――曲線 ……………… 34, 35, 40, 115
オームの法則 ……………………………… 70
オリビン ……………………………… 167

か
開回路電圧 (OCV) ……………… 9, 34, 115
開回路電位 (OCP) ……………………… 115
界面抵抗 ……………………………… 208
化学拡散係数 ……………………… 73, 120

索引

化学ポテンシャル······32
拡散係数······67
　　化学——······120
　　——の測定······121
拡散(系)の時定数······91,200
拡散支配······66
拡散長······200
拡散方程式······67,74
カソード電流······57
カットオフ電位······95,154
活量······59,64
　　——係数······59
過電圧······60
過渡電流······69,74,78
ガラスセラミックス······196
緩衝層······209
γ-Fe$_2$O$_3$······148
γ-BL······184

き
規則構造······52
規則相······52
規則・不規則転移······52,163
逆スピネル······161
球体拡散······95
　　——方程式······93
共通接線······50

く
空間電荷層······208,210
クーロン効率······117
クーロン相互作用······40
クーロン滴定······142
グラファイト······24,131
グラフェン······132
Grottthuss メカニズム······214

け
結晶化ガラス······195
結着剤······113
ゲル電解質······186

限界電流······96
　　——密度······98,101

こ
交換電流密度······58
高分子固体電解質······190
コールコールプロット······118
黒鉛······24,131
　　天然——······134
誤差関数······68
固体電解質······104,207
　　高分子——······190
コットレルの式······68,122
5 V 級正極材料······165
固溶限界······206
コロイド結晶······224
混合伝導体······71
混合のエントロピー······38
コンバージョン反応······147

さ
サイクル特性······12,108,117
サイクル劣化······109
サイトエネルギー······36
三極式······114
　　——セル······114
三次元ホスト······26
参照極······114
参照電極······33
酸素酸塩······167

し
GIC······6
GITT······121,124
CdI$_2$ 型······155
　　——構造······24
CdCl$_2$ 型······158
　　——構造······25
C レート······92
室温イオン液体······186
ジャンプ頻度······73

索　引　　*233*

終止電位···95
集電体···113
重量エネルギー密度·····························85
出力密度··11,85
状態密度··116
シングル Li⁺ 伝導体····················105,191

す
水熱合成··201,217
ステージ構造·······································133
ステージ数··134
スピネル··160
　　　逆——····································161
　　　——構造································160
　　　正——····································161
スピノーダル分解·································44
スプレー熱分解法·······························219

せ
正スピネル··161
絶対移動度··69
遷移状態··58

そ
層間化合物··4
相境界··203
　　　——エネルギー······················205
層状岩塩型··151
　　　——酸化物······························25
組成-電位曲線······································34

た
ターフェルの関係·································61
対極··114
体積エネルギー密度·····························86
体積変化··110
ダイヤモンド格子··························44,163
Daumas と Herold のモデル············134
多次元格子··44
WO₆··27
タングステンブロンズ·························27

ち
チオリシコン (thio-LISICON)······195,208
秩序・無秩序転移···························52,117

て
TiO₂··140,206,225
TiO₂(B)···141
TiS₂··22
DEME··187
DEC··184
TSAC···187
THF··184
TFSI···187
DME···184
DMC···184
定常状態··103
デインターカレーション·····················20
デバイ長··211
転移温度··54
電位窓··183
電解液··183
電解質··183
　　　ゲル——································186
　　　高分子固体——······················190
　　　固体——····························104,207
　　　ドライポリマー——··············190
　　　複合型——·······························211
電荷移動··57
　　　——支配····································61
　　　——抵抗····························61,118
電気化学ポテンシャル·························32
電気二重層··211
電極電位··32
電池の起電力··31
天然黒鉛··134
テンプレート······································222

と
透過係数··59
動的電位··83
動的容量··83,88

234　索　引

導電助剤……………………………113
導電率………………………………70
ドライポリマー電解質………………190
ドリフト速度…………………………69

な

ナイキスト線図………………………118
ナノサイズ効果…………………199, 202
ナノテクノロジー……………………199
鉛蓄電池………………………………19
難黒鉛化性炭素……………………132, 137

に

二極式セル……………………………114
二次元ホスト…………………………23
二次電池………………………………3
二相共存型反応………………………203
二相共存領域………………………50, 117

ね

熱力学因子……………………………73
熱力学的起電力………………………31
ネルンストの関係……………………60
ネルンストの式………………………36

の

濃度勾配…………………………66, 68
濃度分極……………………………103
濃度分布……………………………99

は

配置エントロピー……………………36
ハイブリッド車(HEV)………………14
バトラー–フォルマーの式……………60
反応座標………………………………58
反発相互作用…………………………40
半無限媒体……………………………76

ひ

PITT……………………………121, 152
PEO…………………………………190

PSCA…………………………………121
PHEV…………………………………14
BMMI…………………………………187
PC……………………………………184
PP13…………………………………187
Py13…………………………………187
非局在系電子軌道……………………168
非晶質ホスト…………………………48

ふ

V_2O_5……………………………174, 226
V_2O_5 ゲル……………………………177
VGCF…………………………………136
フィックの法則………………………67
　　──の第1法則…………………67
　　──の第2法則…………………67
フェルミ分布…………………………48
不可逆容量……………………………134
複合型電解質…………………………211
複合体電極……………………………179
物質移動支配…………………………66
プラグインハイブリッド車(PHEV)……14
分極……………………………………60
分子鋳型……………………………222
分子間力……………………………152
分子性ホスト…………………………20

へ

平均場近似……………………………41
平板拡散………………………………79
平板上電極……………………………88
β-LiAl………………………………143
ベーテ近似………………………44, 163

ほ

ボード線図……………………………118
補誤差関数……………………………76
ホスト・ゲスト系……………………20
　　無歪──…………………………139
ポリアニリン…………………………23
ポリマー電池…………………………186

ボルツマンの関係式……………………36

ま
マクロポーラス型電極………………224

む
無歪ホスト・ゲスト系………………139

め
メカノケミカル…………………………196
メソポーラス型電極…………………221
メモリ効果………………………………13

や
Jahn-Teller イオン……………163,172
Jahn-Teller 効果(歪み)…………159,172

ゆ
有機電解液……………………………183
輸率………………………………96,104,183

よ
溶解度ギャップ………………………204
溶融塩……………………………………186
容量維持率……………………………108

ら
ラグランジュの未定定数法……………46
ラゴンプロット…………………………88
$\lambda\text{-}MnO_2$……………………………………162
ランダムウォーク………………………70
ランドルスの等価回路………………119

り
理想溶液……………………………69,97
リチウム化炭素………………………132
粒界抵抗………………………………194
流束………………………………………67
理論エネルギー密度……………………86
理論容量…………………………………85
臨界温度…………………………………52

る
ルチル型 TiO_2………………………140

れ
レート特性…………………………10,88

ろ
ロッキングチェア電池…………………5

わ
ワールブルクインピーダンス……119,127

材料学シリーズ　監修者

堂山昌男
東京大学名誉教授
帝京科学大学名誉教授
Ph. D., 工学博士

小川恵一
元横浜市立大学学長
Ph. D.

北田正弘
東京芸術大学名誉教授
工学博士

著者略歴　**工藤　徹一**（くどう　てついち）
1964 年　東京大学工学部工業化学科卒業
1966 年　東京大学大学院修士課程修了，日立製作所中央研究所入社
1978 年　工学博士（東京大学）
1988 年　東京大学生産技術研究所教授
2002 年　長崎大学工学部教授
2006 年　（独）産業技術総合研究所招聘研究員
　　　　東京大学名誉教授

日比野光宏（ひびの　みつひろ）
1992 年　東京大学工学部工業化学科卒業
1994 年　東京大学大学院修士課程修了
1994 年　東京大学大学院博士課程中退，東京大学生産技術研究所助手
2000 年　博士（工学），（東京大学）
2001 年　東京大学生産技術研究所助教授
2001 年　（独）産業技術総合研究所電力エネルギー研究部門　研究員
2004 年　京都大学大学院エネルギー科学研究科助教授
2007 年　同准教授
2010 年　東京大学大学院工学系研究科　上席研究員
2018 年　パナソニック株式会社

本間　格（ほんま　いたる）
1984 年　東京大学工学部金属材料学科卒業
1985 年　東京大学工学部化学工学科助手
1990 年　工学博士（東京大学）
1991 年　東京大学工学部化学工学科講師
1995 年　工業技術院電子技術総合研究所エネルギー部主任研究官
2001 年　（独）産業技術総合研究所電力エネルギー研究部門　研究グループ長
2010 年　東北大学多元物質科学研究所教授

検印省略

2010 年　7 月 15 日　第 1 版 発行
2020 年 10 月 15 日　第 1 版 2 刷発行

著　者ⓒ　工　藤　徹　一
　　　　　日 比 野 光 宏
　　　　　本　間　　　格
発 行 者　内　田　　　学
印 刷 者　馬　場　信　幸

材料学シリーズ

リチウムイオン電池の科学
ホスト・ゲスト系電極の物理化学から
ナノテク材料まで

発行所　株式会社　**内田老鶴圃**　〒112-0012　東京都文京区大塚 3 丁目34番 3 号
電話 (03)3945-6781(代)・FAX (03)3945-6782
http://www.rokakuho.co.jp/
印刷・製本/三美印刷 K. K.

Published by UCHIDA ROKAKUHO PUBLISHING CO., LTD.
3-34-3 Otsuka, Bunkyo-ku, Tokyo, Japan

U. R. No. 580-2

ISBN 978-4-7536-5638-7 C3042

燃料電池
熱力学から学ぶ基礎と開発の実際技術
工藤 徹一・山本 治・岩原 弘育 著
A5・256 頁・本体 3800 円
燃料電池の歴史と概要／燃料電池の熱力学／燃料電池の電気化学／アルカリ型燃料電池／リン酸型燃料電池／溶融塩燃料電池／固体酸化物燃料電池／高分子固体電解質燃料電池／メタノール燃料電池

太陽光発電
基礎から電力系への導入まで
堀越 佳治 著 A5・228 頁・本体 4200 円
人間社会とエネルギー事情／太陽光エネルギーと太陽光スペクトル／太陽電池を支えるエネルギー変換機構／半導体の基礎／半導体の光吸収特性／pn 接合とショットキー接合／太陽電池の基本特性／太陽電池に用いられる材料と構造／太陽光発電と日本社会／太陽光発電の課題

半導体材料・デバイス工学
松尾 直人 著 A5・184 頁・本体 3000 円

半導体材料工学
材料とデバイスをつなぐ
大貫 仁 著 A5・280 頁・本体 3800 円

結晶電子顕微鏡学 増補新版
材料研究者のための
坂 公恭 著 A5・300 頁・本体 4400 円

電子線ナノイメージング
高分解能 TEM と STEM による可視化
田中 信夫 著 A5・264 頁・本体 4000 円

クラスター・ナノ粒子・薄膜の基礎
形成過程，構造，電気・磁気物性
隅山 兼治 著 A5・320 頁・本体 4300 円

固体の磁性 はじめて学ぶ磁性物理
Blundell 著／中村 裕之 訳
A5・336 頁・本体 4600 円

磁性入門 スピンから磁石まで
志賀 正幸 著 A5・236 頁・本体 3800 円

磁性物理の基礎概念
強相関電子系の磁性
上田 和夫 著 A5・220 頁・本体 4000 円

無機固体化学 構造論・物性論
吉村 一良・加藤 将樹 著
A5・284 頁・本体 3800 円

水素と金属 次世代への材料学
深井 有・田中 一英・内田 裕久 著
A5・272 頁・本体 3800 円

水素脆性の基礎
水素の振るまいと脆化機構
南雲 道彦 著 A5・356 頁・本体 5300 円

金属腐食工学
杉本 克久 著 A5・260 頁・本体 4300 円

材料における拡散
格子上のランダム・ウォーク
小岩 昌宏・中嶋 英雄 著
A5・328 頁・本体 4000 円

材料の速度論
拡散，化学反応速度，相変態の基礎
山本 道晴 著 A5・256 頁・本体 4800 円

鉄鋼の組織制御 その原理と方法
牧 正志 著 A5・312 頁・本体 4400 円

ハイエントロピー合金
カクテル効果が生み出す多彩な新物性
乾 晴行 編著 A5・296 頁・本体 4800 円

結晶学と構造物性
入門から応用，実践まで
野田 幸男 著 A5・320 頁・本体 4800 円

材料強度解析学
基礎から複合材料の強度解析まで
東郷 敬一郎 著 A5・336 頁・本体 6000 円

基礎強度学 破壊力学と信頼性解析への入門
星出 敏彦 著 A5・192 頁・本体 3300 円

結晶塑性論
多彩な塑性現象を転位論で読み解く
竹内 伸 著 A5・300 頁・本体 4800 円

Kingery・Bowen・Uhlmann
セラミックス材料科学入門 基礎編・応用編
小松・佐多・守吉・北澤・植松 訳
基礎編：A5・620 頁・本体 9800 円
応用編：A5・464 頁・本体 9000 円

粉末冶金の科学
German 著／三浦 秀士 監修
三浦 秀士・髙木 研一 訳
A5・576 頁・本体 9800 円

表示価格は税別の本体価格です．

http://www.ROKAKUHO.co.jp/